水稻田间耕管机械化技术与装备

王金武 唐 汉等 著

科学出版社

北京

内 容 简 介

  机械化水平是衡量水稻现代化产业发展程度的重要指标,其配套装备是水稻绿色优质生产的可靠保障。目前我国水稻产中环节仍处于瓶颈时期,严重制约了水稻全程机械化发展进程,亟须实现耕管机械化关键技术自主化突破与应用。本书以农机农艺融合为指导,以突破水稻耕管环节机械化关键技术为目标,介绍了水稻机械化生产发展现状与趋势、秸秆深埋还田技术、标准化田埂修筑技术、旋耕喷施土壤消毒技术、水田中耕机械除草技术和高地隙运秧植保技术等,涵盖了多种水田耕管机械化装备基础理论与设计方法,为提高水稻机械化生产水平、保障粮食生产安全和农业可持续发展提供了重要参考。

  本书可作为农业工程和作物学等学科研究人员的参考书籍,可供从事水稻生产,特别是在耕管机械装备领域进行科研、设计及生产的工程技术人员参考使用,也可供相关院校农业工程类专业师生参阅。

图书在版编目(CIP)数据

水稻田间耕管机械化技术与装备/王金武等著. —北京:科学出版社,2020.5
  ISBN 978-7-03-063737-6

Ⅰ.①水… Ⅱ.①王… Ⅲ.①水稻–生产–农业机械化 Ⅳ.①S233.71

中国版本图书馆 CIP 数据核字(2019)第 280504 号

责任编辑:李秀伟 / 责任校对:严娜
责任印制:赵 博 / 封面设计:无极书装

科学出版社 出版
北京东黄城根北街 16 号
邮政编码:100717
http://www.sciencep.com

北京中科印刷有限公司印刷
科学出版社发行 各地新华书店经销
*
2020 年 5 月第 一 版 开本:B5(720×1000)
2025 年 1 月第二次印刷 印张:17 1/2
字数:353 000
定价:198.00 元
(如有印装质量问题,我社负责调换)

序

　　水稻是中国主要粮食作物之一，其产量与品质直接影响国家粮食生产安全。近些年，随着国家深入推进农业供给侧结构性改革，提升产业可持续发展能力，结合国家重点研发计划等多项专项实施及现代农业产业技术体系工作的开展，为水稻产业的提质增效和转型升级奠定了良好基础。目前，中国水稻产业正由高产稳产向绿色优质方向稳步发展，应快速提升水稻产业综合发展能力，建立集约化、标准化、专业化的产业模式，优化品种结构，完善技术模式，提高薄弱环节机械化水平，产前、产中及产后同步推进发展，实施创新驱动，提升产业可持续支撑能力与市场竞争力。

　　机械化水平是衡量水稻现代化产业发展程度的重要指标，其配套装备是水稻绿色优质生产的可靠保障。截至 2018 年底，中国水稻机耕水平 98.00%，机种水平 50.86%，机收水平 91.52%，耕种收综合机械化水平 81.91%，各环节发展极不平衡且处于亟须提高的瓶颈时期。东北平原是水稻种植三大优势区域之一，东北早熟单季稻作区亦是绿色优质稻米生产的主要地区，其整体机械化水平远高于全国机械化平均水平，田间耕作、种植及收获等环节已基本实现机械化作业，但整体产中环节机械化水平仍处于瓶颈时期，如秸秆还田、田埂修筑、土壤消毒、行/株间除草及运秧植保等，亟须实现关键核心技术自主化突破与应用。

　　《水稻田间耕管机械化技术与装备》是王金武教授团队长期研究的重要成果总结。该书以农机农艺融合为指导，以突破水稻耕管环节机械化关键技术为目标，介绍了水稻机械化生产发展现状与趋势、秸秆深埋还田技术、标准化田埂修筑技术、旋耕喷施土壤消毒技术、水田中耕机械除草技术和高地隙运秧植保技术等，并涵盖了多种水田耕管机械化装备基础理论与设计方法，为提高水稻机械化生产水平、保障粮食生产安全和农业可持续发展提供了重要参考。

　　该书以水稻田间耕管机械化关键技术思想为指引，以理论分析结合机型案例为撰写模式，全面深入地介绍了系列机械化装备，详细分析了各机具工作原理，为读者提供了生动的学习素材，是理论与实践相结合的有益尝试。该书内容系统全面，资料翔实丰富，对各地区水稻机械化生产实践具有较强的指导作用，对从事该领域的工程技术人员和相关院校农业工程类专业师生亦具有重要参考价值。

中国工程院院士

2019 年 10 月

前　　言

　　水稻是中国主要粮食作物，其生产对保障国家粮食安全产能，构建和完善粮食安全产能体系具有重要意义。2018 年，全国水稻种植面积达 $30\,189\times10^3\,hm^2$，总产量 21 213 万 t，单产约 7027 kg/hm^2，整体种植面积、单产和总产稳中略降。近些年，随着中央逐步实施"调结构-转方式"，深入推进农业供给侧结构性改革，着力调整优化农业结构，促进绿色可持续发展，支持耕地地力保护和粮食适度规模经营，创建粮食绿色高质高效生产模式，为开展水稻产业的提质增效和转型升级奠定了良好基础，水稻产业正由高产稳产向绿色优质方向稳步发展。

　　水稻机械化水平是衡量其现代化产业发展程度的重要指标，直接影响品种资源、遗传育种、栽培技术、植保技术、转基因技术、品质安全及产后加工与综合利用等系列环节的实施，是促进水稻产业升级和转变农业发展方式的主要手段，亦是水稻绿色优质生产的可靠保障。近些年，国家深入推进农业供给侧结构性改革，提升产业可持续发展能力，实施农业绿色发展五大行动，结合国家重点研发计划"化肥农药减施增效综合技术研发""粮食丰产增效科技创新""智能农机装备"等专项实施及现代农业产业技术体系工作开展，保证了中国水稻产业机械化水平大幅提高。

　　东北早熟单季稻作区是中国绿色优质稻米产出的主要地区之一，其机械化程度直接标志着绿色优质水稻发展水平。"中国人要把饭碗端在自己手里，而且要装自己的粮食"，这也是 2018 年 9 月习近平总书记在黑龙江考察时对东北大粮仓的期许。目前，东北水稻田间耕作、种植及收获等环节已基本实现机械化作业，但秸秆处理、田埂修筑、田间管理等技术整体相对落后，秸秆焚烧造成环境污染等问题较为严重，田埂修筑仍以人工作业为主，中耕管理劳动强度大，安全隐患多，作业效率低且质量难以保证，严重制约了水稻全程机械化发展进程。因此，实现水稻机械化生产薄弱环节关键核心技术自主化重大突破是提高其整体发展水平重要而迫切的内容。

东北农业大学智能水田农业装备与技术"双一流"A 类学科团队自 2005 年将水稻田间耕管装备作为农业工程学科重点攻关和研究内容。团队先后承担了国家现代农业（水稻）产业技术体系建设专项资金资助项目（CARS-01-44）、国家自然科学基金项目（51875098）、"十二五"国家科技支撑计划项目课题（2014BAD06B04 和 2013BAD08B04）及"十三五"国家重点研发计划项目课题（2016YFD0300909 和 2018YFD0300105）等，2019 年团队承担的农业农村部北方一季稻全程机械化科研基地建设项目已正式启动并积极建设。本书既是上述项目及课题的研究成果，也是近年来著者团队研究成果的总结与凝练。

《水稻田间耕管机械化技术与装备》一书凝结了著者团队集体智慧的结晶，内容综合了水稻田间耕作与管理机械化装备关键技术，高度体现了农机与农艺的深度融合，为突破水稻生产全程机械化瓶颈技术难题提供借鉴并产生推动作用。全书共分六章，第 1 章绪论，由王金武著；第 2 章水稻秸秆深埋还田技术与装备，由唐汉著；第 3 章标准化田埂修筑技术与装备，由王金峰著；第 4 章旋耕喷施土壤消毒技术与装备，由周文琪著；第 5 章水田中耕机械除草技术与装备，由唐汉著；第 6 章高地隙运秧植保技术与装备，由王金武著。全书由王金武、唐汉统稿。

著者团队在课题研究与成果总结中参考了国内外相关著作、文献和技术资料等，在此一并向所有参考文献资料的作者和同仁，包括由于各种原因并未列入文献的作者，表示最诚挚的谢意！

本书可作为农业工程和作物学等学科研究人员的参考书籍，可供从事水稻生产，特别是在耕管机械装备领域进行科研、设计及生产的工程技术人员参考使用，也可供相关院校农业工程类专业师生参阅。

限于著者研究水平和能力，书中难免存在疏漏与不足之处，恳请同行专家、学者及广大读者批评指正。

著　者

2019 年 9 月

目　录

第1章 绪　　论

1.1　水稻生产概况

1.1.1　世界水稻生产概况

水稻是禾本科稻属谷类作物，是稻属粮食中最主要、最悠久的一种，原产于中国和印度，七千年前中国长江流域的先民们便开始种植水稻。水稻所结籽实即稻谷，稻谷脱去颖壳后即糙米，糙米碾去米糠层即大米，大米是世界上近半数人口的粮食来源。水稻除可食用外，亦可作酿酒及制糖工业的原料，其副产品——稻壳和稻秆可作为牲畜饲料。

在世界谷类作物中，水稻种植面积和总产量仅次于小麦，位居第二位，其主要生长区域包括中国、日本、朝鲜半岛、东南亚、南亚、地中海沿岸、美国东南部、中美洲、大洋洲和非洲地区，除南极洲外，大部分地区皆种植水稻。据联合国粮食及农业组织（Food and Agriculture Organization of the United Nations，FAO）统计，2017 年亚洲水稻种植面积占世界 87.02%，非洲占 8.94%，美洲占 3.60%，欧洲和大洋洲分别占 0.39% 和 0.05%，如图 1-1 所示。1961~2017 年全球水稻产量如图 1-2 所示，1961~2017 年全球水稻产量呈逐年稳步上升趋势。2013~2017 年世界各洲及部分水稻主产国家种植面积、总产量以及单产情况，如表 1-1~表 1-3 所示。

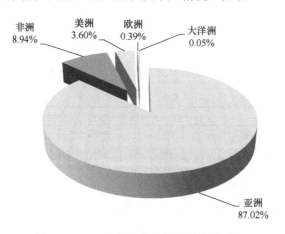

图 1-1　2017 年世界各大洲水稻种植面积

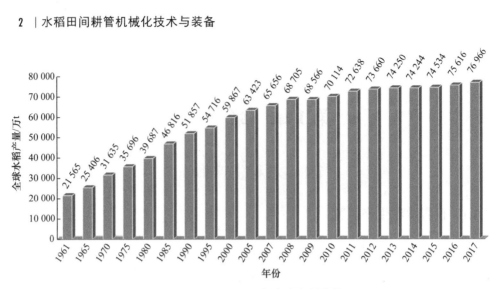

图 1-2 1961～2017 年全球水稻产量

表 1-1 2013～2017 年世界水稻种植面积

区域	2013 年	2014 年	2015 年	2016 年	2017 年
世界/×10³hm²	166 084.9	163 245.2	162 376.9	165 219.2	167 249.1
亚洲					
种植面积/×10³hm²	146 177.9	144 250.2	142 416.5	142 293.3	145 539.2
占世界比重/%	88.01	88.36	88.71	86.12	87.02
中国/×10³hm²	30 226.0	30 600.0	30 784.0	30 746.0	30 747.0
印度/×10³hm²	43 500.0	43 400.0	43 390.0	43 190.0	43 789.0
泰国/×10³hm²	12 373.1	10 834.5	9 718.0	9 340.0	10 614.8
印度尼西亚/×10³hm²	13 835.3	13 797.3	14 116.7	15 156.0	15 788.0
孟加拉国/×10³hm²	11 770.0	11 820.0	11 381.2	11 000.8	11 272.0
日本/×10³hm²	1 599.0	1 575.0	1 506.0	1 479.0	1 466.0
越南/×10³hm²	7 899.4	7 816.5	7 828.6	7 734.7	7 708.5
非洲					
种植面积/×10³hm²	10 906.9	11 586.1	13 039.6	16 058.3	14 959.7
占世界比重/%	6.57	7.10	8.03	9.72	8.94
埃及/×10³hm²	700.0	629.6	510.9	568.7	685.9
欧洲					
种植面积/×10³hm²	717.5	725.3	652.9	669.9	643.0
占世界比重/%	0.44	0.44	0.40	0.41	0.39
意大利/×10³hm²	216.0	219.5	227.3	234.1	234.1
西班牙/×10³hm²	112.0	110.4	109.3	109.3	107.6
大洋洲					
种植面积/×10³hm²	23.3	80.1	73.7	30.8	87.5
占世界比重/%	0.01	0.05	0.05	0.02	0.05
澳大利亚/×10³hm²	18.9	75.8	69.7	26.6	82.2

续表

区域	2013 年	2014 年	2015 年	2016 年	2017 年
美洲					
种植面积/×10³hm²	6 533.7	6 688.1	6 194.3	6 166.9	6 019.8
占世界比重/%	3.93	4.10	3.81	3.73	3.60
巴西/×10³hm²	2 348.9	2 340.9	2 138.4	1 943.9	2 008.1
美国/×10³hm²	998.7	1 181.3	1 042.1	1 253.3	960.7

数据来源：联合国粮食及农业组织（FAO）统计数据库（FAOSTAT）

表 1-2　2013～2017 年世界水稻总产量

区域	2013 年	2014 年	2015 年	2016 年	2017 年
世界/万 t	74 517.2	74 095.5	74 533.8	75 615.8	76 965.8
亚洲					
总产量/万 t	67 472.3	66 725.8	67 276.2	67 731.5	69 259.1
占世界比重/%	90.55	90.05	90.26	89.57	89.99
中国/万 t	20 329.0	20 650.7	21 214.2	21 109.4	21 267.6
印度/万 t	15 920.0	15 720.0	15 654.0	16 370.0	16 850.0
泰国/万 t	3 878.8	3 262.0	2 770.2	2 665.3	3 338.3
印度尼西亚/万 t	7 128.0	7 084.7	7 539.8	7 935.5	8 138.2
孟加拉国/万 t	5 150.0	5 223.1	5 180.5	5 045.3	4 898.0
日本/万 t	1 075.8	1 054.9	998.6	1 005.5	978.0
越南/万 t	4 407.6	4 497.4	4 509.1	4 311.2	4 276.4
非洲					
总产量/万 t	2 902.1	3 119.4	3 084.9	3 802.2	3 656.0
占世界比重/%	3.89	4.21	4.14	5.03	4.75
埃及/万 t	675.0	600.0	481.8	530.9	638.0
欧洲					
总产量/万 t	389.5	400.2	422.4	415.1	405.1
占世界比重/%	0.52	0.54	0.57	0.55	0.53
意大利/万 t	143.3	138.6	151.8	158.7	159.8
西班牙/万 t	87.3	86.1	84.7	83.5	83.5
大洋洲					
总产量/万 t	117.2	82.9	70.1	28.5	82.0
占世界比重/%	0.16	0.11	0.09	0.04	0.11
澳大利亚/万 t	116.1	81.9	69.0	27.4	80.7
美洲					
总产量/万 t	3 636.1	3 767.2	3 680.1	3 638.6	3 563.5
占世界比重/%	4.88	5.08	4.94	4.81	4.63
巴西/万 t	1 175.9	1 217.6	1 230.1	1 062.2	1 247.0
美国/万 t	861.3	1 002.6	872.5	1 016.7	808.4

数据来源：联合国粮食及农业组织（FAO）统计数据库（FAOSTAT）

表 1-3 2013～2017 年世界水稻单位面积产量 （单位：kg/hm²）

区域	2013 年	2014 年	2015 年	2016 年	2017 年
世界	4 486.5	4 539.0	4 590.0	4 576.5	4 602.0
亚洲	4 615.5	4 626.0	4 723.5	4 759.5	4 759.5
中国	6 726.0	6 748.5	6 891.0	6 865.5	6 916.5
印度	3 660.0	3 622.5	3 607.5	3 790.5	3 847.5
泰国	3 135.0	3 010.5	2 850.0	2 853.0	3 145.5
印度尼西亚	5 152.5	5 134.5	5 341.5	5 236.5	5 154.0
孟加拉国	4 375.5	4 419.0	4 552.5	4 587.0	4 345.5
日本	6 727.5	6 697.5	6 631.5	6 798.0	6 670.5
越南	5 580.0	5 754.0	5 760.0	5 574.0	5 547.0
非洲	2 661.0	2 692.5	2 365.5	2 368.5	2 443.5
埃及	9 643.5	9 529.5	9 430.5	9 336.0	9 301.5
欧洲	1 657.5	6 234.0	6 471.0	6 195.0	6 301.5
意大利	6 634.2	6 314.8	6 678.5	6 779.7	6 825.3
西班牙	7 790.2	7 798.5	7 750.3	7 645.1	7 761.6
大洋洲	9 996.0	10 536.0	9 514.5	9 250.5	9 379.5
澳大利亚	10 218.0	10 920.0	9 910.5	10 288.5	9 820.5
美洲	5 565.0	5 632.5	5 941.5	5 899.5	5 919.0
巴西	5 005.5	5 202.0	5 752.5	5 464.5	6 210.0
美国	8 623.5	8 487.0	8 371.5	8 112.0	8 415.0

数据来源：联合国粮食及农业组织（FAO）统计数据库（FAOSTAT）

2017 年亚洲水稻种植面积和总产量分别为 145 539.2×10³hm² 和 69 259.1 万 t，占世界水稻种植面积和总产量的 87.02%和 89.99%。印度是世界水稻种植面积最大的国家，种植面积高达 43 789.0×10³hm²，单产 3847.5kg/hm²，总产量 16 850.0 万 t；中国水稻种植面积仅次于印度，种植面积达 30 747.0×10³hm²，单产 6916.5kg/hm²，总产量 21 267.6 万 t。

2017 年非洲水稻种植面积和总产量分别为 14 959.7×10³hm² 和 3656.0 万 t，占世界水稻种植面积和总产量的 8.94%和 4.75%。埃及是非洲水稻单产水平最高的国家，种植面积达 685.9×10³hm²，总产量 638.0 万 t，单产高达 9301.5kg/hm²。

2017 年欧洲水稻种植面积和总产量分别为 643.0×10³hm² 和 405.1 万 t，分别占世界水稻种植面积和总产量的 0.39%和 0.53%。意大利是欧洲水稻种植面积最大的国家，种植面积达 234.1×10³hm²，总产量 159.8 万 t，单产 6825.3kg/hm²；西班牙是欧洲水稻单产水平最高的国家，其单产高达 7761.6kg/hm²。

2017 年大洋洲地区水稻种植面积和总产量分别为 87.5×10³hm² 和 82.0 万 t，分别占世界水稻种植面积和总产量的 0.05%和 0.11%。大洋洲是世界水稻单产水平最高的大洲，单产高达 9379.5kg/hm²，远高于世界平均水平；澳大利亚是大洋洲水稻生产最主要的国家，种植面积 82.2×10³hm²，总产量 80.7 万 t，单产高达 9820.5kg/hm²，但长期受水资源等环境条件约束，水稻种植面积十分不稳定。

2017 年美洲地区水稻种植面积和总产量分别为 6019.8×10³hm² 和 3563.5 万 t，分别占世界水稻种植面积和总产量的 3.60% 和 4.63%。巴西是美洲地区水稻种植面积最大的国家，种植面积达 2008.1×10³hm²，总产量 1247.0 万 t，单产 6210.0kg/hm²；其次是美国，其种植面积 960.7×10³hm²，总产量 808.4 万 t，单产 8415.0kg/hm²。

世界水稻生产具有生产集中度较高、单产水平差距大等特点，主要集中种植于亚洲的东亚、东南亚及南亚季风区。亚洲是世界上唯一具有季风气候的大洲，夏季高温多雨，冬季温和少雨，雨热同期，为水稻种植提供了良好的气候环境。世界水稻种植面积前 10 位的国家分别为印度、中国、印度尼西亚、孟加拉国、泰国、越南、缅甸、尼日利亚、菲律宾和柬埔寨，除尼日利亚外均分布于亚洲，其中印度、中国、印度尼西亚、孟加拉国、泰国、越南和缅甸 7 个国家种植面积均达 1 亿亩①以上。

2017 年世界水稻种植面积在 666.7×10³hm² 以上的国家总计 26 个，单产水平最高为澳大利亚，其单产高达 9820.5kg/hm²；在水稻种植面积最大的 10 个国家中，中国单产水平最高，单产高达 6916.5kg/hm²；除受耕地质量、气候条件和投入成本等影响，最重要因素为熟制差异，南亚国家一年多则可种三季，多数为两熟制。

1.1.2 中国水稻生产概况

水稻是中国主要粮食作物之一，其产量与品质直接影响国家粮食生产安全，对构建和完善粮食安全保障体系具有重要意义。2017 年全国水稻种植面积 30 747.0×10³hm²（占粮食种植面积 26%），位居世界第二位，单产 6916.5kg/hm²（世界第四），总产量 21 267.6 万 t（世界第一）。其中，2018 年 10 月 29 日，袁隆平院士团队的超级杂交稻'湘两优 900'（超优千号）在河北省硅谷农业科学院超级杂交稻示范基地通过测产验收，平均单产 18 050.4kg/hm²，创下世界水稻单产的最新、最高纪录，提前实现了袁隆平院士提出的"争取在 2020 年实现每公顷 18 吨的世界最高纪录目标"。

1980～2017 年中国水稻种植面积及总产量如图 1-3 所示，近十年中国种植面积保持稳中略降趋势，总产量稳定于 20 000 万 t。中国水稻主要分布在热带或亚热带高温多雨地区，根据其种植区域分为华南双季稻作带，位于南岭以南，包括闽、粤、桂、滇的南部及台湾省、海南省和南海诸岛全部；华东华中单双季稻作带，东起东海之滨，西至成都平原西缘，南接南岭，北毗秦岭、淮河，是中国最大的稻作区；西北干燥稻作带，位于大兴安岭以西，长城、祁连山与青藏高原以北；华北单季稻作带，位于秦岭—淮河以北，长城以南，关中平原以东，包括京、

---

① 1 亩 ≈ 666.67m²。

津、冀、鲁和晋、陕、苏、皖的部分地区；东北早熟稻作带，位于辽东半岛和长城以北，大兴安岭以东及内蒙古东北部；西南高原稻作带，地处云贵和青藏高原，黔东湘西高原。其中三大优势区域为东北平原、长江流域和东南沿海。

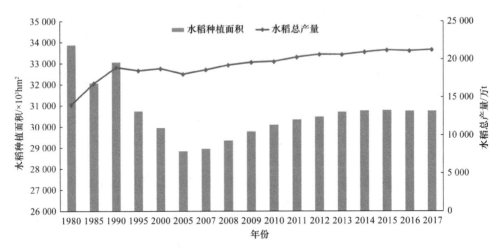

图1-3　1980～2017年中国水稻种植面积及总产量

数据来源：中华人民共和国国家统计局

　　近些年，随着中央逐步实施"调结构-转方式"，加大"三农"投入补贴力度，深入推进农业供给侧结构性改革，着力调整优化农业结构，促进绿色可持续发展，支持耕地地力保护和粮食适度规模经营，创建粮食绿色高质高效生产模式，为进行水稻产业的提质增效和转型升级奠定了良好基础。但由于国家粮食安全调控、国内稻谷库存紧张、国外水稻低价进口、自然资源与劳动资源紧缺等因素综合影响，在外界环境不利因素和世界水稻产业发展的大环境下，中国水稻产业面临着消费量稳定增长、资源约束性增强、灾害性气候和病虫害多发、效益偏低等严峻形势，且其整体仍存在高档优质品种不多、水稻全程机械化水平有待提高、区域特色稻种品牌不强、产业融合度不足等问题。

　　目前中国水稻产业正由高产稳产向绿色高质方向稳步发展，未来应提升水稻产业综合发展能力，建立集约化、标准化、专业化的产业模式，优化品种结构，提升稻米品质，完善技术模式，加强品牌培育，产前、产中及产后同步推进发展，实施创新驱动提高产业可持续支撑能力与市场竞争力。

1.1.3　东北早熟单季稻生产概况

　　中国东北地区纬度较高，其复杂气候条件和温度变化幅度对水稻生产具有一定影响。其明显特征为北方寒地气温低且昼夜温差大，致使水稻受低温等影响，形成了适应北方寒地自然特点的东北早熟单季稻作体系。东北地区生态条件极利于粳稻种植,在全国水稻生产总量中,东北稻区粳稻因产量潜力大,米质优且商品率高,内销外贸前景广阔。2017 年,黑龙江、吉林和辽宁的稻谷种植面积分别为 $3948.7 \times 10^3 hm^2$、$820.8 \times 10^3 hm^2$ 和 $493 \times 10^3 hm^2$,总种植面积达 $5262.5 \times 10^3 hm^2$,占全国总面积 17.1%,其总产量为 3925.8 万 t,占全国总产量 18.5%。

2010～2017 年我国东北地区早熟单季稻种植面积和产量如图 1-4 所示,其种植面积总体稳中略升。在水稻生产期间个别省份及年份除受春季低温等环境影响产量略有下降外,其总产量呈上升趋势。以黑龙江省为例,其水稻商品率超过 70%,成为全国最大商品粳稻生产基地;吉林省和辽宁省的水稻商品率稳定于 60%以上,正常情况商品稻谷外调可达 50 万 t 和 100 万 t,目前东北水稻生产已成为稳定全国粮食市场的重要因素。

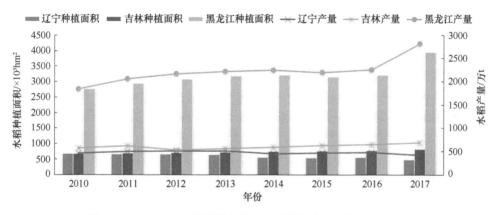

图 1-4　2010～2017 年我国东北地区早熟单季稻种植面积和产量

数据来源:中华人民共和国国家统计局

1.2　寒地水稻全程机械化生产发展现状

近些年,中国农业正在发生历史性变革,新时代农业提升取决于高科技更新发展,不仅依靠现代农业生物科技进步,也需要现代工程技术和机械化技术创新提供支撑。水稻全程机械化水平是衡量其现代化产业发展程度的重要指标,如图 1-5 所示,其直接影响品种资源、遗传育种、栽培技术、植保技术、转基因技术、品质安全及产后加工与综合利用等系列环节的实施,是促进水稻产业升级和转变农业发展方式的主要手段,也是水稻绿色优质生产的可靠保障。

随着国家确保粮食安全,深入推进农业供给侧结构性改革,提升产业可持续发展能力,实施农业绿色发展五大行动,坚持创新、协调、绿色、开放、共享发展理念,深入实施创新驱动发展战略,结合国家重点研发计划"化肥农药减施

图 1-5　水稻全程机械化生产环节

增效综合技术研发""粮食丰产增效科技创新""智能农机装备"等专项实施及现代农业产业技术体系工作开展，部分关键核心技术实现自主化，主导装备产品开展智能化，薄弱环节逐渐实现机械化，中国水稻产业机械化技术水平得到大幅提高，其整体产业机械化装备已逐步由前期引进消化吸收再创新模式转变为自主化技术创新模式，但产前、产中、产后各环节整体机械化水平仍与国外先进国家具有一定差距。截至 2018 年底，中国水稻机耕水平 98.00%，机种水平 50.86%，机收水平 91.52%，耕种收综合机械化水平 81.91%，各环节发展极不平衡且处于迫切提高的瓶颈时期。2019 年，预计水稻机耕水平达到 98.70%，机种水平达到 53.90%，机收水平达到 93.00%，耕种收综合机械化水平达到 83.40%。水稻生产全程机械化正稳步推进，新技术新装备不断应用，对水稻产业发展支持作用不断凸显。

为加快推进水稻产业向绿色高质方向发展，2016 年，农业部印发了《关于开展主要农作物生产全程机械化推进行动的意见》，提出了"农业生产全程全面机械化"发展战略，对水稻产前、产中、产后全程水平与作物、产业、区域全面水平提出更高要求，亟须突破各环节、各区域瓶颈技术难题。运用自动化、信息化、精细化、智能化及先进机械化装备技术完善育种、种子加工等产前种业制备体系，自主突破耕作、种植、田间管理、收获及秸秆处理等产中关键核心技术，加快开发稻米干燥、加工储藏等产后高效绿色增值深加工技术。通过全程全面机械化装备技术提高水稻生产薄弱环节水平，增强农业综合生产能力，强化国家农业装备技术竞争力。

东北早熟单季稻作区是中国绿色优质稻米产出主要地区之一，其机械化程度直接标志着绿色优质水稻发展水平。"中国人要把饭碗端在自己手里，而且要装自己的粮食"，这也是 2018 年 9 月习近平总书记在黑龙江考察时对东北大粮仓的期许。目前，东北水稻田间耕作、种植及收获等环节已基本实现机械化作业，但秸秆处理、田埂修筑及田间管理等技术水平整体相对落后，秸秆焚烧造成的环境污染等问题较为严重，田埂修筑仍以人工作业为主，中耕管理劳动强度大，安全隐患多，作业效率低且质量难以保证，严重制约了水稻全程机械化发展进程。因此，实现寒地水稻机械化生产薄弱环节关键核心技术自主化重大突破是提高其整体发展水平重要而迫切的内容。

"寒地"即冬季冻土层厚度达 1m 以上区域，其中中国黑龙江、吉林、辽宁及内蒙古等四省区均属于寒地地带，特别是黑龙江省无霜期较短，全省无霜期 100～160 天，年有效积温低。截至 2017 年底，黑龙江省水稻机耕水平 100%，机种水平 82.16%，机收水平 90.12%。以建三江垦区为例，阐述分析寒地水稻全程机械化生产发展现状。建三江垦区位于中国北部边陲的三江平原腹地，系黑龙江、松花江及乌苏里江汇流河间地带，总面积约 1.24 万 km²，占黑龙江垦区总面积的22%，其土地集中连片，三江环绕，七河贯通，地势平坦，土质肥沃，硬资源和软资源皆富集发达，具备发展现代化企业特别是绿色农业产业的优越条件和独特优势，因地处中国最东方，又以盛产绿色优质水稻闻名，故有"东方第一稻"和"中国绿色米都"之誉。建三江垦区无霜期 110～130 天，活动积温达 2300～2500℃，水稻种植为一年一熟制，其机械化水平居全国领先地位。经过多年实践，垦区已探索出适宜的生产模式——"三化一管"，即旱育壮秧模式化、全程生产机械化、产品品质优质化和叶龄指标计划管理，其种子加工、育秧、整地、插秧、灌溉、植保、收获、烘干及仓储等环节已基本实现机械化作业，达到提质增产和节本增效的目的。

（1）育秧机械化

育秧机械化主要包括种子加工、浸种催芽、苗床土生产、精量播种及育秧管理等环节。种子加工方面，为保证收获种子质量符合标准，及时对收获种子进行初选，低温烘干除芒，并采用机械筛选及谷糙分离技术，进行机械包衣避光储藏，满足高标准种子加工处理要求；浸种催芽方面，水稻种子智能化浸种催芽和统一供应芽种已达 100%机械化，可根据种子生育期所需合适温度及湿度，以水为介质，高效保温系统为主体，通过阶段性控制水温实现种子浸种、破胸及催芽机械化生产，提供符合农艺要求的芽种；苗床土生产方面，利用机械化床土生产线调制营养成分比例合理且酸碱度适宜的苗床土壤，实现营养土加工机械化、工厂化和商品化；精量播种方面，采用毯式育秧播种机及电动精量播种机，逐步取代人工手动式播种机具，其播种均匀，播量精准，保证后期苗齐、苗匀及苗壮；育秧管理方面，以集中育秧棚区模式为基础，统一育秧管理技术标准，利用自动化监控系统、大型集中浸种催芽设备、育秧棚区自动微喷给水系统、智能化控水系统及井水增温控制系统等，有效提高育秧棚室管理质量与效率。

（2）耕整机械化

耕整机械化主要包括翻地、旋耕、旱平地、筑埂、搅浆整地和撒肥等环节，应用旋耕机、筑埂机、平地机和搅浆机等水旱耕整机具，以满足水稻种植作业要求。其整体研发及应用基本趋于稳定，已发展为与国产拖拉机配套使用的系列联合耕整机具。在耕翻作业过程中，要求扣垡严密，可将80%以上高茬秸秆扣入耕层，但仍存在次年泡田秸秆易漂浮于水面的现象，影响后续种植及作物生长。对土质透水性较优地块，可采用旋耕，耕深稳定于12~16cm；对新改稻田或高低差大于10cm格田需扩大地块，采用刮板、推土铲及激光平地；对新改稻田或田埂破坏严重需修筑田埂，要求所筑田埂平整坚实且占地少；采用搅浆整地机进行水整地处理，其搅浆深度稳定于10~12cm，经第一次搅浆后采用撒肥机将底肥均匀撒入水田土壤，再进行一或两次重复搅浆作业，各环节共同作用完成水田机械化耕整作业。

（3）种植机械化

由于中国水稻品种及种植区域多样性，种植技术系统仍存在配套程度差等问题。结合水稻多区域、多品种特点及种植农艺模式，国内开展大量水稻机械化栽植研究，突破机械化插秧及钵苗移栽核心技术，研制多种类型分插机构、送秧及推秧装置等关键部件，有效提高水稻移栽作业质量与效率，但一定程度上受部件传动精度、可靠性及稳定性制约；国内对水稻机械化直播也开展大量研究并取得重大突破，针对水稻生产轻简高效栽培需求和人工撒播存在的问题，提出"三同步"水稻机械化精量穴直播技术，研制适合水稻精量穴直播的机械式与气力式排种器及同步深施肥装备，发明轻简化精量水穴直播和旱穴直播机具，实现行距可选、穴距可调、播量可控等功能，提高了适应不同区域、不同岔口、不同品种及不同种植模式的精量穴直播要求，并在国内及国外多地区应用推广。目前，建三江垦区已实现100%机械化插秧作业，采用高性能插秧机、宽窄行插秧机、侧深施肥插秧机及自动导航插秧机等机具，实现插秧过程适时抢早，满足田间基本苗数、秧苗栽正且插行平直要求。

（4）田间管理机械化

田间管理机械化水平整体相对落后，机械化、自动化和智能化水平较低，部分地区仍依靠人工或人机结合作业，劳动强度大，安全隐患多，作业效率低且质量难以保证。目前，建三江垦区主要以抽提地下水和截留地表水灌溉为主，正逐步建成和完善江河提水工程，并通过逐渐推广智能化节水灌溉技术，实现井水增温、田间水层深浅智能化控制及水循环综合利用，有效提高稻米品质，降低水资源消耗。植保喷药方面，主要采用农用航空飞机和弥雾式机动喷雾机开展作业，前者可实现连片航化作业，具有作业效率高、喷洒均匀且保证农时等优点，主要应用于水田病虫害防治及喷施叶面肥等；后者主要应用于防治稻瘟病等病虫草害等，配套水田高地隙自走喷药施肥机联合作业。中耕除草方面，仍以化学除草为主，长期大量使用化学除草剂造成了难以估量的生态污染问题，严重影响高标准农田建设发展，近些年部分地区已逐渐推广应用多种非化学除草作业方式（机械除草、农业防治、生物防治和物理防治等）。

（5）收获机械化

水稻机械化收获水平较高，主要以发展全喂入型联合收获为主，可兼收稻麦等作物，半喂入联合收获发展相对缓慢，整体开发单纵、双纵、切纵轴流等机型，具备辅助导航、故障提醒、流程监测、参数调控等自动监控功能，但智能化控制、深泥脚田底盘、轻简化设计等研究相对缺失，整体国产化的高效高性能水稻联合收获装备研发水平仍与国外具有一定差距。建三江垦区种植水稻为活秆成熟，茎穗含水量大，脱水缓慢，如遇霜期拖后，收获农时短且损失大。因此，主要采取多种收获方式并存和"四个结合"原则，即霜前霜后收获相结合，分段收获（先割晒后拾禾）与直收相结合，大中小型机械相结合，全喂入与半喂入相结合。目前联合收获模式在垦区仍占主导地位，主要应用机型包括凯斯 2366 型和迪尔 9660 型等。分段收获模式因具有抢农时、收获期提前及提质增产等优点，部分地区逐渐恢复推广应用，可为秋整地、秋筑埂及秋做床等预留充足时间，同时随着水稻产量大幅度增加，高产造成倒伏问题不可忽略，提前割晒亦可有效解决此问题。

（6）秸秆处理机械化

我国自 1999 年起发布系列政策对秸秆综合利用技术界定，并全面推广"五化"（燃料化、饲料化、肥料化、原料化和基料化）综合利用技术及配套机械化装备研究。目前，建三江垦区正逐步推广秸秆成型燃料锅炉供热，建设低碳能源文明工程，研究多种秸秆固化、气化及液化工艺与设备，提升秸秆底物各组分经济价值；秸秆饲料化研究处于初级阶段，缺乏相关基础理论、工艺方法及机具，多引进国外高速大型智能标准配套机具，国内成熟产品应用较少；从农艺角度开展秸秆直接处理方式、还田量及免少耕模式下秸秆覆盖及生态效益研究，并提出多种水稻秸秆还田模式，研发一批用于水稻秸秆还田的配套机具；秸秆农用复合材料配制研究较少，通过秸秆混合配施生物基质进行农用材料二次转化，开发水稻植质钵育秧盘与纤维地膜及配套装备，有效实现农业可再生资源循环利用；秸秆炭化还田已逐渐成为国内秸秆处理研究热点之一，主要对秸秆干燥、预炭化、炭化和燃烧多阶段转化改良土壤品质，创制配套开沟、镇压、掩埋及定量施用等关键机械化技术，但相关配套机具仍未大面积推广应用。

（7）干燥与储藏机械化

干燥与储藏机械化对提高稻米品质具有重要作用。目前，日本、韩国和中国台湾稻米品质世界最优，其主要根源在于收获后不落地直接进行低温干燥（含水量 15%）和低温（4℃）储藏。国内大部分地区水稻产后加工处理仅处于一种满足口粮大米需求的初加工状态，有效利用率仅 60%～65%，深加工仅占 20%，成品利用率低，造成大量营养物质损失，增加环保压力，其普遍采用大堆高温干燥，爆腰及龟裂现象较严重，易造成水稻胚芽死亡，无法形成活性米，导致稻米品质下降。建三江垦区采用较先进低温循环式干燥机与连续式干燥机，具有低破碎率且高出米率等优点，不易造成失重或过度干燥，并针对不循环式烘干机组设计特定结构保证单台（套）机具可独立烘干，单人可处理千吨稻谷。

1.3 寒地水稻田间耕管技术发展趋势

目前，寒地水稻耕作与收获基本实现机械化，机种水平快速提高，整体产中环节机械化水平已处于瓶颈时期，应结合中国水稻产业机械化装备技术发展现状及其与国外先进装备技术发展差距，实现关键核心技术自主化的重大突破。

（1）耕作机械化

寒地水稻田间耕作机械研发及生产基本趋于稳定，已发展为与国产拖拉机配套使用的系列化旋耕、翻耕、深松等联合整地机具；相关研究单位对激光平地技术进行研究，自主研发激光平地机具，但部分关键部件仍采用国外进口，生产成本较高，且作业幅宽小、效率低，难以适应大风大雾等环境作业；水田田埂修筑机械相对缺乏，主要依靠人工，部分双侧及单侧修筑机具标准性较差，且修筑自动化程度不高，田埂转角处需人工补筑，制约标准农田建设；对土壤修复精准施放控制技术研究较少，光谱传感成本较高，环境适应性差，生物传感难以实现在线检测。

应重点开展高标准稻田土壤提质增效技术与装备研究。围绕高标准稻田土壤提质增效要求，研究土壤智能快速检测、耕层剥离联合耕整、仿生脱附减阻、土壤障碍因子消减修复、标准化田埂修筑、旋耕喷施土壤消毒等关键技术，创制水田激光平地、节能减阻耕作联合、标准田埂修筑、旋耕喷施土壤消毒等装备。

（2）田间管理机械化

寒地水稻田间管理技术水平整体相对落后，机械化、自动化和智能化水平较低，劳动强度大，安全隐患多，作业效率低且质量难以保证。其中施药技术整体较为落后，以跟踪研究为主，对施药喷头研究主要集中于基础理论，其自动化程度、喷杆定位准确性、数据实时同步及计算机处理等基本满足要求；植保无人机呈高速发展态势，已自发形成生产—销售—服务为一体的产业链，但关键核心技术与国外仍有较大差距，尤其在自主飞控技术、动力与载荷匹配、作业精准性和高效性等农用适应性关键技术方面亟须突破；随着绿色健康生态农业的发展，水田中耕机械除草技术逐渐受到关注，相关研究单位研制了多种乘坐式与步进式水田除草机具，基本满足行间除草作业要求，但无法满足株间精准除草作业要求，并未得到大面积推广应用，部分研究单位对智能化控制系统进行研究，可初步完成室内土槽杂草、作物识别等功能，但并未涉及机具运动及多幅图像间信息融合等问题，实际田间精确识别仍需进一步研究；对水田多功能动力底盘技术开展的相关研究，主要集中于地隙可调，配置中耕除草、喷雾等多种田间装备，初步实现了功能拓展。

应重点开展高效精准水田田间管理技术与装备研究。针对水稻生产高效精准田间管理装备需求，研究基于物联网信息技术的水稻综合信息智能监测系统技术，统防统治高效环保机械化施药技术，形成规模化无人飞行平台与水田多功能运载平台；基于智能识别的水田中耕机械除草技术，同步执行植物营养检测、杂草识别、专家智能决策分析、机械除草、对靶施药等多项作业，创制行/株间中耕机械除草、高地隙运秧植保等装备。

（3）秸秆处理机械化

寒地水稻秸秆机械化处理方式较为单一，且并未探索合适的秸秆收储运模式。国外发达国家十分重视秸秆循环利用和土壤用养结合等生态农业发展，研究"五化"综合利用技术及配套机械化装备。美国、欧洲等普遍采用秸秆还田循环利用方式，即2/3秸秆直接还田，1/5秸秆饲料化利用，形成"直接还田+厩肥+化肥"的三合制施肥制度，其中直接还田主要将秸秆直接粉碎均匀抛撒地表，通过旋耕或犁翻进行深埋还田。美国、西欧等集成捡拾、打捆、注氨及包膜一体化处理机具，开发自动调节、智能监控等功能，秸秆可在田间直接氨化处理，并通过专用装载运输机具运至处理厂与精饲料混合搅拌。德国建立以种养结合农场为单元，混合原料（秸秆、粪便、有机生活垃圾及有机工业废弃物等混合）与沼渣沼液循环模式，配置专业沼气制取设备，发电量达20.5亿 kW·h。加拿大、英国及巴西等国开展了秸秆乙醇制取技术研究并实现生产运营，探究秸秆纤维素乙醇生产工艺与装备研究。比利时、瑞典和俄罗斯等对异氰酸酯及其他化学物质特性开展拓展研究，解决秸秆人造板材制取与胶合的难题。

应重点开展机收后秸秆肥料化还田和集成打捆技术与装备研究。针对水稻秸秆焚烧严重、资源利用不合理等问题，研究秸秆肥料化精细粉碎均匀抛撒、精细粉碎覆盖、高留茬深埋、催腐还田、生物炭化及收集打捆等关键技术，创制秸秆深埋还田、秸秆肥料化还田与集成打捆等装备。

在此背景下，重点围绕提高农业产业竞争力和引领现代水稻产业发展的宗旨，立足"智能、优质、高效、环保",瞄准"关键核心技术自主化,主导装备产品智能化,薄弱环节机械化"的目标,结合中国水稻产业机械化装备技术发展现状及与国外先进装备技术发展差距,对薄弱环节及关键核心问题进行研究,主要包括针对解决高标准稻田土壤提质增效问题,摆脱关键部件进口,实现农业装备系列化、自主化;针对水稻生产对高效精准田间管理装备需求,实现水稻生长综合信息监控,完成高效环保机械化施药与精量配混施肥作业,突破植保动力载荷匹配、精准作业等适应性关键技术,开发适应性强水田多功能动力底盘,创制并推广成套水田中耕除草机具,整体提高田间管理机械化、自动化和智能化水平;针对水稻秸秆焚烧严重,资源利用不合理等问题,结合多种水稻秸秆还田模式,实现秸秆肥料化精细覆盖、高留茬深埋、催腐还田、生物炭化及收集打捆等高效利用。

本书主要对寒地水稻全程机械化发展总体现状及趋势进行简要阐述,具体水稻田间耕管环节关键技术与配套机具研究现状详见后续章节。根据著者团队长期研究成果,重点对水稻机械化耕管环节配套机具(秸秆深埋还田机、标准化田埂修筑机、旋耕喷施土壤消毒机、水田中耕除草机和高地隙运秧植保机)进行介绍,全面深入地展现系列机械化装备基础理论、关键技术及试验示范系统研究。

参 考 文 献

柴玲欢, 朱会义. 2016. 中国粮食生产区域集中化的演化趋势[J]. 自然资源学报, 31(6): 908-919.

宫兴龙, 付强, 孙爱华, 等. 2019. 自然-社会水循环模型估算平原-丘陵-湿地区水稻种植潜力[J]. 农业工程学报, 35(1): 138-147.

何艳, 严田蓉, 郭长春, 等. 2019. 秸秆还田与栽插方式对水稻根系生长及产量的影响[J]. 农业工程学报, 35(7): 105-114.

蒋文强, 王金武. 2016. 黑龙江省水稻生产机械化影响因素研究[J]. 农机化研究, 38(10): 11-16.

李黎红, 张宇. 2019. 我国杂交水稻优势、面临挑战与国际化策略[J]. 中国稻米, 25(4): 1-4.

吕捷, 王雨濛. 2019. 当前国际粮食经济形势与中国粮食安全[J]. 中共中央党校(国家行政学院)学报, 23(4): 131-136.

罗斌, 潘大宇, 高权, 等. 2018. 基于物联网技术的寒地水稻程控催芽系统设计与试验[J]. 农业工程学报, 34(12): 180-185.

罗锡文, 廖娟, 邹湘军, 等. 2016. 信息技术提升农业机械化水平[J]. 农业工程学报, 32(20): 1-14.

罗锡文, 王在满, 曾山, 等. 2019. 水稻机械化直播技术研究进展[J]. 华南农业大学学报, 40(5): 1-13.

潘彪, 田志宏. 2018. 中国农业机械化高速发展阶段的要素替代机制研究[J]. 农业工程学报, 34(9): 1-10.

宋玉洁. 2016. 建三江垦区水稻机械化收获技术现状及发展趋势[J]. 南方农机, 47(1): 38-39.

孙妮娜, 王晓燕, 李洪文, 等. 2018. 东北稻区不同秸秆还田模式机具作业效果研究[J]. 农业机械学报, 49(S1): 68-74+154.

谭方颖, 王建林, 程路. 2017. 东北地区单季稻温度适宜性及其变化特征[J]. 生态学杂志, 36(3): 719-724.

唐汉, 王金武, 徐常塑, 等. 2019. 化肥减施增效关键技术研究进展分析[J]. 农业机械学报, 50(4): 1-19.

魏永霞, 汝晨, 吴昱, 等. 2019. 寒地黑土区水稻耗水特性及其对水分利用效率的影响[J]. 农业机械学报, 50(4): 245-254.

许世卫, 王禹, 潘月红, 等. 2018. 全球主要粮食生产与贸易格局演变分析及展望[J]. 农业展望, 14(3): 73-87.

于晓旭, 赵匀, 陈宝成, 等. 2014. 移栽机械发展现状与展望[J]. 农业机械学报, 45(8): 44-53.

曾玮兰. 2018. 水稻生产全程机械化的发展前景[J]. 农业工程技术, 38(32): 47-48.

周晚来, 王朝云, 易永健, 等. 2018. 我国水稻机插育秧发展现状[J]. 中国稻米, 24(5): 11-15.

朱德峰, 张玉屏, 陈惠哲, 等. 2015. 中国水稻高产栽培技术创新与实践[J]. 中国农业科学, 48(17): 3404-3414.

朱德峰, 张玉屏, 陈惠哲, 等. 2019. 我国稻作技术转型与发展[J]. 中国稻米, 25(3): 1-5.

第2章 水稻秸秆深埋还田技术与装备

东北早熟单季稻作区是中国最主要的优质粮食及商品粮生产基地，对保障国家粮食生产安全及战略发展具有重要作用，但其副产品——秸秆量大繁多，利用难度高且效益差。近些年，因秸秆焚烧所造成的环境污染等问题已成为亟须解决的社会性问题。东北地区是全国秸秆焚烧最严重的区域。国家相继提出了"秸秆综合利用"发展思路和"藏粮于地，藏粮于技"的粮食安全战略。秸秆机械化还田主要通过农业机械将收获后秸秆粉碎并抛撒在田间后耕翻掩埋，或将整株及高留茬秸秆直接覆盖于土壤深层还田，可有效平衡土壤肥力，改善土壤性状及蓄水能力，减轻环境污染，提高作物产量与生产潜力，是目前农业生产最重要的主推技术。

由于东北地区秋季收获期集中，冬季封冻时间长，稻田土壤黏重且积温较低，秸秆分解速度缓慢，因此对直接还田农艺要求较严格，通过相关调研及试验，其秸秆还田率应大于85%，还田深度应大于15cm，可基本满足秸秆还田腐烂降解要求。国内外学者对秸秆还田技术及配套机具开展大量研究，相继研制了多种成熟配套高效机具，并逐渐应用于农业生产。相对而言，对水稻高留茬或整株秸秆还田技术研究相对较少，传统配套机具无法完全满足多种秸秆还田与机械化高质耕整农艺要求，因此亟须开展相关技术体系研究并开发系列秸秆还田联合耕整作业装备，实现秸秆资源高效高质绿色利用。

在此背景下，为有效推进东北地区秸秆资源合理利用，促进高产绿色农业发展，本章主要针对水稻联合收获作业后存在高留茬或整株秸秆铺于田间，采用秸秆粉碎抛撒还田或犁耕还田存在耕深浅、还田性能差、次年水整地粉碎秸秆浮出水面影响后续种植作业及作物生长等问题，提出水稻反旋深埋还田适度耕整技术，发明系列多功能旋-切-埋异型刀具，创制系列水稻秸秆深埋还田适度耕整机具，形成系列化产品，构建秸秆还田适度耕整综合技术新模式，有效缓解因秸秆焚烧所引发的系列环境问题，为加快秸秆资源化利用产业发展提供可靠技术保障与装备支撑。

2.1 水稻秸秆还田技术研究现状

2.1.1 国外研究现状

国外学者自20世纪30年代开展秸秆还田技术研究，随着先进制造、计算机仿真及智能控制等先进技术的发展相继研制了多种成熟配套高效机具，并应用于大规模农业生产，主要以欧美等国家为代表。部分机具在中国东北大型垦区也有所应用，多通过大型联合收获机具在收获时进行同步粉碎还田作业，代表机型如约翰迪尔公司（JOHN DEERE）C120 型稻麦联合收获机，在机具后侧出料口处配置秸秆粉碎抛撒装置，收获过程中直接将秸秆粉碎并均匀抛撒覆盖于地表，再通过旋耕或犁翻作业将粉碎秸秆埋入土壤。对于小型地块采用半喂入式联合收获机收获后秸秆放置于田间的情况，在秸秆风干后多采用粉碎还田机进行直接粉碎作业，代表机型如格兰公司（KVENRNLAND）FXN280 型秸秆粉碎灭茬还田机，通过高速旋转刀轴配置重载型刀片将秸秆粉碎（碎段长度 10cm 内）并均匀铺于田间，再通过旋耕或犁翻进行翻埋还田。由于二次粉碎翻埋还田增加农户作业成本，影响经济收益，因此多数农户在耕整地时直接通过旋耕机或犁直接进行翻埋还田作业，但其作业效果不理想，还田深度较浅，无法满足农艺要求。部分国外代表机型如表 2-1 所示。

表 2-1　国外秸秆还田技术典型配套机具

型号	总体结构	工作原理
约翰迪尔 C120 型稻麦联合收获机配套粉碎抛撒还田装置		通过配置于联合收获机料口处的秸秆粉碎抛撒还田装置，将收获过程中脱离出的秸秆切碎，形成强大气流将粉碎秸秆均匀条铺抛撒，完成秸秆粉碎抛撒还田作业
格兰 FXN280 型秸秆粉碎灭茬还田机		通过高速旋转甩刀总成（甩刀轴及重载型飞锤式刀片排列组合），对秸秆进行切割和撞击，将粉碎秸秆抛撒至后方地面，刀具耕深由限位滑板控制，完成秸秆粉碎还田作业
雷肯 EurOpal 系列液压水田翻转犁		通过翻转犁与合墒器配合使用，翻转犁进行秸秆翻埋，合墒器对已翻地块进行平整作业，一次作业可完成秸秆翻埋与地表平整；但其秸秆翻埋效果较差，耕作深度过大，在水田作业将打破犁底层，导致次年泡田需水量增加，浪费水资源
雷肯 Smaragd 系列联合整地机		通过液压控制可折叠弹齿圆盘耙，实现大面积秸秆粉碎灭茬与苗床准备等作业，工作幅宽 4～10m，为避免拥堵大梁，其离地距离和耙片间距离均为 0.8m
库恩 RM280 型秸秆还田机		通过高速旋转甩刀总成对秸秆进行切割和撞击，工作幅宽 2.8m，配套动力 52～93kW，刀辊转速 1680r/min，锤形刀片 32 把，具有转筒直径大、转速高、刀片多、后盖可开启等优点，但其还田效果较差

国外学者亦对其关键部件开展大量研究,美国学者 Iwasaki 等(1992)将还田刀具分为弯刀和直刀两部分研究,分析各部分作业阻力影响因素,以期为刀具改进优化提供有效参考;德国学者 Asl 和 Singh(2009)采用计算机数值模拟分析方法对系列刀具切土功耗进行分析,得到土壤切削体积和刀具表面积关系,并进行台架试验测试实际能耗,验证所建立模型的正确性;美国学者 Zhang 等(2014)探究旋耕弯刀背角与刃磨隙角、包角和弯折角间的互作关系,通过平面转换与力学分析建立旋耕弯刀背角数学模型,得到各因素间关系方程,为刀具正切部设计提供理论依据;近些年,部分学者亦采用离散元分析软件模拟机具工作参数及土壤含水率对旋耕刀具受力影响规律,为相关研究提供了新方法与新思路。

综上所述,国外秸秆还田技术较为成熟,大型化、智能化配套机具得到广泛应用,但因国外种植模式、土地资源及生产规律等与国内具有较大差异,且系列机具整体结构较复杂,价格昂贵且维修不便,无法完全满足我国秸秆直接还田处理模式。

2.1.2 国内研究现状

我国秸秆还田技术研究起步相对较晚,主要通过引进消化吸收再创新的模式进行技术研究及配套机具开发。国内高校院所及企业相继创制了多种机械化联合作业机具,并在东北部分地区应用示范推广。其秸秆还田主要方式为"粉碎+犁翻+旋耕",但由于北方单季稻秸秆量大,收获后残留秸秆多为高留茬,导致犁翻过程中秸秆翻埋效果差,且存在扣垡不严的问题,次年泡田将产生严重秸秆漂浮现象,影响后续插秧作业。部分国内代表机型如表 2-2 所示。

表 2-2 国内秸秆还田技术典型配套机具

型号	总体结构	工作原理
1G-160 型旋耕机(常规旋耕还田)		通过旋耕刀轴带动直形或弯形国标刀具进行正转旋耕,将秸秆切碎埋入地表下,实现秸秆旋耕还田作业
1L-320 型铧式犁(常规犁翻还田)		通过驱动机具液压悬挂系统调节犁体水平位置与耕层深度,在前进过程中将土垡与秸秆根茬直接翻埋,实现秸秆翻埋还田作业
1KM-3 型秸秆开沟深埋还田机		通过捡拾装置将地面铺放秸秆捡拾推送至输送喂入台,链条传动式刀片切削土壤呈均匀沟槽,并由输送装置输送至所开沟槽内,由镇压覆土装置进行覆土镇压,完成秸秆深埋还田作业

续表

型号	总体结构	工作原理
1GZM-350 型灭茬深松整地联合作业机		通过 L 形灭茬刀高速旋转，快速切裂切碎地表和土壤中的秸秆残茬并进行翻埋，依次完成垄体深松碎土、细碎土块及部分秸秆残茬和镇压平整作业，实现秸秆灭茬还田深松整地联合作业

目前，国内水稻秸秆还田技术及相关配套机具主要为水稻秸秆粉碎还田机械化技术，应用机械粉碎装置将茎秆和茎叶粉碎抛撒覆盖地表，再进行旋耕或犁翻作业，将粉碎的秸秆还入田中。旋耕机耕深过浅，导致秸秆翻埋深度不足；而铧式犁作业深度过大，导致泡田时用水量加大，增加生产成本，作业时会将部分水稻根茬带到地表影响种植效果，并且均存在泡田及整地作业时，粉碎秸秆浮出水面，需人工打捞；水稻根系生长层秸秆量过高，影响插秧作业及作物生长；增加机组进地次数、破坏土壤结构、增加作业成本等。

国内高校院所及企业亦针对各区域秸秆还田农艺要求，研发了系列关键部件与机具，部分机具已实现产业化应用推广。东北农业大学与黑龙江省农业机械运用研究所联合研制了一种秸秆开沟深埋还田机，通过配置链条传动式刀片将土壤切削为上宽下窄沟体进行秸秆深埋还田。黑龙江省农业机械工程科学研究院研制了一种与大马力拖拉机配套的灭茬深松整地联合作业机，对其关键部件高速旋耕灭茬机构、斜式深松土铲、波纹盘耙及碎土辊进行优化设计，通过生产应用证明其可有效提高耕整地及还田质量。

华中农业大学夏俊芳教授团队根据长江中下游油-稻、麦-稻及稻-稻等多熟制区的秸秆还田与耕整地作业要求，研发了水旱两用秸秆还田旋耕机、秸秆还田深松旋埋耕整机、高茬秸秆还田双辊耕整机和船式旋耕埋草机等，如图 2-1 所示。其中船式旋耕埋草机采用窄幅旋耕埋草刀辊，可在深泥脚田小型区域实现高适用性灵活作业，但整体作业效率较低；在此基础上，重点对螺旋横刀滑切角和

a. 水旱两用秸秆还田旋耕机

b. 秸秆还田深松旋埋耕整机

c. 高茬秸秆还田双辊耕整机　　　　　　　　　　d. 船式旋耕埋草机

图 2-1　系列水稻秸秆深埋还田机具

切土角等参数进行优化设计，创制了水旱两用秸秆还田旋耕机；针对刀具后入土端存在缠草和功耗较大问题，设计了与大马力轮式拖拉机配套的高茬秸秆还田双辊耕整机，解决了水田秸秆翻埋效果差的问题，作业后地表平整度较高，但还田深度较浅且功耗较大。上述多种机具在南方水田区域得到一定应用，但在东北黏重水田区域其作业适应性较差。

南京农业大学丁为民教授团队将秸秆集沟还田技术与腐解剂喷施技术相结合，创制了稻麦联合收获开沟埋草多功能一体机，在长江中下游等多地区进行试验示范，如图 2-2 所示。其开沟装置安装于联合收获机底盘后部，秸秆运输装置与联合收获机秸秆出料口相接，开沟装置在收获区域后方沿机具前进方向进行

6月14日　　　　6月24日　　　　7月4日　　　　7月14日　　　　7月24日

a. 麦秸秆不同采样期腐解效果(覆土高浓度液体菌剂处理)

| 11月10日 | 12月10日 | 次年1月9日 | 次年2月8日 |

b. 稻秸秆不同采样期腐解效果(覆土液体菌剂处理)

图 2-2　稻麦联合收获开沟埋草多功能一体机

开沟作业,粉碎秸秆经出料口排出,在运输装置导流作用下集中于沟内,实现秸秆开沟掩埋还田作业与腐解剂同步喷施作业,但由于气候及土壤地温等因素限制,秸秆腐熟速率受到一定影响,且还田位置过于集中影响后期水稻生长,并未在东北水稻种植区域得到推广应用。

综上所述,国内对水稻高留茬或整株秸秆还田技术研究相对较少,现有技术无法完全解决东北地区秸秆还田技术难题,亟须开展相关技术体系研究,并开发系列高效秸秆还田联合耕整作业装备,实现水稻秸秆资源高效高质绿色利用。

2.2　秸秆反旋深埋还田模式研究

2.2.1　反旋深埋还田农艺要求

我国东北地区为典型早熟单季稻作区,是全国最主要的粮食及商品粮生产基地,水稻种植分布于各区域,具有丰富的秸秆资源。东北地区秋季水稻收获方式主要采用全喂入或半喂入式联合收获机具进行直收作业,其中全喂入式联合收获机作业时仅将穗秆割断,秸秆高留茬(45~55cm)原样站立于田间,即高留茬作业;半喂入式联合收获机作业时将脱粒后秸秆按原长度(65~75cm)有序均匀落于田间。为保证秸秆有效还田且可腐烂降解,需要求其秸秆还田率大于 85%,还田深度应大于 15cm。

为避免常规粉碎抛撒还田或犁耕还田存在耕深浅、泡田后秸秆漂浮影响后续种植作业及作物生长等问题,需保证高留茬或整株秸秆在未粉碎切断状态下直接深埋还田,实现秸秆还田与机械化高质耕整联合作业,简化常规分段作业工序,避免多次进地过度耕整破坏水田土壤结构。

2.2.2　反旋深埋还田作业机理分析

对于旋耕类机具,其刀辊总成运动为随拖拉机前进运动和自身旋转运动的复合，作业刀具运动轨迹为摆线，根据机具前进方向与刀辊总成旋转方向差异可分为正转旋耕和反转旋耕。传统旋耕类机具通常采用正转旋耕方式，此类作业方式具有功耗小、传动简单、成本低且可靠性高等优点，应用于粉碎秸秆浅埋作业，但亦存在耕深较浅、还田性能差及多次进地破坏土壤结构等缺点。在此背景下，本节主要采用反转旋耕作业方式，结合深埋还田高质耕整技术，开发系列秸秆深埋还田作业机具。

水稻秸秆反旋深埋还田作业主要通过特制反旋刀辊总成由耕层底部向上切削土壤，将土壤及高留茬或整株秸秆通过刀辊上方向后方抛出，经罩壳及挡草栅撞击，水稻秸秆及大块土壤被栅条挡住并沿挡草栅内侧滑落，细碎小块土壤穿过挡草栅并均匀铺于其后。由于秸秆与土壤落入沟底存在时间差，秸秆将先于土壤落入沟底且被随后落下的土壤覆盖，形成上细下粗、上小下大的优质土壤层，一次作业可完成切土、碎土、埋土、压草及覆土等多道工序，克服秸秆粉碎还田后在水整地过程中秸秆漂浮的弊端，完善保护性耕作技术体系，保证水田后续作业质量，为农民增产增收、增强农业可持续发展动力、转变农业生产方式提供了科技支撑。反旋深埋还田作业过程如图 2-3 所示。

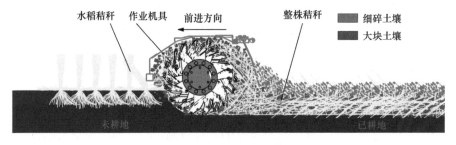

图 2-3　反旋深埋还田作业

在反旋深埋还田作业过程中，刀辊旋转方向与机具前进方向相反，导致土壤与秸秆首次抛扬角度在刀辊前方，易出现刀辊前方壅土现象，造成已耕地重耕问题。分析可知，土壤与秸秆首次被抛扬方向为刀辊前方的主要原因即在刀具设计过程中仅将刀具滑切性能作为主要指标，忽略了抛土过程相关参数的优化设计。

反旋深埋还田作业主要采用反旋耕作原理，将土壤和秸秆向后抛扬，经弧形罩壳和挡草栅共同作用将整株或高留茬秸秆未粉碎条件下直接翻埋于土层。如图 2-4 所示，为根据其实际作业过程所建立运动数学模型，其中以刀辊轴回转中心 O 为坐标原点，机具前进方向为 x 轴正向，垂直于地面方向向上为 y 轴正向。设定刀具端点位移前方水平位置且与 x 轴正向重合，机具前进速度为 v_m，刀轴旋转角速度为 ω，经任意反旋时间 t 后，刀具端点运动轨迹为

$$\begin{cases} x = R\cos\omega t + v_m t = R\left(\cos\alpha + \dfrac{\alpha}{\lambda}\right) \\ y = R\sin\omega t = R\sin\alpha \end{cases} \tag{2-1}$$

式中，x, y—任意时刻刀具端点位置坐标，m；

  R—刀具端点转动半径，m；

  α—刀具转动角度，(°)；

  t—刀具反旋作业时间，s；

  λ—旋耕速比，$\lambda = \dfrac{R\omega}{v_m}$。

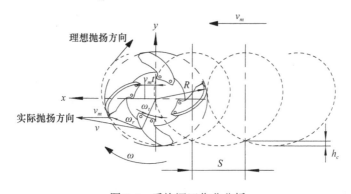

图 2-4 反旋还田作业分析

  因刀具绝对运动为直线运动与旋转运动的复合，其运动轨迹受多参数影响，将得到不同理论轨迹曲线，对式（2-1）求导即可得到刀具端点沿 x 轴和 y 轴方向分速度为

$$\begin{cases} v_x = \dfrac{\mathrm{d}x}{\mathrm{d}t} = v_m - R\omega\sin\omega t = v_m(1 - \lambda\sin\alpha) \\ v_y = \dfrac{\mathrm{d}y}{\mathrm{d}t} = R\omega\cos\omega t = R\omega\cos\alpha \end{cases} \tag{2-2}$$

式中，v_m—机具前进速度，m/s；

  ω—刀轴旋转角速度，rad/s。

  此时，刀具端点绝对速度 v 可表示为

$$v = \sqrt{v_x^2 + v_y^2} = \sqrt{v_m^2 + R^2\omega^2 - 2v_m R\omega\sin\omega t} = v_m\sqrt{\lambda^2 + 1 - 2\lambda\sin\alpha} \tag{2-3}$$

  由式（2-3）可知，旋耕速比 λ 为刀辊回转半径处切线速度与机具前进速度的比值，其直接影响刀具运动轨迹、切土节距、功率消耗及作业后耕层质量等指标。在反旋作业过程中，其与土壤间相互作用切土范围（$3\pi/2 < \alpha < 2\pi$）、刀具刃口端点速度水平分速度 v_x 及机具前进速度 v_m 运动方向一致，因此无论旋耕速比 $\lambda > 1$ 或

$\lambda<1$，刀具对土壤均具有切削作用。在相同结构参数的刀具情况下，机具采用反旋作业应选择较小旋耕速比 λ，即在较低刀辊转速下获得较高切削速度，有效提高整体切土性能和碎土性能，保证整体深埋还田及高质耕整作业质量。

设定机具前进速度 v_m 与 x 轴间夹角为 η，则

$$\tan\eta = \frac{v_y}{v_x} = \frac{\lambda\cos\alpha}{1-\lambda\sin\alpha} \tag{2-4}$$

在各方向刀具分加速度可表示为

$$\begin{cases} a_x = X = -R\omega^2\cos\omega t \\ a_y = Z = -R\omega^2\sin\omega t \end{cases} \tag{2-5}$$

综合可得，刀具绝对加速度为

$$a = \sqrt{a_x^2 + a_y^2} = R\omega^2 \tag{2-6}$$

设定刀具绝对加速度 a 与 x 轴间夹角为 ζ，则 $\tan\zeta = a_x/a_y = \tan\alpha$。由于刀具主要进行旋转运动，则其上任意一点均受向心加速度作用，因此刀具绝对加速度 a 仅由刀具回转半径与刀辊转速决定，其在速度方向的分量为

$$a_v = -R\omega^2\sin\left(\arctan\frac{\cos\theta}{\lambda-\sin\theta}\right)a \tag{2-7}$$

由式（2-7）可知，采用反旋深埋还田作业刀具加速度在速度方向水平分量皆为负值，即刀具对土壤切削速度呈由大到小的变化趋势。因此，在土壤切削过程中，刀辊总成所受土壤作用扭矩波动幅度较小，可保证机具以平稳状态开展深埋还田作业。

2.3 系列多功能还田刀具设计

合适的刀具是保证反旋深埋还田及高质耕整作业的关键，本节针对各区域复杂水田环境常规旋耕刀具还田质量差、适应范围局限且应用配套盲目性大等问题，建立刀具旋-切-埋过程土壤及秸秆运动模型，研究秸秆未粉碎条件下直接深埋还田高质耕整临界条件，确定刀具与水旱田适应性、功耗及碎土性等关系。

2.3.1 牛耳形埋草弯刀

如图 2-5 所示，牛耳形埋草弯刀采用阿基米德螺线设计，通过刀盘配置以多条螺旋线形式安装于大直径刀辊轴。在土壤切削过程中，牛耳形埋草弯刀侧切刃刃口先切削土壤，所切土壤由侧切刃转至正切刃，刀刃每转过单位角度径向切土长度相同，保证刃口切土负荷变化均匀，有效减少摩擦阻力，防止刀具缠草，但其耕整深度略浅，

仅 13～15cm。所设计的牛耳形埋草弯刀安装孔连接线距离 L 为 60mm，牛耳形埋草弯刀刀柄宽度 A 为 110mm，刀柄安装孔孔径 D 为 13mm，牛耳形埋草弯刀刀身长度 S 为 73mm，牛耳形埋草弯刀刀身宽度 b 为 58mm，牛耳形埋草弯刀折弯角 β 为 110°。

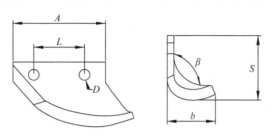

图 2-5　牛耳形埋草弯刀

本节重点对牛耳形埋草弯刀滑切角进行优化分析，滑切角即牛耳形埋草弯刀刀刃上某点速度矢量与该点刃口曲线法平面间夹角，此夹角位于速度矢量和刃口曲线所组成平面内。在牛耳形埋草弯刀切割刃上任取一点，若其运动方向与刃口曲线法线方向不同，即可将速度 v 分解为滑切速度 v_t 和正切速度 v_n，设定其比值 $v_t/v_n=\tan\tau$，则 $\tan\tau$ 为比值系数，τ 即滑切角。

图 2-6 为主要工作区域内牛耳形埋草弯刀侧切刃滑切角，它主要分为动态滑切角和静态滑切角。当机具前进速度为零时，刀具仅进行旋转运动，此时动态滑切角等于静态滑切角，图中 τ_s 为静态滑切角，τ_d 为动态滑切角。由几何分析可知，静态滑切角 τ_s 数值等于回转半径与刃口曲线切线间夹角 β。在机具前进过程中，刀具动态滑切角 τ_d 较静态滑切角 τ_s 小，其差值为 $\Delta\tau$。同时牛耳形埋草弯刀刀刃曲线各点滑切角皆实时变化，可有效防止缠草且减少挂草，避免由秸秆缠绕导致刀辊堵塞问题。在实际作业过程中，刀具动态滑切角为实际滑切角，而静态滑切角仅与刀具结构参数相关。

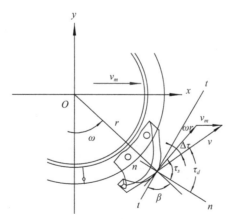

图 2-6　牛耳形埋草弯刀侧切刃滑切角

分析可知，刀具动态滑切角 τ_d 不仅与刀具静态滑切角 τ_s 相关，也与机具前进速度和刀辊工作转速相关。当机具工作参数一定时，影响刀具作业性能的主要因素为静态滑切角。在牛耳形埋草弯刀设计过程中，当减小刀具滑切角时，单位刃口长度切割阻力将增加，不利于其滑切作用且易缠草；当增大刀具滑切角时，单位刃口长度切割阻力将减小，能有效提高其滑切性能且有效避免缠草问题，但其摩擦阻力将急剧增加，刀辊总成功耗增大。因此，本节设计埋草弯刀滑切角稳定于 $35°\sim55°$。

2.3.2 复合式埋草弯刀

针对水稻秸秆深埋还田作业过程中刀具缠草严重、难以保证耕整深度且机具功耗增大等问题，结合多种优化曲线设计复合式埋草弯刀，其主要由刀柄、侧切部、过渡部及正切部等组成。其中侧切刃为正弦指数曲线和阿基米德螺线组合，可实现切土和推土功能；正切刃为特殊空间曲线，可实现抛土和升土功能；过渡刃以三维空间光滑曲线形式将两部分连接，可改善刀具作业质量、增加刀体宽度且减小刀具数量，同时利用宽刀正切面对土壤冲击和破碎作用降低功耗，通过刀盘配置以多条螺旋线形式安装于大直径刀辊轴，其结构如图 2-7 所示。

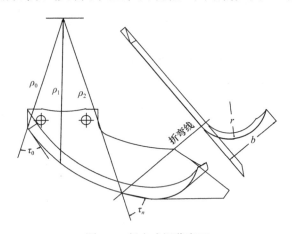

图 2-7　复合式埋草弯刀

（1）侧切刃设计

侧切刃前半部设计采用正弦指数曲线，此部分可有效防止刀柄部挂草，保证刀具整体在多草稻田环境作业不缠草。正弦指数曲线方程为

$$\rho = \rho_0 \left(\frac{\sin \tau_0}{\sin(\tau_0 - K\theta)} \right)^{\frac{1}{k}} \tag{2-8}$$

式中，ρ_0——正弦指数曲线起点极径，mm；

τ_0——曲线起点静态滑切角，(°)；

K——曲线上静态滑切角递减比；

θ——任意点极角，rad；

k——正弦指数曲线系数。

由于复合式埋草弯刀采用刀盘形式固装于刀辊，因此侧切刃初始位置回转半径应大于 120mm，依据国家标准《旋耕机械　刀和刀座》(GB/T 5669—2017) 的设计要求，设计刀具正弦指数曲线起点极径 ρ_0 为 150mm，曲线起点静态滑切角 τ_0 为 52°。

侧切刃后半部采用阿基米德螺线，此部分滑切角随回转半径增大而逐渐增加，刀刃每转过单位角度，径向切土长度相同，使刃口切土负荷变化较为均匀。此部分可增加耕整深度，减少摩擦阻力，并防止刀具缠草。阿基米德螺线方程为

$$\rho = \rho_1 + a'\theta \tag{2-9}$$

$$\theta_n = \frac{\rho_n - \rho_1}{\rho_n}\tan\tau_n \tag{2-10}$$

$$a' = \frac{\rho_n - \rho_1}{\theta_n} \tag{2-11}$$

式中，ρ_1——阿基米德螺线起点极径，mm；

a'——螺线极角增加单位弧度时极径增量，mm；

θ_n——终点极角，rad；

ρ_n——阿基米德螺线终点极径，mm；

τ_n——阿基米德螺线终点处静态滑切角，(°)，常取 50°～60°。

根据东北地区秸秆深埋还田农艺要求，设计复合式埋草弯刀回转半径为 250mm，切土节距为 80mm；为保证阿基米德螺线可与正切刃光滑过渡，阿基米德螺线终点极径 ρ_n 一般比弯刀回转半径小，因此 ρ_n 取 230mm；将上述参数代入式 (2-8)～式 (2-11)，可得其与正切刃光滑过渡 ρ_1 为 185mm，阿基米德螺线终点处静态滑切角 τ_n 为 60°，终点极角 θ_n 为 0.34rad。

在刀具反旋深埋过程中，需考虑机具前进速度对滑切角变化影响，即动态滑切角，若保证刀具不缠草且阻力小，应满足

$$\tau_d < 90° - \varphi \tag{2-12}$$

式中，τ_d——刀具动态滑切角，(°)；

φ——秸秆对刀刃摩擦角，(°)。

如图 2-8 所示，复合式埋草弯刀绝对运动为摆线运动，其机具前进速度 v_m 对滑切角具有一定影响，设定动态滑切角 τ_d 与刀具静态滑切角 τ_s 间角度差为 $\Delta\tau$。其关系为动态滑切角 τ_d 的正切值是侧切刃上某点速度切向分量 v_t 与法向分量 v_n 比值，即

$$\tau_d = \tau_s - \Delta\tau \qquad (2\text{-}13)$$

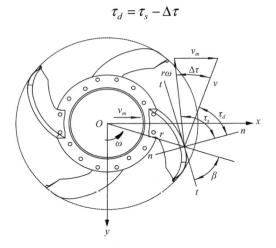

图 2-8　复合式埋草弯刀滑切角

静态滑切角与动态滑切角之差 $\Delta\tau$ 可表示为

$$\Delta\tau = \arctan\frac{\sqrt{\rho^2 - (R - a')^2}}{\dfrac{\lambda}{R}\rho^2 - (R - a')} \qquad (2\text{-}14)$$

为保证深埋还田机具整体作业效果且有效减少切削阻力，在设计过程中应保证其动态滑切角稳定于 45°～55°。

（2）正切刃及过渡刃设计

正切刃设计采用空间过渡曲线，正切面为弧形曲面。正切刃曲线各点滑切角逐渐增大，对土垡具有一定加速作用。为提高刀具抛土性能，减少切削耕作阻力及整体功耗，设计正切刃弯折半径 r 为 42mm，刀具工作幅宽 b 为 75mm。

过渡刃为一段空间曲线，其将侧切刃曲线与正切刃曲线连接并圆滑过渡，以提高刀具切土流畅性，避免作业中局部应力集中，影响刀具使用寿命。

在切削土壤过程中，复合式埋草弯刀根据空间运动轨迹先由靠近刀柄部位侧切刃切削土壤，然后沿着侧切刃曲线向外逐渐切削土壤，最终土壤及秸秆沿正切刃抛出，并通过侧切刃避免挂草及缠草问题，在此基础上，正切部切出沟底并将秸秆向外推移连根抛出土壤。刀具各部分共同作用，逐步增加刀具切土刃长度及面积，达到理想深埋还田耕整作业效果。

2.3.3　直折式还田抛土刀

在系列刀具设计优化过程中，刀具刃口是其关键结构之一，直接影响整体入土阻力及防缠草性能。如图 2-9 所示，直折式还田抛土刀以直线折弯方式进行设计，有效提高刀具抛土性能，避免刀具切削抛掷土壤过程中局部应力集中，延长刀具使用寿命。其可将机具首次抛扬土壤方向变为刀辊后方，可减轻刀辊前方壅土现象，适用于相对黏重潮湿水田土壤环境，其作业还田率、碎土率、平整度及耕整深度皆满足农艺要求。

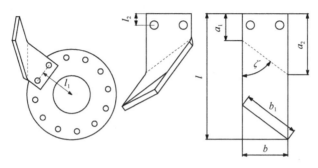

图 2-9　直折式还田抛土刀

设计直折式还田抛土刀弯折刀柄短边长度 a_1 为 40mm，直折式还田抛土刀展平长度 l 为 220mm，旋转中心至两刀具安装孔连接线距离 l_1 为 986mm，直折式还田抛土刀上平面与两刀具安装孔连接线距离 l_2 为 20mm，直折式还田抛土刀切向宽 b_1 为 100mm，直折式还田抛土刀宽度 b 为 80mm。

根据反旋深埋还田作业土壤运动状态，将其工作过程划分为加速、抛运及空转三个串联环节，其对应圆心角分别为 θ_1、θ_2 和 θ_3，如图 2-10 所示。其中加速阶段自土壤与还田抛土刀接触，直至土壤被还田抛土刀抛出或土壤与还田抛土刀达到相对静止状态结束；抛运阶段自土壤与还田抛土刀达到相对静止状态，直至土壤被还田抛土刀抛出结束；空转阶段自土壤被还田抛土刀抛出，直至还田抛土刀再次与土壤接触结束。建立各阶段土壤颗粒动力学与静力学模型，探究还田抛土

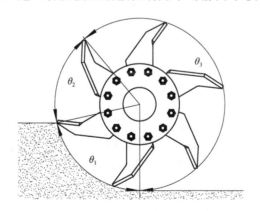

图 2-10　直折式还田抛土刀工作过程

刀各结构参数及工作参数对土壤加速能力和抛扬角度影响规律。

（1）加速阶段

取单一土壤颗粒 M 作为研究对象，忽略土壤颗粒间相互作用力，在土壤颗粒 M 与还田抛土刀接触前，土壤颗粒 M 为静止状态，经过加速阶段后，土壤颗粒 M 由静止状态逐渐加速，直至土壤颗粒 M 与还田抛土刀相对静止或被还田抛土刀抛出，加速阶段结束，如图 2-11 所示。

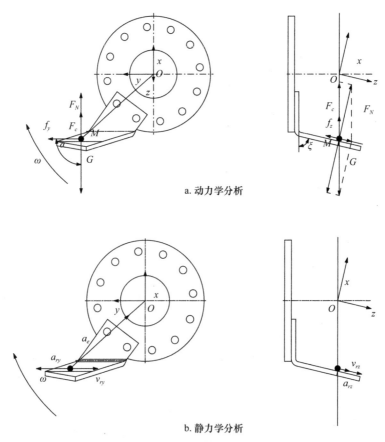

a. 动力学分析

b. 静力学分析

图 2-11　加速阶段动力学及静力学分析

土壤颗粒 M 被抛出时绝对速度和抛出角度是评价还田抛土刀抛土性能的主要指标，通过土壤颗粒 M 作平行于刀盘平面 P，建立还田抛土刀动参考系 Oxyz，以旋转中心 O 点为原点，支持力 F_N 方向为坐标系 x 轴正方向，平面 P 内摩擦力方向为坐标系 y 轴正方向，垂直 x 轴与 y 轴建立 z 轴。对土壤颗粒 M 进行受力分析。土壤颗粒 M 运动状态主要受重力 G、支持力 F_N、摩擦力 f 及科氏力 F_c 等力系共

同作用，如图 2-11a 所示，其动力学方程为

$$F_M = G + F_N + f + F_c = ma_r + ma_e \tag{2-15}$$

式中，F_M——土壤颗粒 M 所受合力，N；

　　　a_r——土壤与还田抛土刀间相对加速度，m/s^2；

　　　a_e——土壤与还田抛土刀间牵连加速度，m/s^2。

　　假设土壤颗粒 M 在还田抛土刀上无跳动和滚动现象，沿 z 轴方向相对静止，土壤颗粒 M 运动主要分为绕旋转中心 O 的匀速圆周牵连运动及沿 y 轴方向的直线相对运动。如图 2-11b 所示，除支持力 F_N 及摩擦力 f 外所有力均作用在平面 P 内，土壤颗粒 M 沿 z 轴方向相对静止，在平面 Oyz 内支持力与摩擦力平衡，如图 2-12 所示。其中摩擦力 f 可分为 z 轴方向摩擦力 f_z 和 y 轴方向摩擦力 f_y。

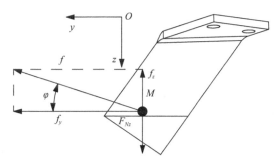

图 2-12　平面 Oyz 力学分析

　　如图 2-13 所示，支持力 F_N 可分解为 F_p 和 F_z，F_p 可分解为 F_1 和 F_2，F_1 可分解为 F_e 和 F_v，其中 F_e 为土壤颗粒牵连运动向心力，F_v 为支持力 F_N 在 y 轴方向分力。土壤颗粒 M 的力学平衡方程为

$$ma_{rz} = \mu F_N \sin\varphi - F_N \cot\xi = 0 \tag{2-16}$$

$$ma_e = m\omega^2 r_M = \frac{F_y}{\cos(\zeta - \sigma)} \tag{2-17}$$

$$ma_m = F_x + F_c - G\sin\alpha = 0 \tag{2-18}$$

$$ma_{r\tau} = f_y + G\cos\alpha + F_y \tag{2-19}$$

式中，a_{rz}——土壤 z 轴方向相对加速度，m/s^2；

　　　a_{rn}——土壤法向相对加速度，m/s^2；

　　　$a_{r\tau}$——土壤切向相对加速度，m/s^2；

　　　a_e——土壤的牵连加速度，m/s^2；

　　　μ——土壤与还田抛土刀间摩擦系数；

　　　φ——动摩擦力与 y 轴方向夹角，（°）；

ξ—还田抛土刀弯折角度，（°）；

σ—土壤颗粒与旋转中心间连线与刀柄中轴线夹角，（°）；

α—还田抛土刀弯折线与竖直方向间夹角，（°）；

ω—刀辊转动角速度，rad/s；

r_M—土壤与旋转中心间距离，m；

ζ—还田抛土刀弯折线角度，rad。

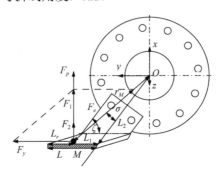

图 2-13 P 平面支持力分解

将式（2-16）～式（2-19）合并可得

$$F_N = [m\omega^2 r_M \sin(\zeta - \sigma) - 2mv_r\omega + mg\sin\alpha]\cos\xi \qquad (2\text{-}20)$$

$$a_r = \mu\cos\xi\cos\varphi[\omega^2 r_M \sin(\zeta - \sigma) - 2v_r\omega + g\sin\alpha] + g\cos\alpha + \omega^2 r_M \cos(\zeta - \sigma) \qquad (2\text{-}21)$$

$$r_M = \frac{(L_1 - L_r)\sin\zeta}{\sin\sigma} \qquad (2\text{-}22)$$

$$\sigma = \arctan\frac{(L_1 - L_r)\sin\zeta}{L_2 + (L_1 - L_r)\cos\zeta} \qquad (2\text{-}23)$$

$$r_{\max} = \sqrt{(L_2 + L_1\cos\zeta)^2 + L_1\sin\zeta} \qquad (2\text{-}24)$$

$$\alpha = \alpha_0 + \zeta + \omega t \qquad (2\text{-}25)$$

式中，α_0—还田抛土刀中轴线与竖直方向间初始夹角，（°）；

L_1—还田抛土刀横截面端点沿弯折线方向距离刀柄中轴线距离，m；

L_2—旋转中心沿刀柄中轴线方向距离还田抛土刀距离，m；

L_r—土壤与还田抛土刀间相对位移，m；

$r_{\max}$—还田抛土刀最大旋转半径，m。

由式（2-20）～式（2-25）可知，角度 α 随时间 t 增大而增大，随角度 α 增大，土壤颗粒 M 与还田抛土刀间相对运动加速度 a_r 逐渐减小，α_0 约为 0.2π，其关系为

$$a_r = \frac{\mathrm{d}v_r}{\mathrm{d}t} = \frac{\mathrm{d}^2 L_r}{\mathrm{d}t^2} \qquad (2\text{-}26)$$

由式（2-26）可得土壤相对位移 L_r 关于 t 的微分方程为

$$\frac{d^2 L_r}{dt^2} = \mu \cos\xi \cos\varphi \left(\omega^2 \frac{(L_1 - L_r)\sin\zeta \sin\left(\zeta - \arctan\dfrac{(L_1 - L_r)\sin\zeta}{L_2 + (L_1 - L_r)\cos\zeta}\right)}{\sin\left(\arctan\dfrac{(L_1 - L_r)\sin\zeta}{L_2 + (L_1 - L_r)\cos\zeta}\right)} - 2\frac{dL_r}{dt}\omega + g\sin\alpha \right)$$

$$+ g\cos(\alpha_0 + \omega t + \zeta) + \omega^2 \frac{(L_1 - L_r)\sin\zeta}{\sin\left(\arctan\dfrac{(L_1 - L_r)\sin\zeta}{L_2 + (L_1 - L_r)\cos\zeta}\right)} \cos\left(\zeta - \arctan\dfrac{(L_1 - L_r)\sin\zeta}{L_2 + (L_1 - L_r)\cos\zeta}\right)$$

$$(2-27)$$

在初始时刻 t_0，土壤颗粒 M 与还田刀间初始相对位移 L_{r_0} 为 0，土壤颗粒 M 的初始相对速度 v_{r_0} 的表达式为

$$v_{r_0} = \omega r_0 \qquad (2-28)$$

式中，r_0——土壤颗粒初始时刻旋转半径，m。

当土壤的相对位移 L_r 大于刀具切向宽度 L 时，土壤被刀具抛出。加速阶段结束边界条件为土壤颗粒达最大速度（相对刀具速度 v_r 为 0）时或土壤颗粒被刀具抛出（相对位移 L_r 大于 L）时。

（2）抛运阶段

抛运阶段自土壤颗粒 M 与还田抛土刀保持相对静止，直至土壤颗粒 M 与还田抛土刀重新发生相对位移被还田抛土刀抛出或还田抛土刀对土壤颗粒 M 无支撑作用时结束。在抛运过程中，土壤颗粒与还田抛土刀不发生相对位移，抛运阶段土壤受力与加速阶段土壤受力相比，除所受摩擦力由动摩擦力变为静摩擦力，其余受力分析与加速阶段皆一致，且切向相对加速度为 0，其边界条件表达式为

$$ma_r = G\cos\alpha + F_y - f_y \geqslant 0 \qquad (2-29)$$

当土壤颗粒 M 与还田抛土刀重新发生相对位移时，土壤颗粒 M 所受摩擦力重新变为动摩擦力，受力分析与加速阶段一致，其边界条件表达式为

$$ma_r = G\cos\alpha + F_y - f_y < 0 \qquad (2-30)$$

若土壤颗粒 M 在加速阶段或抛运阶段提前被还田抛土刀抛出，则代表土壤颗粒 M 并未与还田抛土刀达到相对静止状态，绝对速度未达到最大速度。因此，理想状态下还田抛土刀运土阶段应至如图 2-14 所示状态即结束抛运阶段。

（3）空转阶段

空转阶段自土壤被还田抛土刀抛出，直至还田抛土刀再次与土壤接触结束。选取旋转中心为定坐标系原点建立动参考系 $Ox'y'$，沿水平方向建立坐标系 x' 轴，沿竖

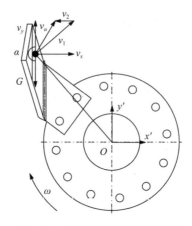

图 2-14　土壤抛运结束时刻状态

直方向建立坐标系 y' 轴，v_1 为土壤颗粒 M 与机具间的相对速度。抛土阶段土壤颗粒 M 进行抛物线运动，土壤颗粒 M 仅受重力作用，其土壤颗粒 M 的位置关系式为

$$x = x_0 + v_1 t \cos\delta \tag{2-31}$$

$$y = y_0 + v_1 t \sin\delta - \frac{gt^2}{2} \tag{2-32}$$

式中，δ——土壤被刀具抛出方向与水平方向夹角，（°）；

　　　　x_0——土壤颗粒被抛出时水平初始距离，m；

　　　　y_0——土壤颗粒被抛出时竖直初始距离，m；

　　　　v_1——土壤颗粒与机具间相对速度，m/s。

如图 2-14 所示，因土壤颗粒重力不作用于刀具，与刀具间无相互作用，土壤颗粒仅在重力作用下进行抛物线运动，土壤颗粒 M 被还田抛土刀抛出方向与水平方向夹角 δ 和土壤颗粒 M 被抛出时间 t_L 均为定值，其表达式为

$$t_L = \frac{\pi - \alpha_o - \zeta}{\omega} \tag{2-33}$$

$$\delta = \zeta \tag{2-34}$$

被抛出时土壤颗粒 M 与机具间相对速度 v_1 和土壤颗粒 M 与机具间水平相对速度 v_x 表达式为

$$v_1 = \omega r_M \tag{2-35}$$

$$v_x = \frac{\partial x}{\partial t} = v_1 \cos\delta \tag{2-36}$$

（4）各阶段模型分析

通过分析加速阶段及抛运阶段数学模型可知，土壤抛出角度与速度主要由刀具

弯折线角度、刀具宽度及刀辊转速等参数所决定。在理想状态下，土壤颗粒应在加速阶段结束与刀具保持相对静止运动以达到土壤颗粒绝对速度最大目的，土壤颗粒在抛运阶段始终与刀具保持相对静止运动直至抛离瞬间状态即进入空转阶段。

当还田抛土刀弯折角度 ς 越接近 90°时，土壤颗粒与还田抛土刀间 y 轴方向摩擦力越大，对土壤颗粒加速能力越强。还田抛土刀弯折线角度 ζ 是影响土壤颗粒与还田抛土刀间相对加速度的主要因素；弯折线角度 ζ 越小，还田抛土刀对土壤颗粒加速度能力越强，若弯折线角度过小将导致入土角度变小，造成入土功耗过大。还田抛土刀切向宽度应大于土壤颗粒最大相对位移，防止土壤颗粒提前被还田抛土刀抛出，保证抛出时土壤颗粒绝对运动速度。刀辊转速越快，离心力越大，土壤颗粒所受摩擦力越大，对土壤颗粒加速度能力越强。同时刀辊转速决定了经过一次切削、抛扬土壤颗粒所达到最高的绝对速度，土壤颗粒最大绝对速度随刀辊转速增大而先增大后减小。

由所建立各阶段数学模型可知，各因素对土壤运动影响规律，即动摩擦力角度 σ 随时间变化而变化，导致支持力 F_p 分解力 F_1 和 F_2 发生变化，同时角度 σ 亦随土壤颗粒位置变化而变化，采用 MATLAB 软件 Simulink 求解器对微分方程逐步求解。根据相关文献可得土壤与金属间摩擦角约为 40°，确定还田抛土刀弯折线角度为 55°，还田抛土刀弯折角度为 77°，根据所设计相关参数即可得到土壤颗粒与还田抛土刀间相对位移随时间变化规律，如图 2-15 所示。

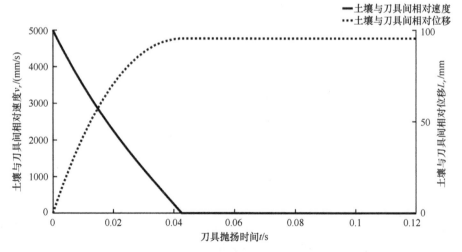

图 2-15　相对位移随时间变化规律

由数学模型推导可知，在还田抛土刀弯折线角度为 55°，还田抛土刀弯折角度为 77°，还田抛土刀平行于刀盘截面长度为 100mm，刀辊转速为 190r/min 工况下，抛扬时间为 0.0426s 时，土壤颗粒与还田抛土刀相对静止进入抛运阶段，并在离心力作用下土壤始终与还田抛土刀保持相对静止状态，直至抛扬时间为 0.12s 时，土壤颗粒不受还田抛土刀作用，仅在重力作用下进行抛物线运动，土壤颗粒被还田抛土刀抛出，并得到被抛出时土壤与机具间相对速度 v_1 约为 3.5m/s，x 轴方向绝对速度 v_x 约为 2m/s。当机具前进速度 v_2 不大于 0.85m/s，土壤颗粒首次被抛扬时，绝对速度 v_a 方向为刀辊后方。

2.3.4 刀辊总成配置

（1）刀辊及刀盘配置

秸秆深埋还田主要作业对象为土壤与水稻高留茬或整株秸秆，其工作特点是在未粉碎切断状态下直接深埋还田。为解决高留茬或整株秸秆缠绕刀辊问题，设计了大直径刀辊滚筒，其滚筒外圆周长需大于水稻秸秆长度，即大于高留茬秸秆（45～55cm）或整株秸秆（65～75cm）。综合分析，系列秸秆深埋还田机具采用反旋耕整作业，使土壤及秸秆沿机具前进方向抛掷并经罩壳形成精细土层，若刀辊滚筒直径设计过大，易造成其入土过深，导致机具前壅土严重且重复切削和抛掷问题，影响机具作业质量且增加功率消耗。因此，针对各状态水稻秸秆特点，分别设计高留茬秸秆刀辊滚筒外圆直径为 100mm，整株秸秆刀辊滚筒外圆直径为 240mm，经强度校核设计刀辊滚筒厚度为 5mm，其整体结构如图 2-16 所示。

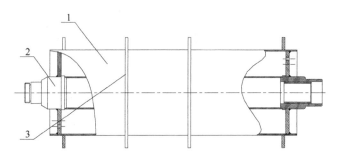

图 2-16　高留茬或整株秸秆深埋还田刀辊滚筒结构
1. 大直径刀辊滚筒；2. 刀辊轴；3. 刀盘

其中刀盘作为系列刀具与刀辊滚筒中间连接体，在刀辊总成配置中具有重要作用。相对而言，刀盘式安装较常规刀座式安装具有作用阻力小、防止刀柄缠草且便于调节刀具安装角等优点。综合分析，设计刀盘外径为 310mm，内径为 240mm，厚度为 8mm。

（2）刀具排列布置

合理排列还田刀具可有效提高机具作业质量，延长刀具使用寿命，降低机具整体功耗和振动。虽然正转旋耕作业机具已积累较多成熟的排列方式,但尚无针对反旋作业排列方式,多采用正转旋耕排列方式,无法最大限度发挥刀具作业效能。在刀具排列配置过程中,需综合刀具性能、漏耕重耕、功率消耗及振动偏转等因素,目前应用较广的排列方式主要包括双人字排列、正人字排列、人字排列和螺旋排列等四种。综合分析反旋耕整作业特点及秸秆深埋还田农艺要求,根据各状态下水田作业实际状态,设计三/四条螺旋线方式排列,可有效降低还田作业功耗,保证耕整深度稳定,避免出现漏耕重耕问题。其中刀辊总成各刀盘交错安装左、右刀各两把,设计刀盘 6~8 个,刀盘轴向间距为 180~256mm,相邻刀片定位孔转角为 15°,其具体排列方式如图 2-17 所示。

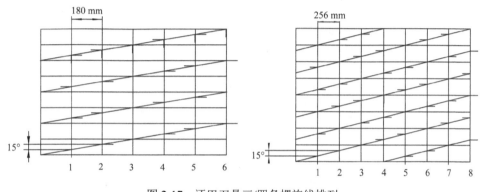

图 2-17 还田刀具三/四条螺旋线排列

2.4 水稻秸秆深埋还田台架试验

为检测系列多功能还田刀具作业性能及配置排列合理性,以秸秆深埋还田及耕整农艺要求为约束,探求机具前进速度与刀辊总成工作转速对秸秆还田率及功率消耗影响规律,得到刀辊总成合理工作参数范围,为系列水稻秸秆深埋还田机具集成配置提供指导与参考。

为模拟秸秆深埋还田实际作业过程,自主搭建偏牵引试验装置,主要由刀辊总成、机架总成、挡土罩壳、耕深限位部件及传动系统等部件组成,如图 2-18a 所示。此试验装置可通过三点悬挂偏置挂接于土槽试验台车,经多级传动系统驱动刀辊总成进行反旋深埋作业,可通过更换刀辊总成实现各类型刀具及其排列形式,其作业幅宽为 1m,配套动力≥30kW。于 2010~2012 年在黑龙江省农业机械工程科学研究院土槽内开展水稻秸秆深埋还田性能及功耗试验。土槽台架内供试土壤为东北地区黑壤土,对土壤进行耕整处理,其有效作业面积为 70m×6m,土壤绝对含水率为(20.1±0.5)%,土壤密度为 2610kg/m³,土壤坚实度为 750~1200kPa,符合秸秆还田作业实际状态。试验设备主要包括 TCC-III 型计算机数据监控系统及辅助土槽牵引车、自主搭建偏牵引试验装置（复合式埋草弯刀以三条螺旋线排列配置,其他刀具测定方法类似）、SL-TYA 型土壤坚实度测试仪、TZS-5X 型土壤湿度测试仪、铁锹及钢板尺等,土槽台架测试状态如图 2-18b 所示。

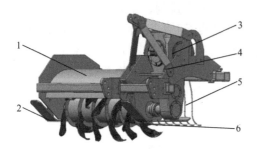

a. 试验装置三维模型　　　　　　　　　b. 试验台架
1. 挡土罩壳; 2. 耕深限位部件; 3. 传动系统;　　　1. TCC-Ⅲ型计算机数据监控系统;
4. 机架总成; 5. 挡草栅; 6. 刀辊总成　　　　　　2. TCC-Ⅲ型辅助土槽牵引车;
　　　　　　　　　　　　　　　　　　　　3. 悬挂耕深控制系统; 4. 试验装置; 5. 土槽

图 2-18　水稻秸秆深埋还田试验台架

为真实模拟水稻整株/高留茬秸秆田间状态,要求秸秆分布、直立及铺放姿态皆与收获后田间一致,对田间实际状态进行测定,并将秸秆转移至土壤试验台内。由前期理论分析及预试验可知,机具前进速度与刀辊总成工作转速对其整体秸秆还田率及功率消耗具有重要影响,因此选取机具前进速度与刀辊总成工作转速作为试验因素,根据实际作业状态确定机具前进速度范围稳定于 1～1.5km/h,刀辊总成工作转速范围稳定于 207～267r/min。在试验过程中,通过调节试验台车运行速度控制机具前进速度,通过调节动力输出频率控制刀辊总成工作转速。

根据秸秆还田农艺要求及作业规范,选取秸秆还田率和刀辊总成功率消耗为试验指标。通过测定作业后工作区域内裸露于地表秸秆量,计算深埋于土壤中秸秆量与还田前秸秆总量比值,即可得到刀辊还田率;通过所应用的 TCC-Ⅲ型计算机数据监控系统及辅助土槽牵引车配备数据控制,可实时监控和记录试验装置所消耗功率变化。

根据前期理论分析、预试验及田间还田作业要求,配合各因素可控有效范围,设定试验因素水平如表 2-3 所示。在此基础上,采用二因素五水平通用旋转组合

表 2-3　试验因素水平编码表

水平	机具前进速度 x_1/（km/h）	刀辊总成工作转速 x_2/（r/min）
1.414	1.50	267
1	1.40	258
0	1.25	237
−1	1.10	216
−1.414	1.00	207

试验安排试验方案，对影响试验指标的因素进行显著性分析，并根据实际需求获得刀辊总成最佳工作参数组合。

在台架土槽试验过程中，由于人为控制及台架振动等外界因素影响，试验操作实际值与理论参数设计值存在一定偏差，其最大误差为 1.8%，在可接受范围内，因此可对试验因素设计值进行结果分析，寻求机具最佳工作参数组合。具体试验设计方案与测定结果，如表 2-4 所示。

表 2-4　试验方案与结果

序号	试验因素		性能指标	
	机具前进速度 x_1	刀辊总成工作转速 x_2	功率消耗 y_1/kW	秸秆还田率 y_2/%
1	−1	−1	12.07	86.4
2	1	−1	15.46	92.5
3	−1	1	16.75	90.1
4	1	1	23.37	91.3
5	−1.414	0	12.10	89.2
6	1.414	0	20.57	91.5
7	0	−1.414	12.44	89.8
8	0	1.414	24.05	91.9
9	0	0	14.36	93.3
10	0	0	14.23	93.4
11	0	0	14.43	92.2
12	0	0	13.76	93.1
13	0	0	14.82	93.7

通过 Design-Expert 6.0.10 软件对试验数据进行回归分析，并进行因素方差分析，筛选较为显著的影响因素，得到性能指标与因素实际值间回归方程，即

$$y_1 = 327.67 - 143.86x_1 - 2.15x_2 + 40.54x_1^2 + 4.23x_2^3 + 0.26x_1x_2 \qquad (2\text{-}37)$$

$$y_2 = -309.32 + 270.54x_1 + 1.89x_2 - 67.83x_1^2 - 2.89x_2^3 - 0.39x_1x_2 \qquad (2\text{-}38)$$

式中，y_1——功率消耗，kW；

　　　y_2——秸秆还田率，%；

　　　x_1——机具前进速度实际值，km/h；

　　　x_2——刀辊总成工作转速实际值，r/min。

为直观地分析试验指标与因素间关系，运用 Design-Expert 6.0.10 软件得到其响应曲面，如图 2-19 所示。

在秸秆还田率及功率消耗皆满足还田耕整农艺要求前提下，对各因素影响规律进行分析，由相关回归方程和响应曲面图等高线分布密度可知，机具前进速度

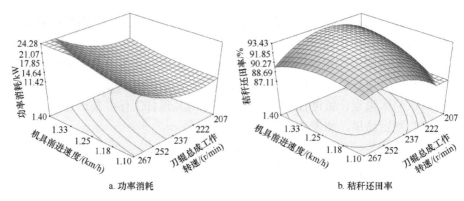

a. 功率消耗　　　　　　　　　　　b. 秸秆还田率

图 2-19　各因素对试验性能参数响应曲面

与刀辊总成工作转速间交互作用对功率消耗及秸秆还田率影响皆较显著。由图 2-19a 可知，当机具前进速度一定时，整体功率消耗随刀辊总成工作转速增加而增加，且其变化区间较小；当刀辊总成工作转速一定时，整体功率消耗随机具前进速度增加而增加。由图 2-19b 可知，当机具前进速度一定时，秸秆还田率随刀辊总成工作转速增加，先增大后减小；当刀辊总成工作转速一定时，秸秆还田率随机具前进速度增加而增大，且其变化区间较小。当机具前进速度变化时，功率消耗及秸秆还田率两指标变化较明显。由上述分析可知，机具前进速度是影响刀辊总成作业性能的主要因素。

在此基础上，对试验因素最佳水平组合进行优化设计，建立参数化数学模型，结合试验因素边界条件，对秸秆还田率和功率消耗回归方程进行分析，得到非线性规划的数学模型为

$$\begin{cases} \min \ y_1 \\ \max \ y_2 \\ \text{s.t.} \quad 1.0 \leqslant x_1 \leqslant 1.5 \\ \qquad 207 \leqslant x_2 \leqslant 267 \\ \qquad 0 \leqslant y_1(x_1, x_2) \leqslant 30 \\ \qquad 0 \leqslant y_2(x_1, x_2) \leqslant 1 \end{cases} \qquad (2\text{-}39)$$

基于 Design-Expert 6.0.10 软件中 Optimization 多目标参数优化模块对数学模型进行分析求解，可得当机具前进速度为 1.25km/h，刀辊总成工作转速为 237r/min 时，秸秆还田各指标性能最优，功率消耗为 14.32kW，秸秆还田率达 93.14%。根据优化结果进行台架土槽试验验证，实际作业功率消耗为 14.05kW，秸秆还田率达 92.95%，与优化结果基本一致，误差在可接受范围内，且在地表至沟底秸秆还田垂直断面内距地表 18～20cm 内翻埋秸秆占总量 85% 以上，刀辊总成未缠草，各项技术指标均能满足农艺要求。

2.5 系列水稻秸秆深埋还田机配置

2.5.1 整机结构与工作原理

基于前期理论分析、系列刀具设计及台架试验研究，集成配置了系列水稻秸秆深埋还田高质耕整机具，即整株秸秆还田覆埋机、秸秆深埋还田联合整地机、秸秆深埋还田旋耕机及高留茬秸秆反旋压埋机等，如图 2-20 所示。此四类机具皆采用反旋深埋还田作业原理，配置机架总成、刀辊总成、挡土罩壳、挡草栅、耕深限位部件及传动系统等部件。其中挡土罩壳位于刀辊总成上方，具有引流导向土壤及秸秆作用。机架单侧配置传动箱体，动力经主副传动箱传至刀辊总成；机架两侧皆配置安装耕深限位部件，保证合适的还田耕整深度。挡草栅通过销轴连接安装于机架后侧，可随机具运动进行浮动调节，保证秸秆深埋覆土有效作业。其主要区别在于刀辊总成配置及排列方式，以适应不同水田秸秆还田及耕整作业条件。其中整株秸秆还田覆埋机刀辊总成采用牛耳形埋草弯刀以四条螺旋线排列配置，秸秆深埋还田联合整地机刀辊总成采用复合式埋草弯刀以四条螺旋线排列配置，秸秆深埋还田旋耕机采用复合式埋草弯刀以三条螺旋线排列配置，高留茬秸秆反旋压埋机采用直折式还田抛土刀并采用三条螺旋线排列配置，且各类机具皆设计 1.6m 和 2.1m 两种幅宽机型，以匹配各马力拖拉机及大中小型水田田块。

a. 整株秸秆还田覆埋机

b. 秸秆深埋还田联合整地机

c. 秸秆深埋还田旋耕机

d. 高留茬秸秆反旋压埋机

图 2-20 系列水稻秸秆深埋还田高质耕整机具

在作业过程中，机具通过三点悬挂方式与拖拉机挂接，调节拖拉机拉杆长度保证机具平稳作业姿态。动力由拖拉机动力输出轴传出，经万向节联轴器传至主副传动箱，驱动刀辊总成进行反旋深埋还田作业。刀辊总成由耕层底部向上切削土壤，将土壤及秸秆通过刀辊上方向刀辊后方抛出，经挡土罩壳和挡草栅后，秸秆及大土块被栅条挡住并沿挡草栅内侧滑落，细小土块则穿过挡草栅并均匀铺于其后。因秸秆与土壤落入被切出沟底存在时间差，秸秆将先于土壤落入沟底，且被随后落下的土壤覆盖，从而完成水稻深埋还田作业，形成上细下粗、上小下大的优质土壤层，一次性完成切土、碎土、埋草、压草及覆土等多道工序。此项技术将水稻整株或高留茬秸秆直接深埋入地下，解决粉碎还田后水整地过程秸秆漂浮严重、影响后续种植及作物生长等问题。

本节所设计的系列水稻秸秆深埋还田机可将联合收获后割断放铺于地表的整株秸秆或站立于田间高留茬秸秆未粉碎直接深埋入水稻根系生长层，有效解决常规粉碎旋耕或犁翻对高留茬或整株秸秆还田质量及适应性差、泡田后漂浮严重且影响后续作业等问题，一次作业完成水稻秸秆深埋还田联合高质耕整作业，保证水田土壤达到移栽或直播作业农艺要求。系列水稻秸秆深埋还田机主要技术参数如表 2-5 所示。

表 2-5 系列水稻秸秆深埋还田机主要技术参数

参数	数值
结构质量/kg	750～950
工作幅宽/m	1.6/2.1
配套动力/kW	≥65
作业效率/（km/h）	1.0～1.5
耕作深度/cm	≥18
秸秆还田率/%	≥90
刀辊总成转速/（r/min）	200～260
刀片型式	牛耳形埋草弯刀/复合式埋草弯刀/直折式还田抛土刀
刀辊排列	三/四条螺旋线排列

2.5.2 关键部件配置

（1）机架总成

如图 2-21 所示，机架总成主要由机体梁架和悬挂架组成。其中机体梁架采用框架式结构，由 80mm 通用方管与 10mm 厚钢板焊接，保证其整体作业可靠性，便于侧边副传动箱及刀辊总成轴承安装。悬挂架主要由上悬挂架和下悬挂架组成，可通过螺栓连接调节悬挂角度，以满足各状态万向节转动及整机通过角，同时下悬挂架焊合安装于前梁，可横向调节以适应拖拉机悬挂系统。

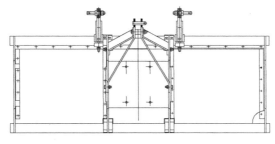

图 2-21　机架总成

（2）耕深限位部件

合适的还田耕整深度可有效保证秸秆深埋效果，避免机具功率消耗，保证创建适于水稻种植的作业环境，提高机具整体可靠性及稳定性。若还田耕整深度过大，将导致后期水稻种植作业土壤坚实度不足，插秧或直播机具作业下陷量过大，影响水稻后期生长；若还田耕整深度过小，将导致深埋还田效果较差，秸秆腐解速度缓慢。本节设计了一种可调式耕深限位部件，如图 2-22 所示。主要通过在垂直方向设置三组高度调节孔，以适应不同地块还田耕整要求，保证作业后耕深稳定性及土壤平整度满足农艺要求。

图 2-22　耕深限位部件

（3）挡土罩壳及挡草栅

系列还田机具采用反旋作业形式将土壤及秸秆由下向上切削并抛出，若挡土罩壳外形及其与刀辊总成的相对位置设计不合理，将导致机具前方壅土严重。挡草栅作为机具与被抛掷土壤及秸秆作用最后环节部件，其曲线形状、弹齿间距及其相对机具回转半径位置皆影响秸秆下落轨迹及整体还田耕整质量。

以所集成配置的水稻秸秆深埋还田机为研究载体，设计与刀辊总成同轴的凸弧形挡土罩壳，根据《农业机械设计手册》（中国农业机械化科学研究院，2007）确定其与刀辊回转半径间距为 60mm，可有效提高土壤及秸秆通过性，减少土壤重复切削与抛掷。综合分析作业后土壤切削较细碎，结合秸秆长度及土壤破碎情况，设计挡草栅两栅条间距为 100mm，可有效阻挡水稻秸秆及较大土块下落，显著提高机具深埋还田作业及碎土效果，最终形成上细下粗的优质土壤层。挡土罩壳及挡草栅配置如图 2-23 所示。

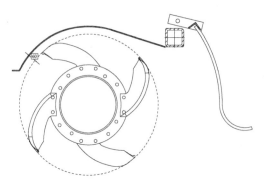

图 2-23　挡土罩壳及挡草栅配置

（4）整机传动系统

系列机具多级传动变速系统如图 2-24 所示，动力由拖拉机动力输出轴通过万向节联轴器提供，经中央主传动箱锥齿轮组变速及转向，并由侧边副变速箱直齿轮传动，最终驱动刀辊总成进行反旋深埋还田耕整作业，其中两传动箱采用传动轴连接。

在实际作业过程中，设定驱动拖拉机动力输出轴转速 n_1 约为 540r/min，已设计刀辊总成转速 n_2 为 190r/min，计算可得传动系统总传动比 i 为 54∶19，选取传动比 i_c 为 54∶23 的齿轮箱，并最终确定副传动箱传动比为 23∶19。根据拖拉机悬挂高度及耕整深度要求，确定传动轴与刀辊距离约为 425mm，根据《农业机械设计手册》选取副传动箱齿轮模数为 8.15 的齿轮，Ⅰ级齿轮、Ⅱ级齿轮和Ⅲ级齿轮齿数 z_1、z_2 和 z_3 分别为 19、31 和 23，传动轴和刀辊间距离为 424mm。

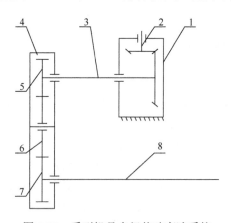

图 2-24　系列机具多级传动变速系统

1. 中央主传动箱；2. 齿轮箱动力输入轴；3. 传动轴；4. 侧边副传动箱；5. Ⅰ级齿轮；
6. Ⅱ级齿轮；7.Ⅲ级齿轮；8. 刀辊总成

2.6　系列水稻秸秆深埋还田机田间性能试验与应用示范

2.6.1　田间性能试验

为检测系列水稻秸秆深埋还田机作业性能,于 2008～2018 年春秋两季在黑龙江省绥化市、佳木斯市、哈尔滨市及建三江等多地开展大规模水稻秸秆深埋还田高质耕整田间试验,各类型机具试验状态如图 2-25 所示。以 2018 年 4 月在黑龙江省绥化市庆安县田间试验为例,测定试验区为全喂入式水稻收获机收获后高留茬秸秆,地表覆盖粉碎秸秆,平均秸秆量约为 1.1kg/m²,土壤类型为黑壤土,距地表深度为 15～20cm,土壤坚实度为 600～1000kPa,土壤含水率为 15%～20%,满足春季秸秆还田及耕整地农艺要求。配套驱动机具为约翰迪尔 904 型拖拉机(功率 66.18kW),试验样机为整株秸秆还田覆埋机(幅宽 2.1m),操作人员技术熟练,机器运行状况良好。

a. 整株秸秆还田覆埋机

b. 秸秆深埋还田联合整地机

c. 秸秆深埋还田旋耕机

d. 高留茬秸秆反旋压埋机

图 2-25　系列水稻秸秆深埋还田机田间性能试验

在试验过程中,以常规工况条件开展秸秆深埋还田耕整作业,将作业区域划分为启动调整区、有效试验区及停止区,测试总距离为300m,前后启动调整区和停止区为10m,随机选取10个测试点进行测量且取平均值作为试验结果,田间现场和土壤参数测定分别如图2-26和图2-27所示。

图 2-26　田间现场　　　　　　　　图 2-27　土壤参数测定

（1）秸秆还田效果

田间试验表明,作业机具可将90%高留茬或整株秸秆有效地翻埋还田,且作业后地表平整,满足秸秆还田高质耕整农艺要求。图2-28为深埋还田作业后已还田地块与未还田地块效果对比。

图 2-28　秸秆还田效果对比

（2）秸秆还田耕整深度

耕深限位部件可保证机具还田耕整深度稳定于18~23cm,满足反旋深埋还田作业要求,可有效实现上下层土壤翻转。经测定,位于翻耕土层18cm以下秸秆还田量达85%,耕深稳定性大于90%,且高留茬或整株秸秆并未被粉碎,直接深埋入土壤，可避免泡田时粉碎秸秆漂浮于水面的弊端。图 2-29 为深埋还田作业后已还田土壤横断面状态。

图 2-29　还田土壤横断面状态

（3）土壤平整度及碎土率

秸秆深埋还田作业后，其地表平整且刀具所切沟底落差小，碎土率高。经测定，耕后地表平整度小于 1.2cm，碎土率达 93.2%。图 2-30 为深埋还田作业后土壤平整度及碎土效果。

图 2-30　还田作业后土壤平整度及碎土效果

（4）后续作业情况

为调研秸秆深埋还田作业对土壤肥力及水稻长势的作用效果，于 2018 年 5～10 月对水田示范区域后续整地、插秧、除草及收获等环节和秸秆腐烂情况进行跟踪测定。

在水稻秸秆深埋还田试验区域进行水耙整地及插秧作业，泡田后采用水耙轮进行耙田作业，高留茬或整株秸秆未被带出地表，且满足后续插秧要求，测定已耙田作业土壤深层横断面情况，经测量，埋于土壤中的秸秆未对耙田作业产生阻碍，且耙田作业后秸秆仍被埋于距地表 18cm 左右，并未影响后续插秧机插秧作业质量，如图 2-31～图 2-33 所示。

图 2-31　耙田作业状态

图 2-32　耙田后土壤表面及横断面状态

图 2-33　插秧作业状况

通过测定水稻秧苗及田间杂草长势可知，秧苗生长旺盛且土壤内部分秸秆已变质，呈不完整形态，在此期间还田地块并未进行任何施肥作业，通过自主研制开发行/株间系列除草机具进行中耕除草作业（插秧后 7 天和 14 天），如图 2-34 和图 2-35 所示。

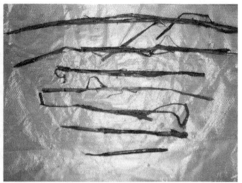

图 2-34　除草前秧苗及秸秆变质状况

图 2-35　机械除草作业状态

通过连续跟踪调查可知，已还田地块水稻长势较普通地块更加旺盛，且土壤内已无整株形态秸秆，秸秆降解为纤维状秸秆段，轻触即断。因此，初步验证了秸秆深埋还田高质耕整作业可有效改善土壤结构，提高土壤肥力，如图 2-36 所示。通过连续多年春秋两季示范推广作业，证明了此种作业模式可有效提高水稻分蘖数、单位面积内总穗数及水稻结实率和千粒重。

2.6.2　应用示范推广

近些年，著者团队所创制的系列水田水稻秸秆深埋还田机先后通过国家农机具质量监督检测中心检测和国家及省科技成果鉴定，进入国家及省农机补贴目录，

图 2-36 水稻长势及秸秆腐烂状态

经国内多家知名企业转化生产，形成系列化产品，并远销德国、法国、意大利、荷兰、印度等国家。先后于东北及长江中下游地区三十余个省区市（黑龙江、吉林、湖北、浙江、河南及天津等地）开展春秋两季示范作业百余次，培训农技人员及农户万余人；参加国际及国内知名农业装备展览会及洽谈会 20 余次，受到农业农村部（原农业部）及各省市农业部门高度重视，支撑国家水稻产业技术体系和农业农村部北方一季稻全程机械化科研基地等国家及省部级创新平台 8 个，被"中国保护性耕作网"及各地方媒体多次报道宣传。

通过多地区跟踪调研及后期测产表明，所深埋的高留茬或整株秸秆可有效腐解（80%以上）并显著提高稻田土壤肥力，此种模式可适用于东北单季稻作区及长江中下游油-稻、麦-稻、稻-稻等多熟作区的秸秆还田与耕整地作业要求，与水稻种植与收获等环节形成优质绿色水稻全程机械化综合技术体系。同时在各地区农业部门及企业积极配合下，充分运用培训力量安排了此项技术及配套机具专题讲座，通过培训班、现场会、技术讲座、媒体宣传等形式指导农户对此项技术的应用，加快水稻秸秆深埋还田联合耕整技术推广，近年春秋两季部分秸秆还田推广应用如表 2-6 和图 2-37 所示。

表 2-6　近年部分秸秆还田推广应用

时间	地点	内容
2016 年	黑龙江省绥化市庆安县	春季作业示范（图 2-37a）
2016 年	黑龙江省佳木斯市	秸秆还田技术现场会（图 2-37b）
2016 年	黑龙江省佳木斯市建三江七星农场	秸秆还田技术现场会（图 2-37c）
2016 年	黑龙江省佳木斯市大兴农场	秋季秸秆还田现场会（图 2-37d）
2017 年	黑龙江省佳木斯市建三江七星农场	春季作业示范（图 2-37e）
2017 年	黑龙江省五常市	秸秆还田示范现场会（图 2-37f）
2017 年	黑龙江省哈尔滨市方正县	春季作业示范（新闻报道）（图 2-37g）
2017 年	天津市	秸秆还田技术产业对接会（图 2-37h）
2018 年	吉林省四平市	春季秸秆还田现场会（图 2-37i）
2018 年	黑龙江省佳木斯市汤原县	春季秸秆还田示范会（图 2-37j）

续表

时间	地点	内容
2018 年	天津市	秸秆还田示范（图 2-37k）
2018 年	黑龙江省哈尔滨市呼兰区	秸秆还田春耕现场会（图 2-37l）
2018 年	吉林省通化市柳河县	秸秆还田技术培训（图 2-37m）
2018 年	黑龙江省方正县	秋季作业示范（图 2-37n）
2018 年	黑龙江省绥化市绥棱县	秋季作业示范（图 2-37o）
2019 年	吉林省白城市	稻草还田农机农艺现场会（图 2-37p）
2019 年	吉林省德惠市	秸秆还田培训现场会（图 2-37q）
2019 年	黑龙江省红卫农场	秸秆还田示范现场会（图 2-37r）

a. 春季作业示范(庆安)

b. 秸秆还田技术现场会(佳木斯)

c. 秸秆还田技术现场会(建三江)

d. 秋季秸秆还田现场会(大兴农场)

e. 春季作业示范(建三江)

f. 秸秆还田示范现场会(五常)

g. 春季作业示范(新闻报道)(方正)

h. 秸秆还田技术产业对接会(天津)

i. 春季秸秆还田现场会(四平)

j. 春季秸秆还田示范会(汤原)

k. 秸秆还田示范(天津)

l. 秸秆还田春耕现场会(呼兰)

m. 秸秆还田技术培训(柳河)	n. 秋季作业示范(方正)	o. 秋季作业示范(绥棱)

p. 稻草还田农机农艺现场会(白城)	q. 秸秆还田培训现场会(德惠)	r. 秸秆还田示范现场会(红卫农场)

图 2-37　近年秸秆还田示范及培训现场

本章所创制的系列水稻秸秆深埋还田机具在国内水稻典型种植区域作业效果良好,可有效提升秸秆机械化还田装备研发水平,构建合理技术体系,为加快秸秆资源化利用产业发展提供可靠技术保障与装备支撑,同时缓解秸秆焚烧压力,使耕地增肥、天空变蓝,此"柴"变身彼"财",助力粮食作物持续增产,保障国家粮食生产安全。

参 考 文 献

陈伟, 朱继平, 陈小兵, 等. 2019. 旋耕刀排列方式对反转旋耕机作业性能的影响研究[J]. 农机化研究, 41(11): 205-209+215.

丁启朔, 任骏, 赵吉坤, 等. 2017. 湿粘水稻土深松过程离散元分析[J]. 农业机械学报, 48(3): 38-48.

方志超, 陈玉仑, 丁为民, 等. 2015. 稻麦联合收获开沟埋草多功能一体机喷菌装置的设计及试验[J]. 农业工程学报, 31(14): 32-38.

葛宜元, 王金武, 李世伟, 等. 2009. 整株秸秆还田机刀轴载荷谱编制与疲劳寿命估算[J]. 农业机械学报, 40(3): 77-80.

葛宜元, 王金武, 李亚芹, 等. 2014. 水稻高秆翻埋快腐还田机研究[J]. 中国农业科技导报, 16(6): 81-88.

葛宜元, 王金武, 王金峰, 等. 2009. 水稻整株秸秆还田机刀轴可靠性灵敏度分析及优化[J]. 农业工程学报, 25(10): 131-134.

郭俊, 姬长英, Chaudhry A, 等. 2016. 稻麦稻秆旋耕作业中受力与位移分析[J]. 农业机械学报, 47(10): 11-18.

郭俊, 姬长英, 方会敏, 等. 2016. 正反转旋耕后土壤和稻秆位移试验分析[J]. 农业机械学报,

47(5): 21-26.

鞠金艳, 王金武. 2014. 黑龙江省农业机械化发展关键影响因素分析[J]. 农机化研究, 36(2): 60-63+67.

李海亮, 汪春, 孙海天, 等. 2017. 农作物稻秆的综合利用与可持续发展[J]. 农机化研究, 39(8): 256-262.

王红彦, 王飞, 孙仁华, 等. 2016. 国内外农作物稻秆利用政策法规综述及其经验启示[J]. 农业工程学报, 32(16): 216-222.

王金武, 唐汉, 王金峰, 等. 2017. 东北地区作物秸秆资源综合利用现状与发展分析[J]. 农业机械学报, 48(5): 1-21.

王金武, 王奇, 唐汉, 等. 2015. 水稻秸秆深埋整秆还田装置设计与试验[J]. 农业机械学报, 46(9): 112-117.

王金武, 尹大庆, 韩永俊, 等. 2007. 水稻秸秆整株还田机的设计与试验[J]. 农业机械学报, 38(10): 54-56.

王金武, 张明秋, 葛宜元, 等. 2010. 水稻整株秸秆还田机功耗影响试验[J]. 江苏大学学报(自然科学版), 31(5): 497-501.

杨宏图, 丁为民, 陈玉仑, 等. 2010. 稻麦联合收割开沟填草一体机的改进与设计[J]. 西北农林科技大学学报(自然科学版), 38(9): 161-166.

张国忠, 周勇, 卢元爽, 等. 2017. 双螺旋旋耕埋草模型刀辊工作扭矩试验[J]. 华中农业大学学报, 36(3): 101-106.

张秀梅, 夏俊芳, 张居敏, 等. 2016. 水旱两用稻秆还田组合刀辊作业性能试验[J]. 农业工程学报, 32(9): 9-15.

张秀梅, 张居敏, 夏俊芳, 等. 2015. 水旱两用稻秆还田耕整机关键部件设计与试验[J]. 农业工程学报, 31(11): 10-16.

赵铁军, 王金武. 2007. 水稻秸秆整株还田埋草弯刀滑切角与安装角分析[J]. 农机化研究, 29(11): 58-60+63.

郑侃, 何进, 李洪文, 等. 2016. 基于离散元深松土壤模型的折线破土刃深松铲研究[J]. 农业机械学报, 47(9): 62-72.

中国农业机械化科学研究院. 2007. 农业机械设计手册[M]. 北京: 中国农业科学技术出版社: 249-253.

周勇, 余水生, 夏俊芳. 2012. 水田高茬稻秆还田耕整机设计与试验[J]. 农业机械学报, 43(8): 46-49+77.

朱继平, 陈伟, 袁栋, 等. 2017. 不同刀片形式对反转旋耕机作业性能的影响[J]. 江苏农业科学, 45(21): 235-240.

Asi J H, Surendra S. 2009. Optimization and evaluation of rotary tiller blades: Computer solution of mathematic relations[J]. Soil and Tillage Research, 106(1): 1-7.

Ono I, Nakashima H, Shimizu H, et al. 2013. Investigation of elemental shape for 3D DEM modeling of interaction between soil and a narrow cutting tool[J]. Journal of Terramechanics, 50(4): 265-276.

Yang L, Zhu L X, Chen J, et al. 2014. Simulation and evaluation of soil-cutting power parameter of a handheld tillers rotary blade[J]. International Agricultural Engineering Journal, 23(4): 21-27.

第3章 标准化田埂修筑技术与装备

坚实合理的田埂是实现水田淹灌和水稻生产的重要保证，可提高粮食作物产量，减少水资源浪费，有利于标准化农田建设。水田田埂修筑技术主要通过农业机具构筑出满足农艺生产要求标准的田埂，属于水稻生产过程中耕整地作业环节，是实现水田蓄水淹灌和水稻种植生产的重要保证。目前，我国田埂修筑仍以人工为主，其筑埂质量差，作业周期长，重复劳动强度大。随着水田机械化程度的发展，水田机械化筑埂已成为水稻种植生产的瓶颈问题之一。

20世纪60年代，国内外学者开始对水田筑埂技术及相关机具进行研究，其中日本对此项技术研究最为成熟，将机电液多种技术相结合进行设计，可自动调整筑埂作业部件方向，提高所筑田埂的坚实性与稳定性，但其价格昂贵，维修不便，且日本与我国水田土质差异性较大，并不适合于在我国各地区大面积推广使用。我国最早出现的水田田埂修筑机是1975年由东北农学院蒋亦元先生团队研制，该机通过铧式犁取土，成型板镇压筑埂。此后国内部分科研院所及企业也相继对水田田埂修筑机进行研究设计，主要通过铧式犁或旋耕刀等部件进行双侧取土，双侧圆盘滚动镇压筑埂，但此类机具质量较大，灵活性较差，功率消耗较大，且取土位置受限，适用范围局限，影响后续插秧及土壤平整作业，多数仍停留在试验研究阶段，无法完全满足实际生产需求。

针对上述问题，本章结合东北水稻种植农艺要求，设计系列标准化田埂修筑机，对其工作原理进行分析，优化各关键部件结构参数，并进行田间试验检测机具作业性能，以期为水田机械化田埂修筑机具及其关键部件的研制设计提供参考，有效推进我国水稻全程机械化发展进程。

3.1 标准化田埂修筑技术研究现状

3.1.1 国外研究现状

国外对机械筑埂技术研究起步较早，其中日本对此项技术研究最为成熟，具有代表性的机型包括小桥工业株式会社（KOBASHI）生产的RKM系列、佐佐木株式会社（SASAKI）生产的KN207型及松山株式会社（NIPLO）生产的CZR351型水田单侧田埂修筑机等。图3-1为日本富士罗滨株式会社（FUJIRUBI）早期生产的水田抹埂机，利用与梯形田埂外形一致的折弯板，对其前方聚集土壤不断振动拍打，模仿人工铁锹拍打田埂方式进行修筑，但机具振动过大且作业效率较低，无法满足农业生产需求。

近些年，随着日本机械筑埂技术不断发展，已逐渐淘汰传统抹埂机，以旋耕刀代替翻转犁结合半锥形镇压部件进行筑埂作业，同时针对拐角处田埂修筑，相继研发了多种标准田埂修筑机具，逐步优化和增加各工作部件结构与功能，提高整体作业性能。图 3-2 为日本久保田株式会社（KUBOTA）生产的 T3-60S 型手扶式田埂修筑机，它由单缸柴油发动机驱动，可根据作业需求快速更换旋耕及筑埂部件，适用于小块稻田和大棚内筑埂起垄作业。

图 3-1　富士 COM17 型水田抹埂机　　　　图 3-2　久保田 T3-60S 型手扶式田埂修筑机

针对机具行驶至稻田边角处时因拖拉机机身占用一段距离无法继续筑埂问题，日本佐佐木株式会社研制了 KN200DX 型田埂修筑机，如图 3-3 所示。该机型在保留机具旋耕和筑埂部件的同时，增加了齿轮啮合式转向机构，以实现筑埂作业部件反转，反向行驶进行筑埂作业，同时在旋耕筑埂部件上配设减振器，可有效减轻旋耕刀具所受冲击，延长刀具使用寿命。日本松山株式会社研制的 SZ253 型水田田埂修筑机，如图 3-4 所示，配备两套电控式液压缸以调节筑埂部

图 3-3　佐佐木 KN200DX 型田埂修筑机　　　图 3-4　松山 SZ253 型水田田埂修筑机

件平行偏移与转向，镇压辊采用螺旋台阶式设计，且机架采用独特三角结构保证其稳定作业，但因其占用空间较大且转向过程切换缓慢，一定程度上影响作业效率。针对原有机型平行偏移机构过于复杂等问题，该公司设计生产了 CZR350E 型田埂修筑机，将传动箱与回转机构组合，通过人工手动调节后置手杆实现旋耕筑埂部件回转，整体简化大量杆件连接结构，有效减轻机具质量，可与 30～50hp（1hp=735W）拖拉机配套使用，如图 3-5 所示。

日本小桥工业株式会社长期致力于田埂修筑关键技术研究，设计并生产多种田埂修筑机，其中最具有代表性的机型为 RKM752F 型田埂修筑机，如图 3-6 所示。该机配备双电控式液压缸，可调节旋耕筑埂部件左右偏移位置，并控制旋耕筑埂部件反转作业，但反转作业时机具易产生较大晃动，存在安全性不足且可靠性较差等问题。

图 3-5　松山 CZR350E 型田埂修筑机　　　图 3-6　小桥工业 RKM752F 型田埂修筑机

近些年，日本小桥工业株式会社设计了系列反向田埂修筑机，采用原始田埂修筑机型的快速反转机构，筑埂部件平行偏移同时进行水平旋转，反转后筑埂部件可与前进方向保持平直，无需反复重新调整。同时此机型搭载了电动规格遥控器，实现远程控制筑埂部件自动反转作业，其旋耕部件采用通用性高斜切式旋耕刀轴，旱田作业时可保证较高的碎土性，水田作业时可保证较高的土壤流动性，防止旋耕集土壅土严重问题，同时其镇压部件对田埂肩部至底部进行重复不间断地夯实，以修筑表面光滑且坚实可靠的田埂。图 3-7 为该公司生产推广的系列反向田埂修筑机，其中 FL 系列反向田埂修筑机与 26～60hp 拖拉机配套使用，在旱田及水田皆可充分发挥性能；RM 系列田埂修筑机与 25～45hp 拖拉机配套使用，搭载无线遥控器控制工作部件平行偏移及反转运动，其镇压部件以偏心方式旋转，可修筑坚固可靠田埂；RS 系列田埂修筑机与 16～32hp 拖拉机配套使用，主要用于旱田田埂修筑。

a. FL系列   b. RM系列   c. RS系列

图 3-7 系列反向田埂修筑机

该系列反向田埂修筑机具配套了专用于大型拖拉机的框架结构和驱动系统，机具尾部搭载了可对工作部件位置和角度运算处理的自动控制装置。在机具靠近田埂角落时，通过操作控制器"自动"按钮，即可在拖拉机转弯时控制机具自动沿着拖拉机行驶轨迹筑埂，在拐角处修筑弧形田埂。在作业过程中拖拉机皆保持前进行驶，可有效减轻驾驶员的操作疲劳，其拐角处修筑路线如图 3-8 所示。

图 3-8 拐角处筑埂形式

综上所述，日本水田筑埂广泛采用单侧筑埂形式，采用机电液相结合方式进行设计，可实现作业部件自动换向，且其旋耕刀轴主要采用纵切式、横切式与斜切式三种类型，其取土量皆根据旧埂修补要求调节，但所研发田埂修筑机原地起埂能力较差，无法适用于旱田改水田作业情况，且机具整体结构复杂，价格昂贵，维修不便，且日本与我国水田土质差异性较大，并不适于在我国各地区大面积推广使用。

3.1.2 国内研究现状

目前，我国大多采用人工方式修筑田埂，劳动强度大，作业效率低，所修筑田埂高低不平，易松垮倒塌，且需人工反复修筑。国内部分科研院所及企业先后研制了系列修筑埂机具，主要分为单侧筑埂与双侧筑埂两种形式，但皆存在一定的局限性，无法对地头拐角处进行田埂修筑。

连云港双亚机械有限公司研制的 ZGJ-350B 型双侧田埂修筑机，如图 3-9 所示，采用对称横切式旋耕刀盘进行取土，可一次性完成覆土、成型和压实等复合作业，但其取土阻力较大且埂底取土过多，易导致两侧已耕地形成较宽沟槽，无法完全满足田间实际作业要求。

图 3-9 双亚 ZGJ-350B 型双侧田埂修筑机

黑龙江大宇农业机械有限公司研制的水田田埂修筑机，如图 3-10 所示，主要由机架、圆盘驱动耙片、镇压成型器和牵引架等部件组成。其中镇压成型器通过方孔铰连于方轴，方轴通过带座轴承连接至机架。在作业过程中通过牵引架与拖拉机三点悬挂连接，前部两侧圆盘驱动耙片先行入土翻耕，将土壤推向中间并进入后侧圆盘驱动耙片翻耕范围，通过镇压成型器对土壤滚动压实，完成田埂修筑作业，但其整体取土量过大，机具笨重且动力消耗大。临沂伯多禄动力机械有限公司研制的 ZG-300 型田埂修筑机，如图 3-11 所示，将挡土罩壳设计为弧形，

图 3-10 大宇水田田埂修筑机   图 3-11 伯多禄 ZG-300 型田埂修筑机

两侧配设集土刮板，取土深度可达 300～400mm，整机重量达 600kg，土壤由集土刮板集土输送至中间并被压实成梯形土埂，但集土过程易产生较大土块，且孔隙度过大易发生渗水问题。

隆翔机械制造有限公司研制的水田田埂修筑机，如图 3-12 所示，采用先旋耕再取土原理，设计了倾斜螺旋式旋耕碎土及运送总成，其碎土集土效率高，田埂由后部旋转盘压实，但因旋耕区域配置旋耕刀具数量过多，且机具后部并未安装可抵消侧向力的装置，故无法完全抵消土壤对刀轴侧向作用，所筑田埂直线性较差。佳木斯龙嘉农机制造有限公司研制的 ZGL-1000 型单侧田埂修筑机，如图 3-13 所示，其旋耕筑埂部件可实现垂直于地面方向 90°翻转，完成作业与非作业状态的快速切换，以便机具运输和存放，但因利用单个液压缸支撑作业部件进行筑埂，故所修筑田埂质量较差，且无法保证田埂修筑的直线性。

图 3-12　隆翔水田田埂修筑机　　　　图 3-13　龙嘉 ZGL-1000 型单侧田埂修筑机

综上所述，我国田埂修筑主要包括双侧筑埂和单侧筑埂两种形式。其中双侧田埂修筑机可一次性筑埂成型，但体积质量较大，动力消耗大且无法修筑主埂；单侧田埂修筑机动力消耗较小，但需两次往返作业才可筑埂成型，可适用于修筑旧埂与副埂。目前，国内所应用的田埂修筑机具多存在性能不稳定且功率消耗大等问题，影响机具使用可靠性和经济性。因此，亟须开展适于我国稻田黏重土壤环境的系列标准化田埂修筑技术及配套机具研究，推进水稻全程机械化发展进程。

3.2　系列旋耕集土装置设计

旋耕集土装置是田埂修筑机核心工作部件之一，其刀具设计及刀辊排列配置直接影响筑埂作业质量。其作用主要为后续田埂修筑提供所需土量，通过设计开发系列旋耕集土刀具，并结合特定组合排列形式，将土壤抛送至后侧部镇压筑埂区域，有效提高机具筑埂作业性能。

3.2.1 单轴式旋耕集土装置

单轴式旋耕集土装置主要由同向（右弯刀）取土弯刀、抛土弯刀、切型弯刀及刀辊轴等部件组成，如图 3-14 所示。根据其旋耕作业范围分为取土区域、抛土区域及切型区域。取土区域对应镇压筑埂部件外侧，主要通过取土弯刀将土壤杂草切断进行旋切取土作业，此部分刀具由 4 把取土弯刀通过刀座式双螺旋线排列配置（刀间相位角 90°），保证刀辊受力均匀，同时增加单位耕幅内刀具幅宽，减少刀具切取过程中土壤间相互碰撞，避免黏土堵泥缠草现象，其作业回转半径为 270mm。抛土区域主要将所取土壤进行二次旋切碎土，并将土壤定向抛掷推聚于后方及侧后方，同时切取部分土壤以补充筑埂集土量，此部分刀具由 4 把抛土弯刀通过刀盘式双螺旋线排列配置（刀间相位角 90°），具有良好的抛土性能，同时降低机具功率消耗，其作业回转半径为 230mm。切型区域主要将土壤旋切为呈阶梯断面的雏形田埂，此部分刀具由 2 把切型弯刀通过轴端同面反向对称排列（刀间相位角 180°），保证镇压筑埂土壤形态要求，其作业回转半径为 145mm。

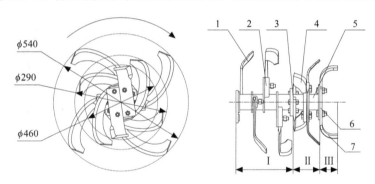

图 3-14 单轴式旋耕集土装置
1. 取土弯刀；2. 取土刀座；3. 抛土刀盘；4. 抛土弯刀；5. 刀辊轴；6. 切型刀盘；7. 切型弯刀；
Ⅰ. 切型区域；Ⅱ. 抛土区域；Ⅲ. 取土区域

通过三种类型刀具协同配合，完成旋耕集土作业，同时将田埂初步切取为梯形形态，有利于下一阶段镇压筑埂部件完成镇压夯实筑埂作业。

3.2.2 双轴式旋耕集土装置

双轴式旋耕集土装置主要由上下两个旋耕刀轴组成，各刀轴皆配置 8 把旋耕刀，如图 3-15 所示。其中下旋耕装置分别由三种不同回转半径的旋耕弯刀组成，其结构及参数与单轴式旋耕刀辊相同；上旋耕装置则由回转半径相同的切型刀具组成，采用刀盘式双螺旋线排列配置。

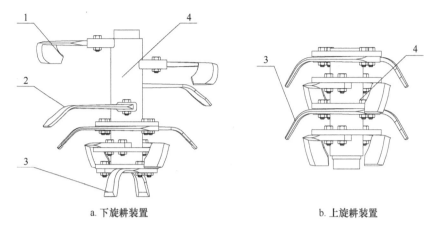

a. 下旋耕装置　　　　　　　　　　　　　b. 上旋耕装置

图 3-15　双轴式旋耕集土装置

1. 取土弯刀；2. 抛土弯刀；3. 切型弯刀；4. 刀辊轴

在旋耕集土过程中，下旋耕装置高速旋转切削田埂侧面土壤，通过不同回转半径的旋耕刀具，将切削田埂侧面形成阶梯形的田埂雏形，旋耕刀具高速回转将土壤抛向侧后方，通过罩壳阻挡引流将土壤覆盖至切削后梯形结构，为筑埂装置压实成埂提供足够的土壤；上旋耕装置亦可打碎田埂上方土壤表面的风干土壤和杂草，通过下旋耕装置将旋切土壤覆盖至田埂上方，再由镇压筑埂装置压实形成坚实田埂，上、下旋耕装置工作状态如图 3-16a 所示。双轴式旋耕集土装置作业特点为下旋耕装置抛出土块可被上旋耕装置刀具二次旋切并将其抛出，进一步增加碎土率，减少整机功率消耗，其压实成型所修筑田埂如图 3-16b 所示。

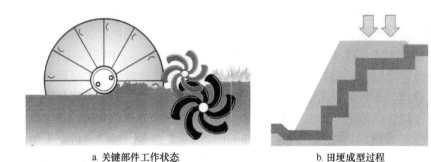

a. 关键部件工作状态　　　　　　　　　　b. 田埂成型过程

图 3-16　双轴旋耕集土作业过程

3.2.3　旋耕集土作业过程分析

为提高旋耕集土作业性能，保证后续镇压集土量充足，以单轴式旋耕集土装置为例，对其旋耕集土运动状态进行分析。在作业过程中，旋耕集土装置绝对运

动为随驱动机具前进运动和自身旋转运动的复合运动，其刀具各点运动轨迹皆为余摆线，三种类型刀具旋切点运动速度皆可表示为

$$\begin{cases} v_{nx} = \dfrac{\mathrm{d}x_n}{\mathrm{d}t} = v_m - \omega R_n \sin \omega t \\ v_{ny} = \dfrac{\mathrm{d}y_n}{\mathrm{d}t} = \omega R_n \cos \omega t \end{cases} \tag{3-1}$$

式中，v_{nx}—刀具旋切水平速度分量，m/s；

v_{ny}—刀具旋切竖直速度分量，m/s；

v_m—驱动机具前进速度，m/s；

x_n—刀具旋切水平位移分量，m；

y_n—刀具旋切竖直位移分量，m；

ω—刀具旋转角速度，rad/s；

R_n—刀具回转半径，m；

t—刀具运动时间，s。

其中，$n=1$，2，3，分别表示取土弯刀、抛土弯刀及切型弯刀运动状态。

各类刀具旋切作业主要发生在土壤表面及内部，其作业角度范围为

$$\omega t \in \left(-\arcsin \frac{R_n - h}{R_n}, \arcsin \frac{R_n - h}{R_n} \right) \tag{3-2}$$

式中，h—刀具耕作深度，m。

由于三种类型刀具的回转半径及入土耕作深度不同，其作业旋切线速度、作业角度等参数皆有相应差异。

旋耕集土装置的切土节距是影响其旋耕碎土质量的重要因素。在机具设计及应用过程中，常通过增加单位区域内刀具数量、降低驱动机具前进速度及提高刀辊轴转速等方式，减小切土节距，提高整体旋耕碎土质量。但在实际作业过程中，机具前进速度过低，将导致其作业效率降低；刀辊转速过快，将导致其功率消耗增大，单位区域内刀具数量增加，易出现堵泥缠草现象。对于中等黏度的稻田土壤，当土壤含水率为20%~30%时，机具切土节距可大于100mm；当土壤含水率大于35%时，机具切土节距为60~90mm较合适。由于田埂修筑机对土壤破碎程度要求较高，因此设定其切土节距为30~50mm，经过切削抛掷的土壤与挡土罩壳碰撞，进一步提高其碎土程度。根据各类型刀具在单位区域内的安装数量及安装角度，其刀具切土节距可表示为

$$S_i = \frac{60000 v_m}{n z_i} \tag{3-3}$$

式中，S_i—各类刀具切土节距，mm；

n—刀辊轴转速，r/min；

z_i——单位安装平面内各类刀具数量，个。

其中，$i=1$，2，3，分别表示取土弯刀、抛土弯刀及切型弯刀切土状态。

结合实际筑埂切土要求及机具功率影响，综合各类型刀具排列方式（角度和数量等），参考机具前进作业速度 v_m 为 0.8～1.5km/h，刀具理想切土节距 S 为 30～50mm，将上述参数代入式（3-3）中计算，可得旋耕集土装置理想转速 n 为 450～550r/min。

对水田田埂修筑作业所需取土量进行分析，根据农艺田埂要求，所筑田埂高度及埂顶宽度应为 200～250mm，埂底宽度（双侧）应大于 300mm，同时保证田埂具有良好的坚实度。水田田埂旋耕集土截面如图 3-17 所示，原地起埂作业时，完整田埂所需土量较大，田埂修筑机单次作业进行单侧取土筑埂，其两侧作业取土截面面积应等于所成型田埂总面积，完整田埂截面积为

$$A_1 = \frac{q+w}{2}H \tag{3-4}$$

式中，A_1——完整田埂截面积，mm^2；

　　　q——田埂埂底宽度，mm；

　　　w——田埂埂顶宽度，mm；

　　　H——田埂高度，mm。

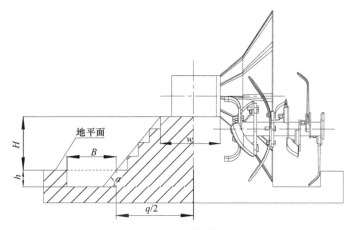

图 3-17　水田田埂旋耕集土截面

此时，田埂修筑机单侧旋耕取土截面积为

$$A_2 = \frac{2B - h\cot\alpha}{2}h \tag{3-5}$$

式中，A_2——单侧筑埂取土截面积，mm^2；

　　　B——旋耕取土作业宽度，mm；

　　　α——田埂坡度夹角，（°）；

h—旋耕取土作业深度，mm。

当旋耕取土量满足筑埂要求时，旋耕取土量与筑埂需土量间的关系为

$$A_1 = 2kA_2 \qquad (3\text{-}6)$$

式中，k—土壤坚实度相关系数（常规水田田埂土壤取 0.8～1.0）。

将式（3-5）和式（3-6）合并整理可得，旋耕取土作业宽度应满足

$$B = \frac{(q+w)H - 2kh^2 \cot\alpha}{4hk} \qquad (3\text{-}7)$$

将农艺要求田埂相关参数代入式（3-7）中，可得旋耕取土作业宽度 B 为 380～500mm，即所设计旋耕刀辊轴长度尺寸应在此范围内，不同田埂修筑和原地起筑作业环境可根据取土量需求进行调整，以满足后续筑埂镇压作业。

3.2.4 旋耕集土刀具

旋耕集土刀辊总成通过三种类型刀具共同完成旋切取土、定向抛土及切型起埂作业，其刀型结构设计对筑埂集土作业及机具功率消耗具有重要影响。因此，本研究重点对取土弯刀、抛土弯刀、切型弯刀的结构参数及作业效果进行分析，各类刀具结构如图 3-18 所示。

取土弯刀主要将土壤杂草切断并进行有效取土作业，本书采用传统阿基米德螺线对其进行设计，使其具有锐利的侧切刃和正切刃。在作业过程中，刀具按距刀轴中心先近后远的顺序依次入土，转过单位角度其径向切土长度相同，刀具切土负荷变化均匀，有利于将刀身上杂草及茎秆切断甩出，减少作业过程中摩擦阻力。阿基米德螺线方程为

$$\rho = \rho_1 + a'\theta \qquad (3\text{-}8)$$

$$\rho_1 = \sqrt{R^2 + S^2 - 2S\sqrt{2Rh - h^2}} \qquad (3\text{-}9)$$

$$\theta_n = \frac{\rho_n - \rho_1}{\rho_n} \tan\tau_n \qquad (3\text{-}10)$$

式中，ρ—螺线任意点极径，mm；

ρ_1—螺线起点极径，mm；

a'—螺线极角增加单位弧度时极径增量，mm；

θ—螺线任意点极角，rad；

θ_n—螺线终点极角，rad；

ρ_n—螺线终点极径，mm；

τ_n—螺线终点静态滑切角，（°），常取 50°～60°；

S—弯刀切土节距，mm；

R—弯刀回转半径，mm。

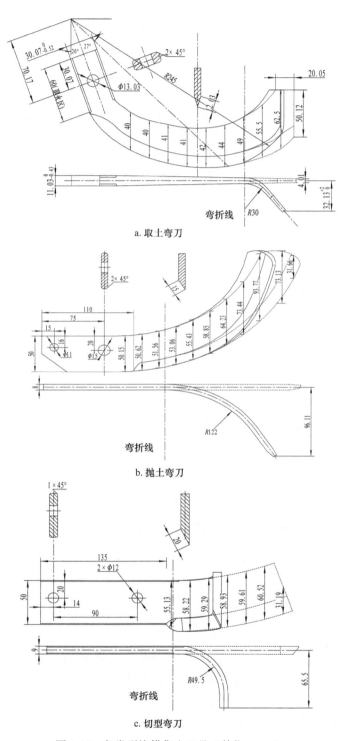

a. 取土弯刀

b. 抛土弯刀

c. 切型弯刀

图 3-18 各类型旋耕集土刀具（单位：mm）

为使刀具正切刃及侧切刃光滑过渡，刀具螺线终点极径 ρ_n 应小于弯刀回转半径 10～20mm。侧切刃与前端侧切刃所呈角度应适当，角度过大将导致刀具缠草严重，角度过小将减小刀具作业幅宽，降低其取土作业性能。综合上述分析，并结合筑埂作业参数（取土弯刀作业耕深为 200mm，刀具作业回转半径为 270mm，切土节距为 30～50mm），将其代入式（3-8）～式（3-10）中，计算可得取土刀具结构参数为 $\rho_1=190\text{mm}$，$\rho_n=245\text{mm}$，$\tau_n=60°$，$\theta_n=0.38\text{rad}$。

抛土弯刀主要进行二次旋切碎土，将土壤定向抛掷推聚于后方及侧后方，其关键设计参数为刀具正切刃曲线及正切刃弯折角，本书采用正弦指数曲线进行设计，增加刀体正切部宽度，提高刀具对土壤的冲击破碎作用，降低机具功率消耗，避免刀柄部缠草现象，获得理想的土壤抛送及聚敛性能。正弦指数曲线方程为

$$\rho_z = \rho_{z1}\left[\frac{\sin\tau_0}{\sin(\tau_0 - K\theta_z)}\right]^{\frac{1}{K}} \qquad (3\text{-}11)$$

式中，ρ_z——指数曲线任意点极径，mm；

$\quad\rho_{z1}$——指数曲线起点极径，mm；

$\quad\theta_z$——指数曲线任意点极角，rad；

$\quad\tau_0$——指数曲线起点静态滑切角，（°）；

$\quad K$——指数曲线静态滑切角递减量比值。

根据抛土弯刀作业回转半径及抛土最低点位置，设计其结构参数为 $\rho_{z1}=165\text{mm}$，$\tau_0=50°$。同时通过试验对比确定刀具较优正切刃弯折角为 155°，提高刀具对土壤的抛掷作用，满足筑埂成型土量需求。

切型弯刀主要将土壤旋切为阶梯断面土层，以便后续对田埂的镇压修筑，本研究采用常规 L 形直角弯刀，刀体宽度较大，刀具质心距刀刃曲线较近，增加弯刀与刀辊轴旋转中心间距离，其正切刃与侧切刃角度≥90°，刀刃为斜侧刃，以滑切形式入土作业，降低切型过程中阻力的影响，具有较好的切型碎土功能。

3.2.5 旋耕集土装置弯刀排列

各类型系列刀具排列方式直接影响旋耕集土刀辊总成作业性能，正确合理的排列方式可有效实现集土作业并对后续田埂成型具有重要影响，提高筑埂作业质量，降低机具功率消耗，减少其作业故障率。

旋耕集土刀具排列方式应满足：①在满足农艺要求的前提下，增大刀具间轴向安装距离，增加径向相邻刀具间角度，避免刀具相互干扰，影响取土作业效果，同时缓解刀具磨损现象，节约成本；②同类型相邻刀具在刀辊轴径向安装角度相等，刀辊轴所受力矩均匀，降低机具振动；③各类刀具均采用右弯刀形式设计，所取土壤由旋耕集土刀具侧向抛出，主要通过田埂修筑机行走尾轮抵消相应侧向

力。结合不同排列方式优缺点及田埂修筑机实际作业特点，设计其取土弯刀采用刀座式双螺旋线排列，抛土弯刀采用刀盘式双螺旋线排列，切型弯刀采用轴端同面反向对称排列，主要由 1 个矩形刀盘、2 个异形刀盘、4 个刀座配套组成。各类型刀具排列详细参数如图 3-19 所示，以旋耕刀辊轴螺线为起点，沿刀辊轴线所列各类型刀具排列，其中 X 轴为旋耕刀辊轴轴线方向，Y 轴为机具前进方向。

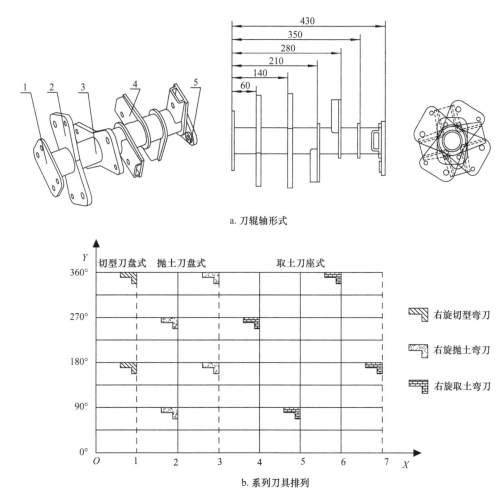

a. 刀辊轴形式

b. 系列刀具排列

图 3-19　弯刀排列配置方式

1. 切型刀盘；2. 抛土刀盘；3. 刀辊轴；4. 取土刀座；5. 刀辊轴连接处

3.3　系列镇压筑埂装置设计

镇压筑埂作业是田埂修筑的最终环节，将所集取土壤充分压实成型，有利于增加田埂坚实度及稳定性，提高田埂使用性能及寿命。因此，本节对镇压筑埂原理进行分析，设计优化系列镇压筑埂部件，以提高机具筑埂作业性能。

3.3.1 弹片式推压筑埂装置

弹片式推压筑埂装置主要由叠加弹性羽片、镇压圆辊及各连接组件等部件组成，可将旋耕集土装置与挡土罩壳所聚拢的土壤抹压成截面为梯形的田埂。其中弹性羽片叠加形式、个数及结构参数直接影响所筑田埂坚实度与表面光滑度。

如图 3-20 所示，弹性羽片设计为折弯式扇形结构，折弯分成两段，由 10 个大小形状相同的弹性羽片绕镇压辊中心轴线呈阶梯形式均匀叠加分布焊接于一体，多个弹性羽片共同作用，增加单位时间内镇压装置对田埂土壤拍扫挤压的次数。各弹性羽片按回转方向形成前低后高的倾斜状态，形成段差，根据相邻弹性羽片与土壤接触的有效作业区域划分成接触面与非接触面区域，此类弹片式推压筑埂装置可适于含水率较高的水田环境作业。

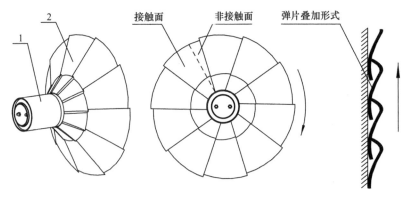

图 3-20　弹片式推压筑埂装置
1. 镇压圆辊；2. 弹性羽片

弹片式推压筑埂装置整体结构与所筑田埂顶面、肩部及侧面形状相吻合，弹性羽片和镇压圆辊的交界处与弹性羽片折弯处均为光滑过渡，可有效增大折弯处接触面积，有利于修筑表面光滑且坚实可靠的田埂。由相关文献及田间农艺调研可知，所筑田埂高度及埂顶宽度应为 200～250mm，埂底宽度（双侧）应大于300mm。弹片式推压筑埂装置主要结构参数如表 3-1 所示。

表 3-1　弹片式推压筑埂装置主要结构参数

参数	数值
弹片式推压筑埂装置外圆直径/mm	800
镇压圆辊外径/mm	180
镇压圆辊长度/mm	400

续表

参数	数值
镇压圆辊厚度/mm	4
镇压圆辊羽片厚度/mm	4
弹性羽片数量/个	10
单个弹性羽片弯折角度/（°）	150

3.3.2　振动式镇压筑埂装置

　　振动式镇压筑埂圆盘总成主要由镇压圆辊、镇压辊连接轴及弹性羽片等部件组成，其中弹性羽片与镇压圆辊结构尺寸直接影响所筑田埂成型形态，如图 3-21 所示。弹性羽片采用两段式弯折扇形结构设计，其有效半径为 360mm，折弯角度为 150°。镇压圆盘侧斜面由 10 片独立弹性羽片在圆周上以阶梯形式均匀叠加组合而成，相邻羽片间采用折弯搭接焊合形式配置，羽片折弯处整体焊接有圆盘支架及支撑加强筋，提高整体作业稳定性及可靠性。镇压圆辊为直径 180mm、长度 220mm 的空心圆筒，与镇压圆盘焊接组成一体，且圆辊及羽片整体设计与所筑梯形田埂顶面及侧面形状相吻合，保证所筑田埂顶面与侧面呈倒角光滑过渡，提高圆盘附着性与耐磨性，避免田埂自然滑坡现象，所设计镇压筑埂圆盘总成最大回转直径为 800mm。

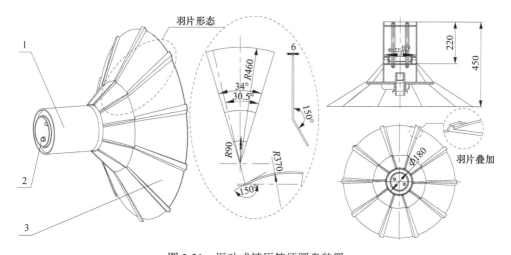

图 3-21　振动式镇压筑埂圆盘装置

1. 镇压圆辊；2. 镇压辊连接轴；3. 弹性羽片

　　在镇压筑埂作业过程中，镇压筑埂圆盘随机具前进运动，同时进行自身旋转运动。通过镇压圆辊及弹性羽片与黏性土壤相接触，对所筑田埂顶面及侧面进行滚动碾压，在接触过程中羽片将发生弹性变形，与土壤颗粒间产生相应振动，通过镇压圆辊静力压实及弹性羽片振动压实反复对土壤进行有规律拍打挤压，克服土壤颗粒间摩擦力及内聚力，压缩土壤层中空气、重力水分、附着水分及土壤颗粒间间隙，使土壤颗粒重新紧密排列，保证所筑成型田埂形态及坚实程度，土壤内部变化示意如图 3-22 所示。

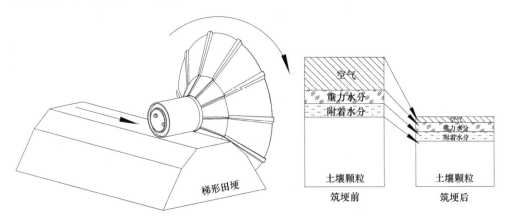

图 3-22　镇压筑埂作业

3.3.3　镇压筑埂力学分析

为研究镇压筑埂作业规律，分析影响筑埂质量主要因素，并确定镇压筑埂装置田间作业条件，对镇压筑埂装置整体进行力学分析，当镇压筑埂装置匀速前进时，力学分析情况如图 3-23 所示。

以镇压筑埂装置的镇压辊中心作为坐标原点，建立空间直角坐标系，设定镇压筑埂装置匀速进行筑埂作业。镇压筑埂装置作业过程中主要受机具驱动力 T、土壤顶面对镇压辊接触摩擦力 F_1、土壤侧面对弹性羽片接触摩擦力 F_2、行走尾轮侧向力 F_T、土壤顶面对镇压辊均布支持力 $\int P_{N_1} \mathrm{d}s_1$、土壤侧面对弹性羽片均布支持力 $\int P_{N_2} \mathrm{d}s_2$ 及自身组合重力（W_1+W_2）共同作用，并产生相应力矩。将力学模型相应简化，其平衡关系应满足

$$\begin{cases} \sum F_x = F_1 + F_2 - T = 0 \\ \sum F_y = \int P_{N_1} \mathrm{d}s_1 + \int P_{N_2} \sin\alpha_o \mathrm{d}s_2 - W_1 - W_2 = 0 \\ \sum M_{xOy} = M_d - k_1 \int P_{N_1} \mathrm{d}s_1 - u_1 F_1 - l_r F_2 - M_f = 0 \end{cases} \qquad (3\text{-}12)$$

其中，

$$F_1 = \mu \int P_{N_1} \mathrm{d}s_1 , \qquad F_2 = \mu \int P_{N_2} \mathrm{d}s_2 \sin\alpha_0$$

式中，M_d—镇压筑埂装置驱动力矩，N·mm；

  T—机具对镇压筑埂装置的作用力，N；

  M_f—镇压筑埂装置轴承摩擦力矩，N·mm；

  F_1—土壤对镇压筑埂装置接触摩擦力，N；

  F_2—土壤侧面对弹性羽片组合体接触摩擦力，N；

  P_{N_1}—镇压辊对土壤顶面压强，kPa；

  P_{N_2}—弹性羽片对土壤侧面压强，kPa；

  s_1—镇压辊对土壤顶面作用面积，mm^2；

  s_2—弹性羽片对土壤侧面作用面积，mm^2；

  u_1—镇压辊摩擦力径向矢量，mm；

  μ—镇压筑埂装置与土壤间摩擦系数；

  k_1—镇压辊支持力径向矢量，mm；

  α_0—弹性羽片安装角度，（°）；

  l_r—弹性羽片摩擦力径向矢量，mm。

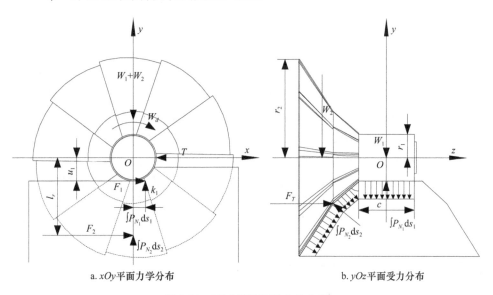

a. xOy 平面力学分布   b. yOz 平面受力分布

图 3-23 镇压筑埂装置力学分析

  在土壤对镇压筑埂装置支持力 $\left(\int P_{N_1} \mathrm{d}s_1 + \int P_{N_2} \mathrm{d}s_2 \right)$ 保持不变的情况下，主要由镇压筑埂装置与土壤间的摩擦作用及土壤自身性质决定田埂修筑质量，在可控范围内，机械结构表面与土壤间摩擦作用越大，镇压筑埂装置对田埂镇压的效果越明显。设镇压辊长度为 c，弹性羽片与镇压辊厚度为 s，镇压辊重力为 W_1，弹性羽

片组合体重力为W_2，则

$$\begin{cases} W_1 = 2\pi r_1 cs\rho g \\ W_2 = \pi\left[r_1^2 + r_2^2 + (r_1 + r_2)L \right]s\rho g \end{cases} \quad (3\text{-}13)$$

式中，ρ——镇压部件材料密度，kg/m^3；

r_1——镇压辊半径，mm；

r_2——弹性羽片组合体回转半径，mm；

L——弹性羽片组合体作业长度，mm。

田间作业要求镇压筑埂装置进行纯滚动，即镇压筑埂装置田间作业产生不滑动的滚动应满足

$$\begin{cases} W_d \geqslant k\displaystyle\int P_{N_1}\mathrm{d}s_1 + \mu F_1 + lF_2 + M_f \\ F_1 + F_2 \geqslant T \end{cases} \quad (3\text{-}14)$$

选取镇压筑埂装置极限摩擦力求解其系统驱动力矩，假设

$$\begin{cases} \displaystyle\int P_{N_1}\mathrm{d}s_1 + \int P_{N_2}\sin\alpha_1\mathrm{d}s_2 = W_1 + W_2 \\ l_{\max} = r_2 \end{cases} \quad (3\text{-}15)$$

将式（3-13）～式（3-15）结合，可得

$$\begin{cases} M_d \geqslant k_1\displaystyle\int P_{N_1}\mathrm{d}s_1 + 2\pi\mu r_1 cs\rho gu - \pi\mu r_2\left[r_1^2 + r_2^2 + (r_1 + r_2)L \right]s\rho g + M_f \\ T \leqslant 2\pi\mu r_1 cs\rho g + \pi\mu\left[r_1^2 + r_2^2 + (r_1 + r_2)L \right]s\rho g \end{cases} \quad (3\text{-}16)$$

将镇压筑埂装置结构参数与田埂农艺参数代入式（3-16）中，即可确定镇压筑埂装置产生不滑动的滚动条件。其中镇压筑埂圆盘装置与土壤间压强及摩擦力等参数需要通过试验获得，同时合理坚实镇压田埂与外界土壤温度、含水率等因素有关。在后续研究中，将研究相关土壤参数对镇压筑埂作业的影响机理，通过现代测试手段对相关力学参数进行测定，为镇压筑埂部件优化改进提供理论参考及数据支撑。

3.4 横向偏移机构设计

横向偏移机构连接于机具悬挂牵引架与田埂修筑机作业部件间，主要控制田埂修筑机作业部件左右横向偏移，可通过双作用液压缸伸缩量控制作业部件左右横摆距离，适应不同作业需求。

横向偏移机构主要由悬挂连杆、球叉式万向节、平行摆臂、双作用液压缸Ⅰ及支撑架组成，如图3-24所示。平行摆臂两端分别与悬挂连杆及支撑架铰接形成平行四杆机构，双作用液压缸Ⅰ两侧分别与平行摆臂及支撑架铰接，球叉式万向

节两侧分别连接悬挂连杆与主变速箱的动力传递轴，避免横向偏移过程中影响机具动力传输。

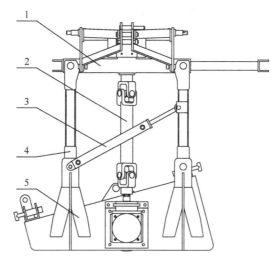

图 3-24　横向偏移机构
1. 悬挂连杆；2. 球叉式万向节；3. 双作用液压缸Ⅰ；4. 平行摆臂；5. 支撑架

作业前，通过横向偏移机构控制旋耕集土装置和镇压筑埂装置的偏移位置，以适应不同作业状况，提高机具通用性及灵活性；拖拉机前进作业时，调整横向偏移机构可保证拖拉机车轮不碾压旧埂；拖拉机倒行作业时，调整横向偏移机构可避免拖拉机一侧车轮碾入经旋耕集土装置取土后遗留在已耕地沟槽中；在完成单侧田埂修筑后，在驾驶室中驾驶员更易于对横向偏移机构偏移距离的控制，保证旋耕集土装置和镇压筑埂装置快速靠近埂边对准埂面，进行另一侧田埂修筑，保证所筑田埂左右两侧对称；在机具运输过程中，调整横向偏移机构可改变机具重心位置保证运输状态工作平稳，横向偏移机构作业效果如图 3-25 所示。其中 L_1 为前行作业时拖拉机右侧轮胎与田埂间距离，L_2 为倒行作业时拖拉机左侧轮胎与田埂间距离。

横向偏移机构各杆件结构参数直接影响作业部件左右偏移范围，为确定各杆件具体结构参数，对横向偏移机构偏移运动进行分析，如图 3-26 所示。图中 A、B、C、D 和 E 为横向偏移机构各个杆件间铰连点，C'、D'、E'、C''、D'' 和 E'' 为横向偏移机构左右偏移至极限位置时各铰连点所处位置。在调节过程中，横向偏移机构活动构件数量为 5 个，各铰连点及移动副均为低副，总计 7 个，分析计算该机构的整体自由度为 1，满足机械运动要求可进行横向偏移运动；当双作用液压缸Ⅰ的推杆位置锁定时，该机构的活动构件数量为 4 个，低副连接为 6 个，机构整体自由度为 0，实现刚性连接可进行田间田埂修筑作业。

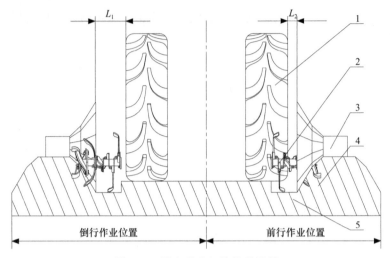

图 3-25 横向偏移机构作业效果

1. 拖拉机轮胎；2. 旋耕集土装置；3. 镇压筑埂装置；4. 田埂截面；5. 沟槽

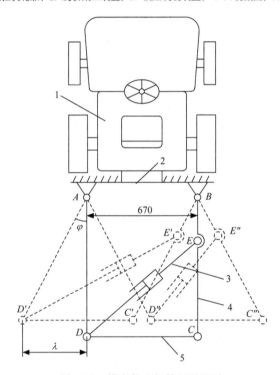

图 3-26 横向偏移机构调节运动

1. 拖拉机；2. 悬挂连杆；3. 双作用液压缸 I；4. 平行摆臂；5. 支撑架

横向偏移机构通过悬挂牵引架挂接在拖拉机后置三点悬挂上，根据 70～90hp 拖拉机下拉杆位置与距离设计悬挂连杆长度 l_{AB} 为 670mm，由各杆件几何关系可

求得平行摆臂长度 l_{BC} 为

$$l_{BC} = \frac{\lambda}{\sin\varphi} \qquad (3\text{-}17)$$

式中，λ —横向偏移机构最大可调节横向距离，mm；

φ —横向偏移机构最大可调节角度，(°)。

为适应各工况下开展田埂修筑作业，根据拖拉机轮距尺寸及田埂修筑机作业部件与拖拉机轮胎间距离，确定横向偏移机构最大可调节横向距离 λ 为 370mm。横向偏移机构的悬挂连杆与支撑架间通过球叉式万向节进行动力传递，由于球叉式万向节最大工作偏角为 33°，为保证动力传递稳定，设计球叉式万向节工作偏角 φ 为 28°。

由式（3-17）可得平行摆臂长度 l_{BC} 为 788mm。为确定铰连点 E 在平行摆臂上所处位置，根据悬挂连杆长度值、平行摆臂长度值和拖拉机轮距，选择行程为 400mm 的标准双作用液压缸 I，安装距最长为 1020mm，安装距最短为 620mm。当横向偏移机构向左偏移至极限位置时，在 $\triangle C'D'E'$ 中由余弦定理可得

$$\cos\left(\frac{\pi}{2}+\varphi\right) = \frac{l_{CD}^2 + l_{CE}^2 - l_{D'E'}^2}{2l_{CD}l_{CE}} \qquad (3\text{-}18)$$

当横向偏移机构向右偏移至极限位置时，在 $\triangle C''D''E''$ 中由余弦定理可得

$$\cos\left(\frac{\pi}{2}-\varphi\right) = \frac{l_{CD}^2 + l_{CE}^2 - l_{D''E''}^2}{2l_{CD}l_{CE}} \qquad (3\text{-}19)$$

将最短安装距作为 $l_{D''E''}$ 代入式（3-19）可得 l_{CE} 为 500mm，将 l_{CE} 值代入式（3-18）可得 $l_{D'E'}$ 为 1007mm，小于最大安装距 1020mm，说明所选双作用液压缸 I 在满足偏移条件情况下，E 点选择在平行摆臂上距离 B 点 288mm 处较为合适。

3.5　系列水平回转调节系统设计

在田埂修筑作业过程中，因机组占据空间导致拖拉机转向时，在格田拐角处修筑机无法构筑田埂。为有效解决机具拐角处筑埂的难题，本节设计了田埂修筑机 180°竖直翻转装置和 180°水平回转调节机构，可将其关键工作部件旋耕集土装置和镇压筑埂装置翻转及回转至机架另一侧。当田埂修筑机行走至田埂拐角时，采用倒行方式在拖拉机拐角处修筑完整田埂。

3.5.1　180°竖直翻转装置

180°竖直翻转装置主要由翻转锥齿轮箱、翻转锁紧装置、悬挂板及支撑座等

部件组成，如图 3-27 所示。其中翻转锥齿轮箱分为上下两齿轮箱，翻转锥齿轮箱通过悬挂板和支撑座固定于机架，通过轴承内外圈相对转动实现翻转锥齿轮箱间相对转动，实现拖拉机关键工作部件 180°竖直翻转。

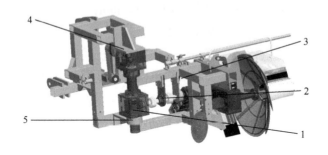

图 3-27　180°竖直翻转装置

1. 翻转锥齿轮箱；2. 关键部件机架；3. 翻转锁紧装置；4. 悬挂板；5. 支撑座

180°竖直翻转锥齿轮箱与带传动系统相连，动力传递至田埂修筑机关键部件直齿轮箱，其传动比为 1 : 2，动力经翻转锥齿轮箱传递其传动方向改变 90°。拖拉机动力输出轴转速为 720r/min，经带传动系统减速后其转速为 360r/min，并将动力传递至镇压筑埂装置齿轮箱和旋耕集土装置齿轮箱。由计算分析可知，旋耕集土装置功率消耗为 10.6kW，镇压筑埂装置功率消耗为 2.8kW，齿轮传动效率取 0.97，则可得翻转锥齿轮传递功率为 15.14kW。

3.5.2　180°水平回转调节机构

180°水平回转调节机构由双作用液压缸Ⅱ、连杆、支撑架、快速锁紧装置、链传动箱、滑槽及滑块等部件组成，主要用于控制旋耕集土装置与镇压筑埂装置水平 180°回转及锁定，实现田埂修筑机前行与倒行两种作业方式的快速转换，如图 3-28 所示。其中在支撑架上分别铰连双作用液压缸Ⅱ和连杆，连杆一端与双作用液压缸Ⅱ铰连接，在链传动箱上设置滑槽，滑块可移动地配装于滑槽内，连杆另一端可转动地插入配装在滑块中心孔内。

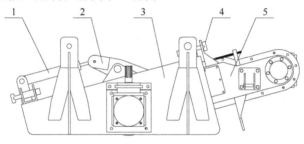

a. 主视图

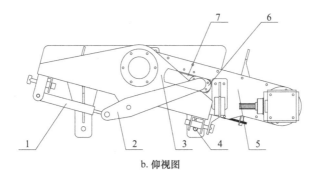

b. 仰视图

图 3-28　180°水平回转调节机构示意图

1. 双作用液压缸Ⅱ；2. 连杆；3. 支撑架；4. 快速锁紧装置；5. 链传动箱；6. 滑块；7. 滑槽

在田埂修筑过程中，快速锁紧装置处于锁死状态，当需切换作业方式应解开快速锁紧装置，控制双作用液压缸Ⅱ的伸缩量，驱动连杆相对于支撑架转动，连杆带动滑块在滑槽内移动，实现旋耕集土装置与镇压筑埂装置180°水平回转，并通过快速锁紧装置锁定，完成田埂修筑机作业方式快速转换。180°水平回转调节机构的工作过程如图3-29所示。

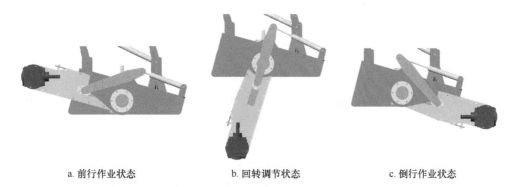

a. 前行作业状态　　　　　　　b. 回转调节状态　　　　　　　c. 倒行作业状态

图 3-29　180°水平回转调节机构的工作过程

180°水平回转调节机构主要用于控制旋耕集土装置与镇压筑埂装置回转及锁定，实现田埂修筑机倒行作业。在拖拉机前行与倒行作业时，为保证旋耕集土装置和镇压筑埂装置作业方向处在一条直线上进行稳定作业，并且保证整个回转过程趋于平稳，需设计滑槽长度并确定链传动箱角速度。因此，对180°水平回转调节机构进行运动学分析，如图3-30所示。

以 O 点为原点建立平面直角坐标系，其中连杆绕 O_1 点转动，θ_3 为连杆转动角度，链传动箱绕 O 点转动，θ_4 为链传动箱转动角度，a 为中心距，R_1 为滑块中心 O_2 绕 O_1 点的转动半径，且 $R_1>a$，b 为滑块中心 O_2 与原点 O 间的距离。

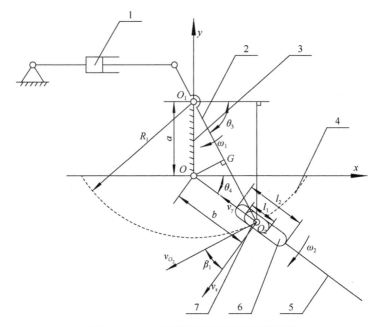

图 3-30　180°水平回转调节机构运动分析

1. 双作用液压缸Ⅱ；2. 连杆；3. 支撑架；4. 滑块中心轨迹；5. 链传动箱；6. 滑槽；7. 滑块

在 $\triangle O_1OO_2$ 中，由余弦定理可得

$$b = \sqrt{a^2 + R_1^2 - 2aR_1\sin\theta_3} \qquad (3\text{-}20)$$

旋耕集土装置和镇压筑埂装置进行 180°水平回转切换作业方式，要求 $\theta_4 \in [0, \pi]$，由式（3-20）分析可知，链传动箱回转过程中 b 在此范围内先减小后增大，当 $\theta_3 = \pi/2$ 时，存在最小值 $b_{\min}$ 为

$$b_{\min} = R_1 - a \qquad (3\text{-}21)$$

由图 3-30 可知，当 $\theta_4 = 0$ 或 π 时，$\triangle O_1OO_2$ 为直角三角形，求得 $\theta_3 = \arcsin(a/R_1)$，此时最大值 $b_{\max}$ 为

$$b_{\max} = \sqrt{R_1^2 - a^2} \qquad (3\text{-}22)$$

其中 $b_{\max}$ 与 $b_{\min}$ 决定了滑块的移动范围，因此链传动箱上设置滑槽长度 l_2 为

$$l_2 = \sqrt{R_1^2 - a^2} - (R_1 - a) + l_1 \qquad (3\text{-}23)$$

式中，l_1——滑块长度，mm。

滑块在滑槽长度 l_2 范围内往复运动，根据滑块中心轴承尺寸确定滑块长度 l_1 为 120mm。由 180°水平回转调节机构的整体结构可知，铰连点 O_1 应设置在支撑架上主变速箱安装范围外，由所选主变速箱底座安装尺寸（290mm×310mm）可知中心距 a 应不小于 240mm。由于滑槽设置在链传动箱上占有一定空间，为保证

旋耕集土装置与镇压筑埂装置的安装空间，b_{max} 的长度应不大于 370mm。

在回转过程中，连杆以角速度 ω_1 匀速转动，顺时针转动为正，偏心率为 e，则

$$e = \frac{a}{R_1} \tag{3-24}$$

为保证链传动箱运动平稳，需确定链传动箱角速度 ω_2。将 O_2 点连杆速度 v_{O_2} 分解成垂直于链传动箱的速度 v_τ 和滑块的移动速度 v_y 进行分析，O_2 点连杆速度 v_{O_2} 与连杆方向垂直，则

$$\cos\beta_1 = \frac{v_\tau}{v_{O_2}} \tag{3-25}$$

其中，

$$v_{O_2} = \omega_1 R, \quad \omega_2 = \frac{v_\tau}{b} \quad \omega_2 = \frac{v_\tau}{b}$$

式中，v_τ——O_2 点链传动箱速度，m/s；

β_1——O_2 点连杆速度 v_{O_2} 与 O_2 点链传动箱速度 v_τ 间夹角，（°）；

ω_2——链传动箱角速度，rad/s。

由 Rt△OGO_2 几何关系可得

$$\cos\beta_1 = \frac{R_1 - a\sin\theta_3}{b} \tag{3-26}$$

将式（3-20）和式（3-25）代入式（3-26），再结合式（3-24）可得链传动箱角速度 ω_2 为

$$\omega_2 = \frac{(1 - e\sin\theta_3)\omega_1}{1 + e^2 - 2e\sin\theta_3} \tag{3-27}$$

对式（3-27）两边同时求导可得链传动箱的角加速度 ε_r 为

$$\varepsilon_r = \frac{\omega_1^2 e(1 - e^2)\cos\theta_3}{(1 + e^2 - 2e\sin\theta_3)^2} \tag{3-28}$$

根据式（3-28）对一元函数求解最值，当角加速度 ε_r 为 0 时，可得连杆回转角度 θ_3 为 $\pi/2$，链传动箱回转过程中先加速后减速，链传动箱最大角速度 ω_{2max} 在连杆与 y 轴负方向重合处，即

$$\omega_{2max} = \frac{\omega_1}{1 - e} \tag{3-29}$$

由式（3-29）可知，链传动箱最大角速度 ω_{2max} 与偏心率 e 和连杆角速度 ω_1 有关，减小偏心率 e 与连杆角速度 ω_1 可降低链传动箱角速度 ω_2。由式（3-24）可知，减小 a 或增大 R_1 均可减小偏心率 e。为得到偏心率 e 的最小值，a 取最小值

240mm，为保证 b_{max} 不大于370mm，将 a 代入式（3-22）中可得 R_1 最大值为441mm，将 a 与 R_1 代入式（3-23）中确定滑槽长度 l_2 为289mm，此时偏心率 e 为0.54。在作业过程中，连杆主要由双作用液压缸Ⅱ进行驱动，通过在双作用液压缸Ⅱ进油口处安装单向节流阀控制液压油流量及调节液压管道内的油压减小连杆角速度 ω_1，保证机具回转过程趋于平稳。

3.6 侧向力抵消装置设计

侧向力抵消装置主要用于抵消旋耕集土装置与镇压筑埂装置侧向力，其结构类似于圆盘耙耙片，铰接于滑动杆并通过固定套与变速箱配装于一体，滑动杆安装于固定套内可上下调节，滑动杆和固定套开设大小一致的多个销孔，以控制侧向力抵消装置起始高度位置，弹簧套装配置于滑动杆和固定套间，如图3-31所示。

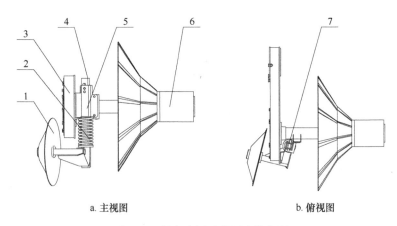

a. 主视图　　　　　　　　　　　　b. 俯视图

图 3-31　侧向力抵消装置安装位置

1. 侧向力抵消装置；2. 仿形弹簧；3. 变速箱；4. 滑动杆；5. 固定套；6. 镇压筑埂装置；7. 销轴

在作业过程中，侧向力抵消装置将承担拖拉机侧向牵引力，保证田埂修筑机可沿直线修筑田埂，一定程度上保证所筑田埂直线度。当作业地表不平整时，在仿形弹簧作用下侧向力抵消装置滑动套杆可根据地表起伏相对于固定套自动滑动，减少地形对镇压筑埂装置作业高度的影响，保证所筑田埂高度的一致性，提高田埂修筑质量，其作业过程如图3-32所示。

为提高机具对各工况下侧向力的适应性，可通过调节垫片数量控制侧向力抵消装置倾斜角度，如图3-33所示。

在作业过程中，侧向力抵消装置承受部分机具重力，在重力作用下陷入土壤，土壤将对侧向力抵消装置侧面产生反向作用力，其中 G 为所承受部分重力，N 为

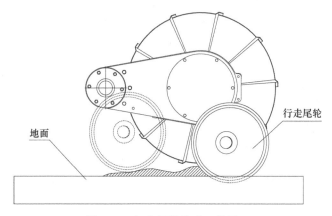

图 3-32　行走尾轮总成工作原理

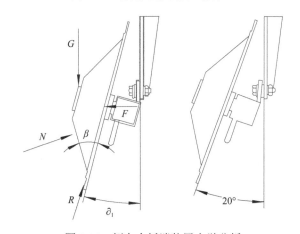

图 3-33　侧向力抵消装置力学分析

土壤对侧向力抵消装置反作用力，R 为侧向力抵消装置刃口所受土壤作用力，F 为机具所受侧向力。侧向力可有效抵消，保证机具整体受力平衡。通过分析可得侧向力抵消装置水平方向力学关系为

$$F = R\sin\partial_1 + N\cos(\beta - \partial_1) \tag{3-30}$$

式中，β—侧向力抵消装置截面倾角，（°）；

　　∂_1—侧向力抵消装置倾角，（°），可通过添加垫片调节。

在侧向力抵消装置结构参数恒定情况下，侧向力抵消装置受力随倾角 ∂_1 增大而增大；当 ∂_1 增大至与截面设计倾角 β 相等时，侧向力抵消装置所受力达到最大值；若倾角 ∂_1 继续增大，则侧向力抵消装置受力将逐渐减小。在工作状态下，侧向力抵消装置所可抵消最大侧向力为倾角 ∂_1 与截面设计倾角 β 相等位置。

3.7 系列标准水田田埂修筑机配置

3.7.1 1SZ-800 型悬挂式水田田埂修筑机

1SZ-800 型悬挂式水田田埂修筑机主要由双轴式旋耕集土装置、弹片式推压筑埂装置、180°竖直翻转装置的锥齿轮箱、侧向力抵消装置、罩壳、机架及多级传动系统等部件组成,如图 3-34 所示。其中双轴式旋耕集土装置与弹片式推压筑埂装置是其核心工作部件,具体结构特点及原理参见 3.2.2 节和 3.3.1 节关键部件。

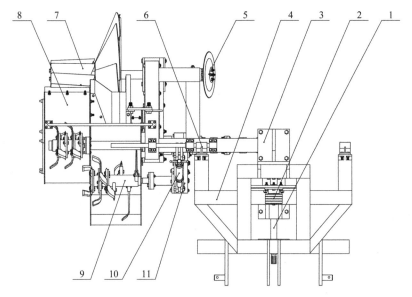

图 3-34 1SZ-800 型悬挂式水田田埂修筑机
1. 传动轴;2. 带传动装置;3. 180°竖直翻转的锥齿轮箱;4. 机架;5. 侧向力抵消装置;6. 翻转锁紧装置;
7. 弹片式推压筑埂装置;8. 耕深调节装置;9. 双轴式旋耕集土装置;10. 齿轮箱;11. 罩壳

在工作过程中,悬挂式水田田埂修筑机与拖拉机三点悬挂装置连接,动力由拖拉机动力输出轴提供,通过带传动与中间 180°竖直翻转装置的锥齿轮箱相连,经锥齿轮箱转向后动力传至齿轮箱,由齿轮箱带动双轴式旋耕集土装置及弹片式推压筑埂装置工作。其中翻转锥齿轮箱和翻转锁紧装置可实现关键部件 180°翻转,并将其固定于机器另一侧,解决了田埂拐角处因拖拉机占用空间而无法修筑完整田埂的问题。

拖拉机动力经多级传动系统传至双轴式旋耕集土装置和弹片式推压筑埂装置,驱动系列刀具和镇压圆盘旋转进行集土与镇压作业,各部件共同作用完成标准田埂修筑。图 3-35 为悬挂式水田田埂修筑机传动系统。在动力传输过程中,动力经 180°竖直翻转的锥齿轮箱传递至驱动齿轮箱，驱动双轴式旋耕集土装置上下旋耕刀辊高速运转，完成旋耕集土功能，同时弹片式推压筑埂装置推压圆锥盘以一定比例旋转，完成土壤压实成埂功能。动力经由翻转锥齿轮箱输出，其输出转速为 360r/min，其中旋耕集土装置齿轮箱传动比 $i=1$，弹片式推压筑埂装置齿轮箱传动比 $i=6$，相应旋耕集土装置转速为 360r/min，推压筑埂装置转速为 60r/min。

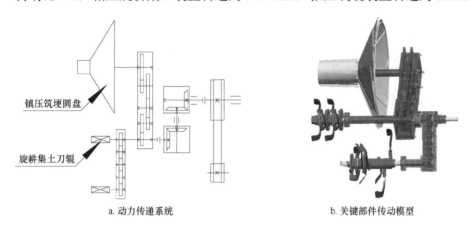

镇压筑埂圆盘

旋耕集土刀辊

a. 动力传递系统　　　　　　　　　　b. 关键部件传动模型

图 3-35　悬挂式水田田埂修筑机传动系统

通过旋耕集土将旧田埂侧面切出阶梯形结构并将土壤覆盖到阶梯形结构田埂，通过推压圆盘旋转运动及自身重力作用将土壤压实，完成修筑旧田功用，有效提高机具作业效率与质量。1SZ-800 型悬挂式水田田埂修筑机主要技术参数如表 3-2 所示。

表 3-2　1SZ-800 型悬挂式水田田埂修筑机主要技术参数

参数	数值	参数	数值
配套动力/kW	≥45	传动形式	主副多级
外形尺寸（长×宽×高）/（mm×mm×mm）	1750×1870×1250	刀辊总成转速/（r/min）	360～500
作业效率/（km/h）	0.8～1.0	镇压总成转速/（r/min）	60～120
结构质量/kg	800	刀片型式	取土及切型
筑埂坚实度/kPa	1500～2000	刀辊形式	上、下双轴刀辊
筑埂宽度/mm	200～300	筑埂高度/mm	250～350

3.7.2　1DSZ-350 型悬挂式水田单侧田埂修筑机

1DSZ-350 型悬挂式水田单侧田埂修筑机主要由偏牵引悬挂机架、横向偏移机构、单轴式旋耕集土装置、振动式镇压筑埂装置、挡土罩壳、侧向力抵消装置、旋耕筑埂深度调节装置、行走尾轮及多级传动变速系统等部件组成，如图 3-36 所示。其中单轴式旋耕集土装置和振动式镇压筑埂装置是机具主要工作执行部件，其设计配置的合理性直接影响整机作业性能。通过三种类型刀具综合设计与排列（即单轴式旋耕集土装置），实现远处取土抛土、近处推土切型的功用。通过振动式镇压筑埂装置将土壤集中聚拢压实并修筑，满足水田田埂形态及坚实度要求。通过横向偏移机构和平行四臂仿形总成共同配合，实现驱动拖拉机行走轮与筑埂作业部件间相对位置的调整，避免车轮碾压对田埂修筑造成影响。通过旋耕筑埂深度调节装置和侧向力抵消装置保证机具直线作业，同时实现旋耕集土与镇压筑埂相对深度调整，进而调节机具集土及镇压状态，满足不同区域环境旧埂修补及原地起埂作业要求。

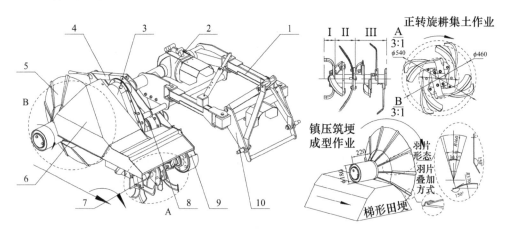

图 3-36　1DSZ-350 型悬挂式水田单侧田埂修筑机
1. 横向偏移机构；2. 主变速箱；3. 副变速箱；4. 旋耕筑埂深度调节装置；5. 振动式镇压筑埂装置；
6. 挡土罩壳；7. 单轴式旋耕集土装置；8. 筑埂变速箱；9. 旋耕变速箱；10. 偏牵引悬挂机架

　　机具修筑田埂作业过程主要分为取土切型和镇压筑埂两个阶段。正常作业时，田埂修筑机通过偏牵引三点悬挂方式与拖拉机挂接，根据机具轮距尺寸调整横向偏移机构位置，选择合适作业区域，避免车轮轮辙与田埂修筑机取土镇压区域前后重合碾压。根据水田旧埂修补或原地起埂作业要求，调整田埂修筑机行走尾轮及旋耕筑埂变速箱位置，调节合适取土深度及镇压强度。拖拉机动力输出轴通过万向节联轴器、齿轮传动及链传动将动力传至主副变速箱、旋耕变速箱和筑埂变速箱，分别驱动旋耕集土装置和镇压筑埂装置以一定比例转速进行旋转作业。各类刀具相互配合共同进行高速旋切，将土壤定向取抛于后方及侧后方，配合挡土罩壳进行粉碎切型，并将土壤聚拢至镇压区域，通过振动式镇压筑埂圆盘自身重力及旋转动力将所聚拢土壤压实成型，完成单侧田埂修筑。通过拖拉机转向在另一侧沿所筑单侧田埂轨迹行驶，进行反向旋耕集土及镇压成型作业，完成另一侧田埂修筑，同时对田埂顶部进行二次压实，完善田埂整体形态，提高两侧土壤坚实度，实现水田机械化田埂修筑作业。

水田单侧田埂修筑机总体传动系统如图 3-37 所示，旋耕筑埂动力源由驱动拖拉机后置动力输出端传出，经万向节联轴器与整机主变速箱连接，通过锥齿轮变向传动至链轮副变速箱，通过公共传动轴分别以不同链传动比驱动旋耕集土刀辊和镇压筑埂圆盘进行作业。

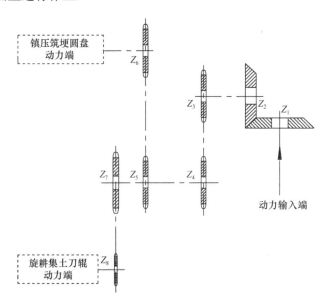

图 3-37　水田单侧田埂修筑机总体传动系统

动力输入端与旋耕集土刀辊传动比为

$$i_1 = \frac{Z_8 Z_4 Z_2}{Z_7 Z_3 Z_1} \qquad (3\text{-}31)$$

动力输入端与镇压筑埂圆盘传动比为

$$i_2 = \frac{Z_6 Z_4 Z_2}{Z_5 Z_3 Z_1} \qquad (3\text{-}32)$$

整理式（3-31）和式（3-32），可得旋耕集土刀辊与镇压筑埂圆盘转速比为

$$N = \frac{Z_7 Z_6}{Z_8 Z_5} \qquad (3\text{-}33)$$

式中，i_1—动力输入端与旋耕集土刀辊传动比；

　　　i_2—动力输入端与镇压筑埂圆盘传动比；

　　　N—旋耕集土刀辊与镇压筑埂圆盘转速比。

根据筑埂作业农艺要求，机具旋耕刀辊应进行高速旋转集土作业，镇压圆盘则相对缓慢稳定进行压实成型作业，结合拖拉机输出转速调控范围，配置主变速箱齿轮齿数分别为 $Z_1=20$ 和 $Z_2=31$，各级变速箱链轮齿数分别为 $Z_3=11$、$Z_4=11$、$Z_5=20$、$Z_6=20$、$Z_7=18$ 和 $Z_8=12$，旋耕集土刀辊与镇压筑埂圆盘转速比为 3：2。

悬挂式水田单侧田埂修筑机主要通过旋耕集土和镇压筑埂等方式，完成水田旧埂修补及旱田改水田时大面积新埂起筑作业，其整机结构采用轻量化机架设计配置，箱体类部件通过组装方式连接，机具结构紧凑简单，质量轻，可通过调节取土深度及筑埂高度适应不同区域筑埂作业，改善机具作业通用性及灵活性，减轻水田作业劳动强度，提高作业效率与质量。1DSZ-350 型悬挂式水田单侧田埂修筑机主要技术参数如表 3-3 所示。

表 3-3　1DSZ-350 型悬挂式水田单侧田埂修筑机主要技术参数

参数	数值	参数	数值
配套动力/kW	≥35	传动形式	主副多级
外形尺寸（长×宽×高）/(mm×mm×mm)	1880×1580×1080	刀辊总成转速/(r/min)	450～550
作业效率/（km/h）	0.8～1.5	镇压总成转速/(r/min)	300～370
结构质量/kg	365	刀片型式	取土、抛土及切型
筑埂坚实度/kPa	1500～2500	刀辊形式	刀座（取土）、刀盘（抛土及切型）
筑埂宽度/mm	200～350	筑埂高度/mm	250～400

3.7.3　水田双向田埂修筑机

水田双向田埂修筑机主要由悬挂牵引架、横向偏移机构、180°水平回转调节机构、单轴式旋耕集土装置、振动式镇压筑埂装置、旋耕筑埂深度调节装置、挡土罩壳、行走尾轮及多级传动变速系统等部件组成，如图 3-38 所示。其中横向偏移机构固接在悬挂牵引架上，180°水平回转调节机构与横向偏移机构铰连接，二者通过快速锁紧装置实现刚性连接。单轴式旋耕集土装置相对于 180°水平回转调节机构置于前部，实现旋切、碎土与集土等功能，振动式镇压筑埂装置置于后部，实现压实筑埂成型等功能。旋耕集土变速箱和筑埂变速箱固接于一体，可绕副变速箱进行定轴转动；180°水平回转调节机构控制旋耕集土装置和镇压筑埂装置的 180°水平回转及锁定；旋耕筑埂深度调节装置可伸缩地连接在筑埂变速箱与 180°水平回转调节机构间，通过控制旋耕集土变速箱和筑埂变速箱转动角度，调节旋切取土深度及筑埂高度；通过在整机尾部安装行走尾轮，抵消镇压筑埂装置侧向力；横向偏移机构与 180°水平回转调节机构上的双作用液压缸 I 与 II 的油口皆通过液压油管与拖拉机后置油口相连，采用拖拉机液压系统进行伸缩控制，调节 180°水平回转调节机构回转角度，以适应各状态条件作业方式。

根据各马力段拖拉机轮距间差异，通过控制横向偏移机构调整田埂修筑机的横向起始作业位置，结合水田旧埂修补或者原地起埂要求，调节旋耕集土装置和

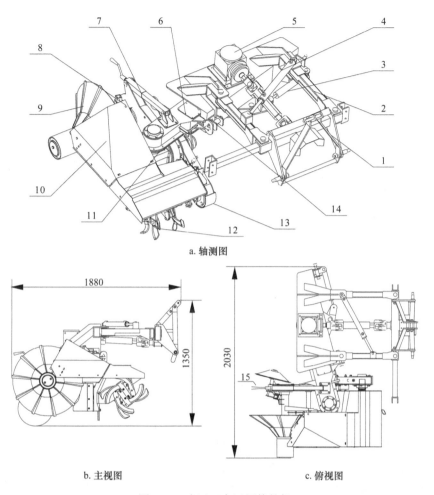

图 3-38　水田双向田埂修筑机

1. 悬挂牵引架；2. 横向偏移机构；3. 双作用液压缸Ⅱ；4. 双作用液压缸Ⅰ；5. 主变速箱；6. 180°水平回转调节
机构；7. 旋耕筑埂深度调节装置；8. 筑埂变速箱；9. 振动式镇压筑埂装置；10. 挡土罩壳；11. 副变速箱；
12. 单轴式旋耕集土装置；13. 旋耕集土变速箱；14. 锁紧装置；15. 行走尾轮

镇压筑埂装置至理想作业位置。在作业过程中，旋耕集土装置旋耕刀具高速旋转
对土壤进行切削，并将土壤抛甩至机具侧后方区域，经挡土罩壳将土堆汇聚至镇
压部件工作区域，通过镇压部件旋转及弹性变形对聚拢土堆进行拍打镇压，完成
单侧田埂修筑。然后，拖拉机换向沿单侧田埂轨迹反向行驶，进行另一侧田埂修
筑。在拖拉机行驶至拐角处由于机身占用一段距离无法继续修筑田埂时，调整 180°
水平回转调节机构完成旋耕集土和镇压筑埂装置由前行作业位置至倒行作业位置
的 180°回转与锁定，以倒行方式完成拐角处田埂修筑作业。水田双向田埂修筑机
作业方式如图 3-39 所示。

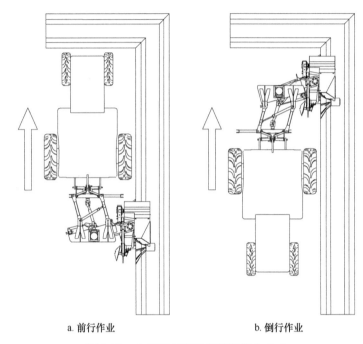

a. 前行作业   b. 倒行作业

图 3-39　水田双向田埂修筑机作业方式

　　水田双向田埂修筑机多级传动变速系统如图 3-40 所示，田埂修筑机动力由拖拉机后方动力输出轴通过万向节联轴器连接至动力输入轴，经 180°水平回转调节机构将动力传递至副变速箱，并由副变速箱将动力分配至旋耕集土变速箱及筑埂变速箱，驱动旋耕集土装置和镇压筑埂装置进行作业。

　　将旋耕集土装置与镇压筑埂装置固接于一体，并与副变速箱轴承Ⅱ铰接。主变速箱固定于支撑架，通过轴承Ⅰ铰接于 180°水平回转调节机构。旋耕筑埂深度调节装置将链传动箱、副变速箱、旋耕集土装置及镇压筑埂装置连接，构成多级传动系统，在传动同时可进行旋耕筑埂深度调节，避免 180°水平回转调节机构回转角度及旋耕集土装置取土作业深度改变后影响传动系统整体作业。

　　动力输入端与旋耕集土装置传动比为

$$i_1 = \frac{Z'_8 Z'_6 Z'_4 Z'_2}{Z'_7 Z'_5 Z'_3 Z'_1} \tag{3-34}$$

动力输入端与镇压筑埂装置传动比为

$$i_2 = \frac{Z'_{10} Z'_6 Z'_4 Z'_2}{Z'_9 Z'_5 Z'_3 Z'_1} \tag{3-35}$$

整理式（3-34）和式（3-35），可得旋耕集土装置与镇压筑埂装置转速比为

$$N = \frac{Z'_7 Z'_{10}}{Z'_8 Z'_9} \tag{3-36}$$

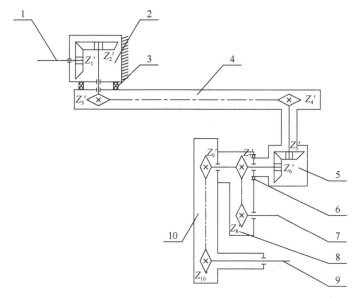

图 3-40　水田双向田埂修筑机多级传动变速系统
1. 动力输入轴；2. 主变速箱；3. 轴承 I；4. 180°水平回转调节机构；5. 副变速箱；6. 轴承 II；
7. 旋耕集土装置动力输入轴；8. 旋耕集土变速箱；9. 镇压筑埂部件动力输入轴；10. 筑埂变速箱

式中，i_1—动力输入端与旋耕集土装置传动比；

i_2—动力输入端与弹片式镇压筑埂装置传动比；

N—旋耕集土装置与弹片式镇压筑埂装置转速比。

根据水田筑埂农艺要求，机具旋耕集土装置作业速度应快于弹片式镇压筑埂装置，再根据拖拉机动力输出轴转速，配置主变速箱齿轮齿数分别为 $Z'_1=20$ 和 $Z'_2=31$，副变速箱齿轮齿数分别为 $Z'_5=20$ 和 $Z'_6=20$，各级变速箱链轮齿数分别为 $Z'_3=11$、$Z'_4=11$、$Z'_7=18$、$Z'_8=12$、$Z'_9=20$ 和 $Z'_{10}=20$，根据式（3-36）可求得旋耕集土装置与弹片式镇压筑埂装置转速比为 3：2。水田双向田埂修筑机样机主要技术参数如表 3-4 所示。

表 3-4　水田双向田埂修筑机样机主要技术参数

参数	数值	参数	数值
配套动力/kW	≥66.2	传动形式	主副多级
外形尺寸（长×宽×高）/(mm×mm×mm)	1880×2030×1350	刀辊总成转速/（r/min）	450～550
作业效率/（km/h）	1.2～2.5	镇压总成转速/（r/min）	300～370
结构质量/kg	665	刀片型式	取土、抛土及切型
筑埂坚实度/kPa	1000～2000	刀辊形式	刀座（取土）、刀盘（抛土及切型）
筑埂宽度/mm	300～400	筑埂高度/mm	250～350

3.8　田埂修筑机离散元虚拟仿真分析

水田筑埂作业条件十分复杂，其黏附水田土壤作为田埂修筑机主要作用对象，是一种典型的离散物质，其内部特殊黏结、内聚、摩擦及破碎特性十分复杂，无法完全通过理论研究分析各因素间作用。近些年，随着计算机技术的发展，离散元素法（discrete element method，DEM）及其仿真软件 EDEM 在农业工程领域得到了广泛应用研究，为分析机具与土壤相互作用的微观及宏观变化规律、优化相关部件作业性能提供了良好的平台与手段。本节以所设计的悬挂式水田单侧田埂修筑机为研究对象，根据东北寒地水田土壤耕整状态，依据离散元素法建立机械部件-土壤间作用模型，运用 EDEM 软件对旋耕切削集土和镇压筑埂成型阶段进行数值模拟仿真分析，研究工况下机具作业性能和功耗动态变化规律，分析各工作参数对筑埂作业性能影响，以期为农机触土部件与土壤相互作用机理、机具性能优化提供一种切实可行的研究方法，同时对田埂修筑机选择节省功耗的工作参数组合具有实际指导意义。

3.8.1　离散元仿真边界设定

（1）离散元模型建立

1）田埂修筑机模型建立

为合理有效地进行仿真模拟与计算，对整机模型简化处理，隐藏去除其牵引机架及各级传动箱体等部件。应用三维制图软件 Pro/E 对机具进行实体建模（比例 1∶1），以.igs 文件格式导入 EDEM 软件中，如图 3-41 所示。根据物理样机试制特点，设置镇压筑埂装置总成、挡土罩壳及旋耕刀辊轴材料属性为 45 号钢，泊松比为 0.31，剪切模量为 $7.0×10^{10}$Pa，密度为 7800kg/m^3；各类型刀具材料属性为65Mn，泊松比为 0.35，剪切模量为 $7.8×10^{10}$Pa，密度为 7850kg/m^3。

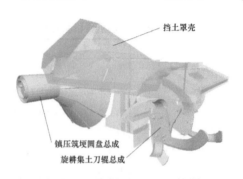

挡土罩壳

镇压筑埂圆盘总成
旋耕集土刀辊总成

图 3-41　田埂修筑机几何模型

2）土壤颗粒模型建立

土壤物理性质与机械筑埂作业质量具有密切关系，其内部颗粒间特殊黏结、破碎属性及力学关系十分复杂。为真实还原水田黏性土壤状态，保证模拟仿真可靠性，以东北地区耕作黑壤土（含水率为 25%～30%）为研究对象，对其物理参数进行测定。由于机具主要对耕作层土壤进行旋耕镇压作业，因此忽略犁底层及心土层土壤物理状态的差异。通过筛分法试验，测得 85%土壤颗粒尺寸为 0.5～5mm，其余 15%小于 0.25mm，因此设置虚拟颗粒模型粒径尺寸为 0.5～5mm，且其尺寸呈正态分布。根据相关文献，将土壤颗粒简化为球状、杆状、鳞片状、圆盘状、团粒状、板片状、棱块状、棱锥状和棱柱状等 9 种形状，并运用 EDEM 软件多球面组合方式进行填充，其基本形态如图 3-42 所示。

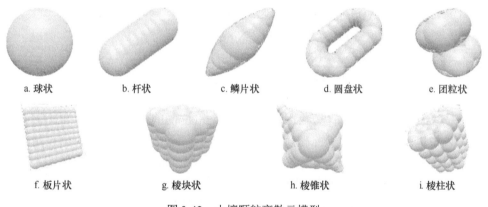

a. 球状　　　b. 杆状　　　c. 鳞片状　　　d. 圆盘状　　　e. 团粒状

f. 板片状　　　g. 棱块状　　　h. 棱锥状　　　i. 棱柱状

图 3-42　土壤颗粒离散元模型

通过环刀法试验，测得土壤颗粒密度为 2400～2800kg/m³，平均密度为 2100～2500kg/m³。通过直接剪切试验及虚拟堆积仿真标定方法，测得土壤颗粒内摩擦系数为 0.311～0.562，剪切模量为 $2.1×10^7$～$2.7×10^7$Pa。根据相关文献设置土壤颗粒间内聚力为 $12.5×10^4$～$18.5×10^4$Pa，泊松比为 0.23～0.44。

（2）其他仿真参数设定

将所建立的田埂修筑机几何模型和土壤颗粒模型导入 EDEM 软件中，通过其前处理模块（Creator）依次对接触力学作用关系和颗粒工厂进行设置。其中接触力学模型的选择是分析机械部件-土壤颗粒间黏结作用的重要基础，直接影响部件与颗粒间的作用关系。在作业过程中土壤颗粒主要受多种复合力的共同作用，即自身重力 m_ig、颗粒间或颗粒与部件间法向碰撞接触力 $F_{n,ij}$、法向阻尼 $F_{n,ij}^d$、切向碰撞接触力 $F_{\tau,ij}$、切向阻尼 $F_{\tau,ij}^d$ 和内部颗粒黏结力 $F_{coh,ij}$。根据牛顿第二定律，将土壤颗粒 i 的线性运动与转动方程简化为

$$\begin{cases} m_i \dfrac{\mathrm{d}v_i}{\mathrm{d}t} = m_i g + \sum_{j=1}^{n_i} (F_{n,ij} + F_{n,ij}^d + F_{\tau,ij} + F_{\tau,ij}^d + F_{\mathrm{coh},ij}) \\ I_i \dfrac{\mathrm{d}\omega_i}{\mathrm{d}t} = \sum_{j=1}^{n_i} (T_{\tau,ij} + T_{r,ij}) \end{cases} \qquad (3\text{-}37)$$

其中,

$$F_{\mathrm{coh},ij} = k_{\mathrm{coh},ij} \cdot A_{\mathrm{coh},ij}$$

式中,I_i—土壤颗粒 i 转动惯量,kg·m^2;

$\quad\quad n_i$—土壤颗粒 i 接触的颗粒总数,个;

$\quad\quad v_i$—土壤颗粒 i 移动速度,m/s;

$\quad\quad \omega_i$—土壤颗粒 i 转动角速度,rad/s;

$\quad\quad T_{\tau,ij}$—土壤颗粒 i 所受切向力矩,N·m;

$\quad\quad T_{r,ij}$—土壤颗粒 i 所受滚动力矩,N·m;

$\quad\quad k_{\mathrm{coh},ij}$—土壤颗粒黏附能量密度,N/m^2;

$\quad\quad A_{\mathrm{coh},ij}$—土壤颗粒接触面积,m^2。

土壤颗粒黏结力 $F_{\mathrm{coh},ij}$ 主要根据其内部黏聚特性进行设定,将其内部黏结、内聚、摩擦及破碎等关系简化为 Hertz-Mindlin with bonding 接触模型和 JKR 接触模型,以模拟土壤颗粒间、颗粒与边界间相互作用。通过倾斜板试验、休止角试验及虚拟仿真标定等方法分别对 45 号钢-土壤颗粒、65Mn-土壤颗粒和土壤颗粒间的动摩擦系数进行测定,并根据相关文献得到 45 号钢-土壤颗粒、65Mn-土壤颗粒和土壤颗粒间的静摩擦系数及恢复系数,具体参数如表 3-5 所示。

表 3-5 仿真材料接触参数

参数	45 号钢-土壤颗粒	65Mn -土壤颗粒	土壤颗粒-土壤颗粒
动摩擦系数	0.04	0.04	0.25
静摩擦系数	0.50	0.50	0.40
恢复系数	0.28	0.28	0.20

3.8.2 虚拟仿真结果与分析

（1）虚拟筑埂仿真过程

为模拟实际田间筑埂作业状态,运用 EDEM 软件建立虚拟土槽,设置土槽基本尺寸（长×宽×高）为 8000mm×2000mm×800mm,将其设定为虚拟颗粒工厂,以 10 000 个/s 的速率生成初速度为 0 的土壤颗粒模型,总量为 100 000 个,生成颗粒总时间为 10s,保证土槽内存有充足颗粒进行仿真。在生成颗粒过程中,使其仅在重力作用下自由沉降，且整体生成后在颗粒群上方加载校准土壤密度所需的垂直载荷，进行土壤模型压实，使仿真与实际土壤保持一致。

在虚拟筑埂仿真过程中，设置田埂修筑机位于土槽一侧进行初始作业。根据机具实际作业状态及水田修筑埂农艺要求，以某一常规工况为例进行仿真，分析其筑埂质量与功率消耗情况。设置机具前进速度为 0.3m/s，旋耕集土刀辊总成采用正转形式进行切削土壤，其旋耕工作转速为 500r/min（旋耕转速与镇压转速之比为 3∶2），旋耕入土深度为 200mm。

为保证仿真的连续性，设置其固定时间步长为 $5.76×10^{-5}$s（即 Rayleigh 时间步长的 10%），总时间为 25s，有效作业时间为 13s（0～10s 土壤颗粒生成，24～25s 机具运动至土槽终点），网格单元尺寸为 5mm，为颗粒平均半径的 2 倍，以便对后续数据准确处理。

图 3-43a 为三维空间 xyz 内田埂修筑机虚拟仿真作业状态，对挡土罩壳进行虚隐化处理，以便观察分析土壤被切削、抛掷及镇压过程状态变化。图 3-43b 为 xOy 平面内旋耕切削集土作业状态，当机具沿 x 轴正方向前进运动时，旋耕刀辊集土总成顺时针正转切削土壤，取土弯刀先与土壤颗粒发生接触，以距刀轴中心先近后远的顺序依次入土完成取土作业。抛土弯刀对土阀进行二次旋切粉碎，同时切型弯刀将土壤颗粒旋切为阶梯土层，土壤颗粒在两种刀具的共同作用下被定向抛掷堆聚于后方及侧后方，通过挡土罩壳撞击及导向作用，将土壤颗粒聚拢至镇压区域，以便后续对田埂镇压修筑。图 3-43c 为 xOz 平面内镇压筑埂成型作业状态，

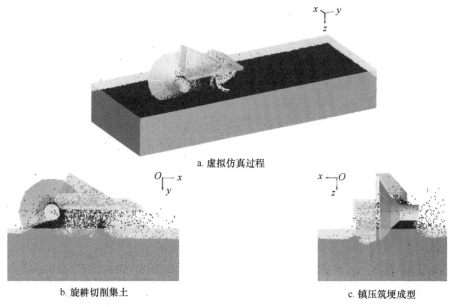

a. 虚拟仿真过程

b. 旋耕切削集土　　　　　　　　　　　c. 镇压筑埂成型

图 3-43　EDEM 旋耕镇压仿真作业

镇压筑埂装置总成以较慢转速进行旋转前进运动，通过镇压筑埂装置自身重力及旋转动力反复碾压，对所聚拢土壤颗粒进行旋转压实，完成田埂修筑作业。上述两阶段虚拟仿真作业与实际机具工作状态基本一致。

（2）虚拟仿真结果与分析

由于目前国内外尚无评价机械田埂修筑作业质量的统一标准，根据 EDEM 软件模拟机具与土壤颗粒间作用特点，同时检测机具作业功耗情况，查阅相关资料并结合实际水田修筑埂农艺要求，选取田埂坚实度及旋耕镇压总功率消耗为虚拟仿真分析的评价指标。

1）田埂坚实度

田埂坚实度是评价田埂修筑作业质量的重要指标，可直接反映机具旋耕切削土壤并克服土壤颗粒内部黏结与内聚进行压实的作业状态。本研究主要运用 EDEM 软件数据处理模块（Analyst），对虚拟作业所筑的土壤田埂进行力学分析，处理计算颗粒间接触黏结等综合作用。

由于 EDEM 软件仅可对田埂整体镇压力（即颗粒内部微观接触、黏结、内聚及摩擦等作用沿田埂顶面法线方向的合力）进行测定研究，为直观评价机具修筑田埂质量，需将其转化为土壤坚实度指标，因此本研究在仿真试验前进行台架标定试验，建立人工测量坚实度与镇压力间模型。以东北寒区耕作黑壤土为标定供试土壤[含水率为（27.1±0.5）%，密度为 2530kg/m³]，保证其与所建土壤颗粒模型物理性质基本一致。如图 3-44a 所示，采用 WDW-5 型微机电子式万能试验机（济南试金集团生产）进行测试，其顶端配置拉压传感器（量程为 0~200N、测量精度为 0.02N），以 0.3m/s 速度均匀缓慢压实土壤，分别控制其下降压缩土壤位移量分别为 100mm、160mm、220mm、280mm 和 340mm。利用配套计算机实时采集存储所对应的镇压力数值，通过 SL-TYA 型土壤坚实度测试仪（杭州汇尔仪器设备有限公司生产）测定各状态下的土壤坚实度。所得人工测量土壤坚实度 S 与镇压力 a 间的数据拟合曲线如图 3-44b 所示，具体标定关系为

$$S = 1.1973a - 37.678 \tag{3-38}$$

式中，S—人工测定土壤坚实度，kPa；

a—均匀镇压力，N。

在此基础上，采用 C 语言对力学函数进行编辑，通过 EDEM 软件后处理的应用编程接口（application programming interface，API）完成虚拟田埂整体镇压力的测量。如图 3-45 所示，测定田埂镇压合力值为 1237.3N，代入标定模型关系式（3-38）中，可得此工况下所筑虚拟田埂坚实度为 1443.7kPa，可满足田埂修筑农艺要求。

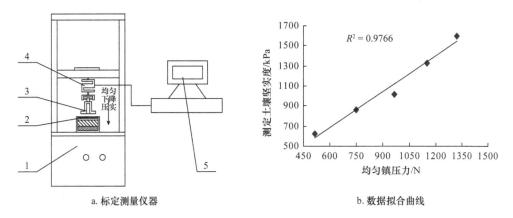

a. 标定测量仪器　　　　　　　　　b. 数据拟合曲线

图 3-44　土壤坚实度标定试验与拟合关系

1. 万能试验机；2. 微型土槽；3. 镇压装置；4. 拉压传感器；5. 计算机图

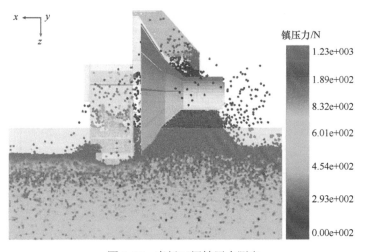

图 3-45　虚拟田埂镇压力测定

2）功率消耗

功率消耗（简称功耗）是衡量机具综合性能的主要技术参数，可直接体现整机作业性能。田埂修筑机作业功耗主要来源于旋耕切削集土、镇压筑埂成型和中间各级传动三个过程，本研究主要对虚拟仿真状态下旋耕集土刀辊及镇压筑埂装置两个关键部件的作业功耗进行测定分析，将机具总功耗简化为

$$\sum P = P_x + P_z + P_t \tag{3-39}$$

式中，$\sum P$—田埂修筑机总功耗，kW；

P_x—旋耕集土阶段功耗，kW；

P_z—镇压筑埂阶段功耗，kW；

P_t—各级传动功耗，kW，其值较小，仿真过程中忽略不计。

在作业过程中,旋耕集土刀辊及镇压筑埂装置皆随机具前进运动,同时进行自身旋转切削及镇压作业,其自身扭矩的变化可反映作业功耗的差异,因此将其转化为对关键部件扭矩的测定,即

$$\begin{cases} P_x = \dfrac{T_x n_1}{9550} \\ P_z = \dfrac{T_z n_2}{9550} \end{cases} \tag{3-40}$$

$$\sum P = \frac{\left(T_x + \dfrac{2}{3}T_z\right)n_1}{9550} \tag{3-41}$$

式中,T_x——旋耕集土刀辊扭矩,N·m;

T_z——镇压筑埂装置扭矩,N·m;

n_1——旋耕集土刀辊工作转速,r/min,所设置转速值为 500r/min,其中 n_1：n_2=3：2;

n_2——镇压筑埂装置工作转速,r/min。

通过 EDEM 软件对两个关键部件作业扭矩(torque)进行测定,并将数据导入 EXCEL 软件中进行整理,计算各时刻机具各阶段功耗变化趋势,如图 3-46 所示。

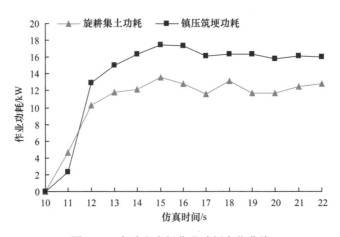

图 3-46　各阶段虚拟作业功耗变化曲线

由图 3-46 可知,旋耕集土刀辊与土壤颗粒相互作用初期,其作业功耗随时间增加而迅速增大。仿真作业 10～13.2s 时,刀辊旋耕作业功耗迅速上升至 12.15kW,主要原因为土壤整体受到挤压变形至破碎需要消耗较大能量,刀具进行切削集土作业使土壤变形,因克服内部黏结与内聚作用,其变化速率较快。随刀辊后续切削集土,刀辊旋耕作业功耗变化趋于稳定,当仿真运行至 15.1s 时,刀辊旋耕作

业功耗达到最大值 13.21kW，主要原因为土壤颗粒在被破坏后相互间黏结作用减小，刀具切削力保持稳定状态，其作业功耗保持在 12.64kW 左右。镇压筑埂作业功耗与刀辊旋耕作业功耗变化趋势基本相同，但整体功耗略高于旋耕切削集土作业。仿真作业 10～13.2s 时，其作业功耗随时间增加而迅速增大至 15.11kW，随圆盘后续压实作业，其作业功耗变化也趋于稳定，保持在 16.29kW 左右，主要是因为前期旋耕集土量不断增加，依靠其自身旋转碾压作用克服土壤颗粒间内聚力及摩擦力，使土壤颗粒重新紧密排列。当机具平稳作业时，两阶段功耗之和稳定于 28.93kW 左右。

为检验采用离散元数值仿真进行机具功耗性能测定方法的准确性，参考《农业机械设计手册》经验公式对旋耕切削集土过程进行分析，即

$$P_x = 1 \times 10^{-5} K_\lambda h v B \qquad (3\text{-}42)$$

式中，h—旋耕入土深度，mm；

v—机具前进速度，m/s；

B—旋耕作业幅宽，mm；

K_λ—旋耕比阻，N/cm²。

其中，$K_\lambda = K_g K_1 K_2 K_3 K_4$；$K_g$ 为土壤坚实度系数，K_1 为耕深修正系数，K_2 为土壤含水率系数，K_3 为残茬植被修正系数，K_4 为作业方式修正系数。

将仿真边界条件及相关修正系数代入式（3-42）中，可得旋耕切削集土作业功耗 P_x=13.80kW，与仿真结果基本一致，证明了运用数值模拟测定机具作业功耗的合理性与可行性。

3.9 旋耕集土及镇压筑埂动力学台架试验

3.9.1 旋耕集土装置动力学测试

旋耕集土装置直接与土壤接触并进行定向取土、抛送及切型，为探求机具各工况参数与其抛土状态及刀辊扭矩应变间关系，自主搭建动力学土槽试验台，开展旋耕集土装置动力学试验研究，以期为机具性能优化并选择节省功耗的工作参数组合提供可靠参考指导。

（1）动力学试验台架搭建

为模拟田埂修筑机田间实际作业过程，于 2016 年 8 月在黑龙江省农业机械工程科学研究院土槽内开展旋耕集土装置刀辊扭矩及侧后方抛土位置测定试验。土槽台架内供试土壤为东北耕作黑壤土，对土壤进行耕整处理，其有效作业面积为 70m×6m，土壤绝对含水率为（28.2±0.5）%，土壤密度为 2610kg/m³，

土壤坚实度为 130～200kPa，符合田埂修筑作业实际状态。试验设备主要包括 TCC-III型计算机数据监控系统及辅助土槽牵引车、北京东方振动和噪声技术研究所生产的 INV1861A 型便携式应变调理仪与 INV3018C-24 型 8 通道信号采集仪组成的信号采集处理系统，深圳市森瑞普电子有限公司生产的 24 通道过孔集流环连接传感器导线，有利于信号传递和防止连线缠绕，其中信号采集仪配设 DASP-10 软件系统，便于输出数据和曲线。旋耕集土装置刀辊扭矩测试状态如图 3-47 所示。

a. 动力学台架   b. 旋耕集土装置状态

图 3-47　旋耕集土装置动力学试验台

1. 计算机；2.INV3018C-24 型 8 通道信号数据采集仪；3.INV1861A 型便携式应变调理仪；
4. 旋耕集土装置；5. 三点悬挂装置；6.TCC-III型计算机数据监控系统及辅助土槽牵引车

1）作业区域优化

为充分合理利用土壤区域，有效提高试验精度并减少试验周期，对土壤进行合理划分，保证机具作业以恒定速度通过作业区域。将封闭土槽分为 3 个试验单元，即 8 个试验工作区，各工作区前后皆设定 8m 启动和停止区。

2）试验装置设计与数据采集存储

由于旋耕集土装置为回转运动且部件时刻与土壤接触摩擦，作业时刀具入土将造成应变片及连接线破坏，导致测量信号不准或完全失效，因此需增设敏感弹性轴，并在敏感弹性轴上布置传感器以测试旋耕集土装置的工作性能。采用深圳市森瑞普电子有限公司生产的 24 通道过孔集流环连接传感器导线，将其安装于刀辊轴外侧，并由动态应变仪采集信号传输至计算机终端，实时对信号采集、分析和处理。

3）刀辊轴扭矩应变采集装置

根据旋耕集土装置刀辊轴实际结构特点，设计配置敏感弹性轴，在满足强度要求条件下满足测试灵敏度要求，其材料为 45 号钢，具体参数如表 3-6 所示。

为提高测试的灵敏度及自身温度补偿，将应变片贴于刀辊轴主应力线方向上，根据全桥接线并保证 4 片应变片互为 90°。应变片参数如表 3-7 所示，其布片方式如图 3-48a 所示。

表 3-6　敏感弹性轴参数

硬度（HBS）	外径/mm	内径/mm	力学性能			
			σ_s/MPa	σ_b/MPa	δ_s/%	φ/%
230～260	60	50	≥355	≥600	≥16	≥40

表 3-7　测试应变片基本参数

型号	电阻/Ω	弹性栅尺寸/(mm×mm)	灵敏系数/%
B×120-5AA	120±0.2	5×3	2.08±1

应变片电桥实际连接方式如图 3-48b 所示，其中 R_1、R_2、R_3 和 R_4 均为互为补偿的工作片。

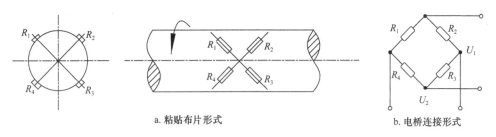

a. 粘贴布片形式　　　　　　　　　　　b. 电桥连接形式

图 3-48　应变片连接形式

电桥连接输入和输出电压分别为 U_1 和 U_2，在实际测试过程中电压将产生变化，利用此变化量即可得到测试元件应变值。设定 ε_{Mn} 和 ε_M 分别代表扭转及弯曲所引起的应变，则各应变值分别为

$$\varepsilon_1 = \varepsilon_{Mn} + \varepsilon_M, \qquad \varepsilon_2 = -\varepsilon_{Mn} - \varepsilon_M, \qquad \varepsilon_3 = -\varepsilon_{Mn} + \varepsilon_M, \qquad \varepsilon_4 = \varepsilon_{Mn} - \varepsilon_M$$

因此，测试系统所测定应变为 $\varepsilon_i = 4\varepsilon_{Mn}$，即扭转产生应变为 $\varepsilon_{Mn} = 1/4\varepsilon_1$。

为避免应变片粘贴位置出现应力集中现象，选择距两端面 20mm 外区域进行应变片粘贴，并将应变片线脚相互连接组成全桥测试电路，桥路线经弹性轴设定孔引出，并直接与安装在刀辊外伸轴的过孔集流环相连接。在此基础上，利用万用表检测各线路阻值，以满足实际试验测定标准，其旋耕集土装置测试系统如图 3-49 所示。

（2）旋耕集土装置测试系统标定

为保证测试系统的准确性，减少测试过程中系统误差，在试验前需开展传感系统静态标定，确定标定曲线、灵敏度和各项交叉干扰。利用土槽车液压三点悬挂系统将机具升起，并保持与地面水平；将标定辅助装置安装于旋耕集土装置刀辊上；将变速箱万向节一端插入铁管并悬挂配重箱，防止刀辊转动对标定系统产生影响；由大到小顺序增加重量逐渐加载，自动记录输出数据，所标定数据如表 3-8 所示。

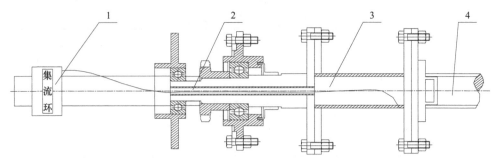

图 3-49　旋耕集土装置测试系统

1. 过孔集流环；2. 旋耕集土变速箱；3. 敏感弹性轴；4. 刀辊

表 3-8　旋耕集土装置测试系统标定数据

实际扭矩 x /（N·m）	显示扭矩 y /（N·m）
0.0	2.24
0.8	3.37
1.6	4.50
2.4	5.63
3.6	6.78

根据表 3-8 中测试数据，可得实际扭矩值 x 与刀辊扭矩值 y 间关系，其具体关系为

$$y = 1.278x + 2.356 \tag{3-43}$$

式中，y—显示扭矩，N·m；

x—实际扭矩，N·m。

（3）旋耕集土装置动力学参数测试试验

为分析各工作参数下刀辊扭矩及抛土性能变化规律，选取机具前进速度和旋耕集土装置转速为试验因素，开展单因素试验研究。根据实际农艺要求及预试验获得工况参数合理范围，即旋耕集土装置转速为 450～530r/min，机具前进速度为 0.4～1.2km/h。其中选取刀辊扭矩值为其动力学试验指标，选取抛土完全覆盖土层宽度（即旋切集土装置土壤抛掷覆盖至位于集土装置切型刀外侧原始土层土壤）为其抛土性能试验指标，综合考察各因素对指标影响规律。

（4）测试结果与分析

1）前进速度对刀辊扭矩应变值的影响

在旋耕集土装置转速为 490r/min，机具前进速度为 0.4km/h、0.6km/h、0.8km/h、1.0km/h 和 1.2km/h 工况下，刀辊扭矩应变值测试结果如表 3-9 所示。

表 3-9　各前进速度下刀辊扭矩应变值

前进速度/（km/h）	刀辊扭矩应变值					平均值
	1	2	3	4	5	
0.4	208.4	213.01	212.42	210.72	200.46	209.00
0.6	233.50	236.46	234.32	243.78	239.50	237.51
0.8	255.34	265.12	258.21	256.58	265.64	260.18
1.0	276.93	287.82	274.82	286.38	282.93	281.78
1.2	290.47	294.10	290.65	290.22	296.28	292.34

试验结果表明，刀辊扭矩应变值随机具前进速度增加而增加；前进速度为 0.4～1.2km/h 时，刀辊扭矩应变值随前进速度增加其增长趋势逐渐增快；前进速度为 0.8～1.2km/h 时，刀辊扭矩应变值增长速率较缓慢。

2）转速对刀辊扭矩应变值的影响

在机具前进速度为 0.8km/h，旋耕集土装置转速为 450r/min、470r/min、490r/min、510r/min 和 530r/min 工况下，刀辊扭矩应变值测试结果如表 3-10 所示。

表 3-10　各转速下刀辊扭矩应变值

刀辊转速/（r/min）	刀辊扭矩应变值					平均值
	1	2	3	4	5	
450	198.05	195.87	196.22	201.25	204.53	199.18
470	226.27	222.75	229.23	218.65	225.45	224.47
490	246.56	248.92	243.62	245.55	252.63	247.46
510	279.98	274.87	276.15	282.38	284.76	279.63
530	309.71	319.05	319.96	318.79	317.07	316.92

试验结果表明，刀辊扭矩应变值随旋耕集土装置转速增加而增加；旋耕集土装置转速为 450～490r/min 时，刀辊扭矩应变值随刀辊转速增加其增长趋势逐渐减缓；旋耕集土装置转速为 490～530r/min 时，刀辊扭矩应变值增长速率较快。

3）前进速度对抛土完全覆盖土层宽度的影响

在旋耕集土装置转速为 490r/min，机具前进速度为 0.4km/h、0.6km/h、0.8km/h、1.0km/h 和 1.2km/h 工况下，抛土完全覆盖土层宽度测试结果如表 3-11 所示。

试验结果表明，侧后方完全覆盖土壤宽度随机具前进速度增加而减小；前进速度为 0.4～1.2km/h 时，侧后方完全覆盖土壤宽度随前进速度增加其降低趋势较缓。产生此种现象的原因可能为，随前进速度增加，刀具单次入土切削量增大，在水平方向和垂直方向上土壤未能完全抛掷，土壤覆盖横向宽度较小；前进速度增加至一定时，土壤无法完全横向抛掷更远距离即落入相应区域。

表 3-11 各前进速度下抛土完全覆盖土层宽度

| 前进速度/（km/h） | 土壤后抛完全覆盖土的宽度/mm | | | | | 平均值/mm |
	1	2	3	4	5	
0.4	700	710	700	720	715	709
0.6	690	695	690	690	695	692
0.8	685	665	680	675	675	676
1.0	645	630	640	650	645	642
1.2	610	600	605	610	600	605

4）转速对抛土完全覆盖土层宽度的影响

在机具前进速度为 0.8km/h，旋耕集土装置转速为 450r/min、470r/min、490r/min、510r/min 和 530r/min 工况下，抛土完全覆盖土层宽度测试结果如表 3-12 所示。

表 3-12 各转速下抛土完全覆盖土层宽度

| 刀辊转速/（r/min） | 土壤后抛完全覆盖土的宽度/mm | | | | | 平均值/mm |
	1	2	3	4	5	
450	550	565	555	555	545	554
470	625	620	615	605	630	619
490	665	685	680	675	670	675
510	725	730	727	730	725	727
530	775	765	755	760	767	764

试验结果表明，侧后方完全覆盖土壤宽度随旋耕集土装置转速增加而增大；旋耕集土装置转速为 450～490r/min 时，侧后方完全覆盖土壤宽度随旋耕集土装置转速增加其增长趋势加快；旋耕集土装置转速为 490～530r/min 时，侧后方完全覆盖土壤宽度增长趋势减缓。产生此种现象的原因可能为，随旋耕集土装置转速增加，刀具对土壤横向抛切作用力大幅度提升，土壤抛掷初速度增大，土壤被均匀抛撒于成垄区域，但因取土量保持于一定范围，影响了土壤聚拢堆积及镇压修筑。

3.9.2 镇压筑埂装置动力学测试

在田埂修筑过程中，由于镇压筑埂装置外侧旋转接触土壤，土壤对其产生一定的摩擦力，因此动力学测试无法将应变片粘贴于镇压筑埂装置与土壤直接接触面。弹性羽片由平行于轴线的众多纵向纤维组成，在发生弯曲变形时必将引起靠近羽片内侧纤维伸长，靠近外侧纤维缩短，所对应伸长量与缩短量大小相等。为保证测试数据的稳定，选择将应变片粘贴于镇压筑埂装置内壁背离土壤一侧，组成惠斯通全桥电路，通过感应电压变化量得到羽片受土壤作用力变化规律。

（1）动力学测试系统

于 2016 年 8 月在黑龙江省农业机械工程科学研究院开展土壤对镇压筑埂装置羽片作用力特性参数测试试验。台架内供试土壤状态及测试设备与前期旋耕集土装置测试状态相同。将镇压筑埂装置动力学测试系统与土壤牵引车连接，利用土槽牵引车控制镇压筑埂装置前进速度与工作转速，动力学测试系统如图 3-50 所示。

图 3-50　镇压筑埂装置动力学测试系统

1. TCC-Ⅲ型计算机数据监控系统及辅助土槽牵引车；2. 三点悬挂装置；3. 镇压筑埂装置；
4. 过孔集流环；5. INV1861A 型便携式应变调理仪；6. INV3018C-24 型数据采集仪；7. 计算机

在镇压筑埂装置修筑田埂过程中，受土壤作用力并使弹性羽片产生微小变形，应变片传感器组可将变化的电压信号传至集流环，通过集流环将信号传递至INV1861A 型便携式应变调理仪，经 INV3018C-24 型数据采集仪传至上位机配套的 DASP-10 软件获得相应应变曲线，分析作业过程中羽片所受土壤作用力变化情况。图 3-51 为工作参数测试系统信号流程图。采用全桥测试电路，结合单侧镇压筑埂装置作业时的实际工作状况对羽片受土壤作用力进行测试。

（2）弹性元件、测量电桥及测量电路设计

1）镇压筑埂装置弹性元件

为获得土壤对镇压筑埂装置羽片作用力，需将镇压筑埂装置设计成薄壁可感应微小形变的弹性元件，将镇压筑埂装置薄壁弹性元件羽片厚度加工为 3mm，定义镇压筑埂装置材料为 45 号钢，其抗拉强度 σ_b 为 600MPa，弹性模量 E 为 210GPa、屈服强度 σ_s 为 355MPa。

2）测量电桥

为保证对土壤作用力测试的准确性，信号采集系统由 5 组 B×120-5AA 型测试

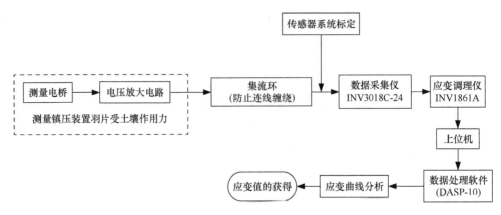

图 3-51　工作参数测试系统信号流程图

应变片全桥式连接。传感器电桥连接方式如图 3-52a 所示，其中 R_1、R_2、R_3 和 R_4 均为工作片且互为补偿，U_1 和 U_2 分别为输入电压和输出电压，以电压变化表示镇压筑埂装置羽片的微应变，由于镇压筑埂装置为 10 片大小、形状相同的羽片叠加，为充分证明测试广泛性及减少相邻羽片间测试信号的干扰，通过间隔式布片方式对羽片（5 片）粘贴应变片，其状态实物如图 3-52b 所示。

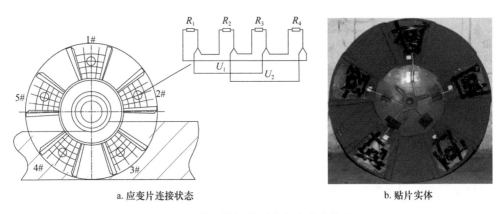

a. 应变片连接状态　　　　　　　　　b. 贴片实体

图 3-52　镇压筑埂装置应变片分布状态

3）电阻应变片传感器

根据镇压筑埂装置羽片力学分析，选用单轴式应变片进行测定。综合考虑羽片应力分布状态和作用力区域变化范围等因素，为获得较高测试精度，正确地反映被测点真实应变，选用栅长尺寸较小的应变片，应变片具体参数参见 3.9.1 节。粘贴应变片时，保证镇压筑埂装置羽片表面干净无油无锈，并采用砂纸打磨表面，保证羽片表面磨痕呈现一定斜度，在羽片表面贴片区域进行画线。当应变片粘贴至指定位置时，需检查应变片绝缘性，其引线和试件间绝缘电阻应大于 200MΩ。

（3）镇压筑埂装置测试系统标定

为保证测试系统准确性，减小测试过程中系统误差，在试验前需开展传感系统静态标定，确定标定曲线、灵敏度和各项交叉干扰。图 3-53 为静止状态下镇压筑埂装置动力学测试系统标定状态。在标定过程中，借助土槽牵引车三点悬挂将其升起离地面一定高度。在被测羽片应变片粘贴位置中心处，通过调节线方向与角度保持机具与被测羽片垂直，模拟土壤对羽片作用力实际方向。采用逐级加载法进行加载，开启数据采集系统，逐级添加砝码，每增加一个砝码产生力 F 的增量 ΔF。最终取力和应变增量的平均值计算理论值，寻求应变和力值间的对应关系。对所采集数据进行分析，所标定数据如表 3-13 所示。

图 3-53　镇压筑埂装置动力学测试系统标定

表 3-13　镇压筑埂装置动力学测试系统标定试验数据

力/N	应变值			平均值
	1	2	3	
0	0.0878	0.1723	0.0998	0.12
10	0.1363	0.1683	0.1153	0.14
20	0.1968	0.2801	0.1230	0.20
30	0.2467	0.2437	0.3898	0.29

根据表 3-13 中的测试数据，可得加载力与应变平均值间关系，其具体关系为

$$A = 0.005b + 0.102 \tag{3-44}$$

式中，A—应变平均值；

b—加载力，N。

（4）镇压筑埂装置动力学参数测试试验

为分析土壤对镇压筑埂装置羽片作用力和所筑田埂坚实度值影响规律，根据

理论分析选取机具前进速度和镇压筑埂装置转速为试验因素，开展单因素试验研究。在试验过程中，镇压筑埂装置将受到土壤作用力而使弹性羽片产生微小变形，通过动态应变仪实时传至上位机，运用DASP-10软件显示相应受力波形，获得应变与运动时间变化曲线。

对测试所得应变曲线加以分析，如图3-54a所示，当机具前进速度为0.8km/h、镇压筑埂装置转速为320r/min和采样时间为2.0~4.5s时，获得1~5号羽片应变曲线。由分析可知，镇压筑埂装置旋转一周时，由于羽片与土壤接触产生应变变化，测试羽片受土壤作用力从零增加至最大再逐渐减小至零，因此土壤对羽片作用力仅存在于羽片与土壤接触时间。

以单个羽片（5号）为研究对象进行分析，如图3-54b所示，其应变周期为0.5s，单个周期前0.2s测试羽片未与土壤接触，应变在某一稳定值附近波动；后0.3s羽片瞬间与土壤产生接触，应变值随接触面积增加而逐渐变大；相邻羽片接触土壤时，由于后一个羽片开始接触土壤时，前一羽片仍未脱离土壤，因此相邻羽片间将产生一定力的扰动，其峰值有一个瞬间跳跃阶段；单一羽片完全入土且与田埂方向垂直时，土壤对羽片作用力达到最大，即获得最大应变值，因镇压筑埂装置转动与土壤接触，单一羽片离开土壤与其接触土壤过程相反；当羽片与土壤接触面积最大且入土最深时其作用力最大，在结构设计和动力学特性理论分析时不可忽略。

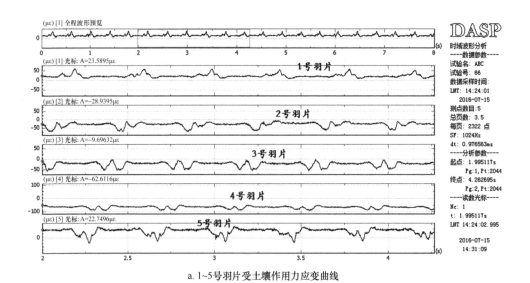

a. 1~5号羽片受土壤作用力应变曲线

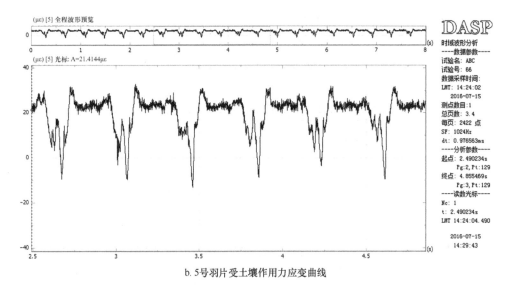

b. 5号羽片受土壤作用力应变曲线

图 3-54　镇压筑埂装置羽片受土壤作用力测试曲线及自谱分析

（5）测试结果与分析

1）前进速度对羽片受力和田埂坚实度的影响

在镇压筑埂装置转速为 320r/min，机具前进速度为 0.4km/h、0.6km/h、0.8km/h、1.0km/h 和 1.2km/h 工况下，土壤对羽片作用力和田埂坚实度测试结果如表 3-14 所示。

表 3-14　各前进速度下土壤对羽片作用力和田埂坚实度测试结果

前进速度/（km/h）	作用力/N			力平均值/N	田埂坚实度/kPa
	1	2	3		
0.4	3246.7	3015.5	2252.1	2838.1	1550
0.6	5467.7	3765.5	2653.7	3962.3	1340
0.8	6954.8	3799.12	4645.4	5133.1	1230
1.0	5360.5	4996.3	5284.4	5213.7	1090
1.2	5536.2	6287.6	5261.8	5695.2	980

试验结果表明，羽片受土壤作用力平均值随机具前进速度增加而增大，田埂坚实度随机具前进速度增加而减小；前进速度为 0.4～1.2km/h 时，土壤对镇压筑埂装置羽片作用力与机具前进速度变化成正比，田埂坚实度与前进速度变化成反比；前进速度为 0.8～1.2km/h 时，受力平均值增加趋势及田埂坚实度降低趋势均较缓慢，即机具前进速度变化时，镇压装置羽片受土壤作用力与田埂坚实度间呈反比关系。

2）转速对羽片受力和田埂坚实度的影响

在机具前进速度为 0.8km/h，镇压筑埂装置转速为 280r/min、300r/min、320r/min、340r/min 和 360r/min 工况下，土壤对羽片作用力和田埂坚实度测试结果如表 3-15 所示。

表 3-15　各转速下土壤对羽片作用力和田埂坚实度测试结果

工作转速/（r/min）	作用力/N			力平均值/N	田埂坚实度/kPa
	1	2	3		
280	2937.09	3898.7	2775.6	3203.8	860
300	4047.5	4325.9	4383.6	4252.3	1020
320	4844.0	5271.1	4528.6	4881.2	1230
340	4867.6	5071.1	5761.7	5233.5	1460
360	6049.6	6071.25	5849.9	5990.3	1580

试验结果表明，镇压筑埂装置羽片受土壤作用力和田埂坚实度均随镇压筑埂装置转速的增加而增大；镇压筑埂装置工作转速为 280～360r/min 时，羽片受土壤作用力与所筑田埂坚实度均随镇压筑埂装置工作转速增加而增大；镇压筑埂装置工作转速为 320～360r/min 时，土壤对羽片作用力变化较缓慢；即镇压筑埂装置工作转速变化时，镇压筑埂装置受土壤作用力与田埂坚实度间呈正比关系。

综上所述，通过动力学参数测试系统对镇压筑埂装置进行动力学测定和分析，获得羽片受土壤作用力变化规律。土壤对羽片作用力反映于田埂坚实度，当镇压筑埂装置工作转速一定时，随前进速度增加，羽片在单位距离上对田埂振动拍打次数减少而使得田埂坚实度较小，但所受土壤作用力因集土量增加而增大；当镇压筑埂装置前进速度一定时，随工作转速增加，羽片在单位距离上对田埂振动拍打次数增多而使得田埂坚实度增大，所受土壤作用力也相应增大。

3.10　系列标准水田田埂修筑机田间性能试验

3.10.1　1SZ-800 型悬挂式水田田埂修筑机田间试验

为检验 1SZ-800 型悬挂式水田田埂修筑机作业性能，著者团队于 2012 年 5 月在东北农业大学园艺学院进行田间试验。土壤类型为黑壤土，土壤密度均值为 1.3g/cm³，土壤含水率均值为 28.18%，环境湿度均值为 49%。试验前对机器进行调试检查，保证试验过程中机器正常运转。配套动力为福田雷沃 704（51.5kW），操作人员技术熟练，机器状况良好，试验所用拖拉机状态良好，拖拉机悬挂装置、动力输出轴及拖拉机额定功率均符合田埂修筑机配套要求，田间试验状态如图 3-55 所示。

图 3-55 悬挂式水田田埂修筑机田间作业

田间试验作业类型主要为旧埂修筑作业，将作业区域划分为启动调整区、有效试验区及停止区，测试总距离为 200m，前后启动调整区和停止区为 10m。在启动调整区调节机具作业左右位置及旋耕深度，保证旋耕集土量充足平衡。设定机具在前进速度为 0.88km/h，旋耕工作转速为 360r/min 工况下进行单侧田埂修筑，转向进行另一侧田埂修筑，同时保证田埂直线度及两侧整体形态。在此条件下重复 3 次试验，对所修筑田埂进行人工检测取平均值，以评价机具作业性能，相关数据结果如表 3-16 所示。

表 3-16 悬挂式水田田埂修筑机田间筑埂作业检测结果

项目	检测结果	标准差	技术指标
田埂坚实度/kPa	1790～2230	81.73	≥1500
田埂顶面宽度/mm	250～310	22.11	≥200
田埂底面宽度/mm	360～430	23.45	≥350
田埂高度/mm	250～370	16.32	≥250

田间试验表明，所设计的 1SZ-800 型悬挂式水田田埂修筑机可满足设计要求，可一次性完成集土、镇压和成型等多项作业，旋耕集土装置与镇压筑埂装置具有良好的碎土聚集性能和夯实镇压效果，满足水田生产农艺要求。

3.10.2 1DSZ-350 型悬挂式水田单侧田埂修筑机田间试验

为检验 1DSZ-350 型悬挂式水田单侧田埂修筑机田间作业性能，验证机具各项技术参数可靠性，著者团队分别于 2015 年 10 月及 2016 年 4 月春秋两季在黑龙江省绥化市庆安县稻田试验基地进行田间筑埂试验。试验区域为稻田种植地块，试验土壤黏性较大，其绝对含水率为 29.7%，土壤坚实度为 190kPa，环境温度为 17℃，环境湿度为 68%，满足筑埂作业农艺要求。配套驱动机具为东方红 704 型拖拉机（功率 51.5kW），操作人员技术熟练，机器运行状况良好，转向作业时可沿所筑单侧田埂轨迹精确控制拖拉机行驶，保证筑埂直线作业要求。

田间试验作业类型分别为旧埂修筑作业和原地起埂作业，将作业区域划分为启动调整区、有效试验区及停止区，测试总距离为 130m，前后启动调整和停止区为 5m，如图 3-56 所示。在启动调整区调节机具作业左右位置及旋耕深度，保证旋耕集土量充足平衡，设定机具在前进速度为 1.33km/h，旋耕工作转速为 525r/min 工况下，单次进行单侧田埂修筑，转向进行另一侧田埂修筑，同时保证田埂直线度及两侧整体形态。在此条件下重复 3 次试验，对所筑田埂质量进行人工检测取平均值，以评价机具作业性能，相关数据结果如表 3-17 所示。

| a. 试验现场 | b. 试验机具 | c. 作业效果 |

图 3-56　水田单侧田埂修筑机田间作业

表 3-17　单侧田埂修筑机田间筑埂作业检测结果

项目	检测结果	标准差	技术指标
田埂坚实度/kPa	1930	84.73	≥1500
田埂顶面宽度/mm	303	19.91	≥200
田埂底面宽度/mm	431	29.15	≥350
田埂高度/mm	319	15.69	≥250

田间试验证明，所设计的 1DSZ-350 型悬挂式水田单侧田埂修筑机各项指标皆优于相关技术标准，可一次性完成集土、镇压和成型等多项作业，在工况下所筑田埂各处土壤坚实度均大于 1500kPa，田埂整体坚实光滑，外形平整一致，人在埂上行走无塌陷现象，经农田泡水无渗水漏水问题，满足水田生产农艺要求。

3.10.3　水田双向田埂修筑机田间试验

为检验水田双向田埂修筑机对水田土壤适应性，重点对黑龙江省典型水稻种植区域土壤进行测定，其主要耕作土壤类型包括黑壤土、草甸土和白浆土。通过前期对多地区不同含水率土壤进行田埂修筑预试验可知，3 种类型土壤含水率为

23%～30%时成埂效果良好；含水率过低，机具取土过程中土壤无法聚集；含水率过高，机具作业时土壤易被旋耕和镇压部件甩出，无法镇压成型。具体各含水率地块上作业效果如图 3-57 所示。

a. 低含水率地块　　　　　　　　　b. 高含水率地块

图 3-57 各含水率旋耕镇压作业效果

于 2018 年 5 月在黑龙江省哈尔滨市呼兰区农业农村部水稻万亩高产示范基地进行田间作业性能试验。田间环境温度为 17℃，环境湿度为 59%，风力 3～4 级，田间试验所选地块土壤坚实度为 180～210kPa，土壤含水率为 26%～27%，配套驱动机具为东方红 LX904 型拖拉机（功率 66.2kW）。试验前对试验区域进行清理并旋耕除草，保证土壤条件符合水田筑埂作业要求，同时对驱动机具油量、田埂修筑机具挂接、液压油管及万向节联轴器连接调试检查，保证机具运转良好，田间试验状态如图 3-58 所示。

图 3-58 水田双向田埂修筑机

为检验水田双向田埂修筑机 180°水平回转调节机构田间性能，通过控制双作用液压缸 II 调整 180°水平回转调节机构，改变旋耕集土装置与镇压筑埂装置的回转角度，保证双向田埂修筑机处于不同作业状态。前行作业状态、回转调节状态及倒行作业状态如图 3-59 所示。试验结果表明,作业部件回转调节过程较为平稳,快速锁紧装置锁定牢靠,可满足转向设计要求。

a. 前行作业状态   b. 回转调节状态   c. 倒行作业状态

图 3-59　水田双向田埂修筑机作业部件 180°回转过程

在拖拉机动力输出轴转速为 540r/min 工况下,开展各工况下前行与倒行田间作业性能试验,分析田埂埂顶与埂两侧坚实度随时间变化规律。田间试验选取机具作业速度分别为 1.5km/h、2.0km/h 和 2.3km/h 进行筑埂作业。

在前行作业过程中,拖拉机依次挂低速 I 挡、低速 II 挡和低速III挡,将作业速度控制于 1.5km/h、2.3km/h 和 2.8km/h,当作业速度为 2.8km/h 时机具无法筑埂成型;在倒行作业过程中,挂倒车 I 挡,若将油门控制于 90%左右,作业速度即可达 2.7km/h,机具仍无法筑埂成型,因此将作业速度控制于 2.0km/h 进行筑埂作业,田间效果如图 3-60 所示。

a. 前行作业   b. 倒行作业

图 3-60　双向田埂修筑机田间试验

选取田埂坚实度作为田埂质量评价指标,测量并计算田埂坚实度平均值及变异系数。在筑埂作业后立即对所筑田埂坚实度进行测量,沿所筑田埂方向每间隔300mm 进行一次标识,在同一截面内田埂两侧①和③位置及埂顶②位置分别对田埂坚实度进行测量，在所筑田埂取 5 个有效截面，累计测量 15 个点，并每间隔 1 小时测量一次，共测量 9 个时间点，观测田埂坚实度变化情况，测量位置如图 3-61 所示。根据此方式对各前进速度所修筑 3 条田埂进行测量。各工况不同间隔时间田埂坚实度平均值和变异系数试验结果，如表 3-18 所示。

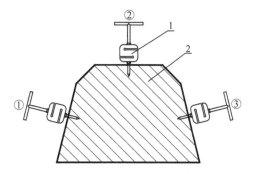

图 3-61　测量位置示意图

1. 土壤硬度计；2. 田埂

表 3-18　双向田埂修筑机田间作业检测结果

作业方式	作业速度 /（km/h）	间隔时间 /h	测量位置					
			①		②		③	
			平均值/kPa	变异系数/%	平均值/kPa	变异系数/%	平均值/kPa	变异系数/%
前行	1.5	0	670	7.78	500	8.48	634	7.37
		1	866	7.13	602	7.12	752	7.35
		2	1248	7.35	778	6.96	1238	7.28
		3	1706	5.51	994	6.28	1796	6.19
		4	2086	5.30	1028	5.59	2140	5.45
		5	2248	4.19	1254	5.17	2262	4.70
		6	2452	4.35	1388	4.58	2354	4.36
		7	2440	4.27	1332	4.64	2428	4.46
		8	2426	4.19	1398	4.22	2430	4.78
前行	2.3	0	552	8.16	338	8.50	470	8.20
		1	710	8.27	486	8.18	788	8.09
		2	1120	7.55	774	7.52	1112	7.04
		3	1520	7.17	862	7.20	1630	6.50
		4	1884	6.64	1020	6.92	1854	7.13
		5	2176	5.30	1184	5.51	2010	5.45
		6	2358	4.94	1356	5.4	2396	5.08
		7	2382	4.46	1390	5.01	2414	4.85
		8	2312	4.33	1414	4.48	2446	4.61

续表

作业方式	作业速度/（km/h）	间隔时间/h	测量位置					
			①		②		③	
			平均值/kPa	变异系数/%	平均值/kPa	变异系数/%	平均值/kPa	变异系数/%
倒行	2.0	0	506	8.65	430	8.61	544	8.04
		1	680	8.13	552	8.09	662	8.57
		2	996	8.18	700	8.34	1016	8.32
		3	1574	7.60	882	7.73	1574	7.67
		4	1878	7.43	1014	7.52	1770	7.55
		5	2116	6.19	1104	7.29	1910	6.41
		6	2358	6.17	1360	6.50	2400	5.65
		7	2324	5.51	1432	5.69	2390	4.53
		8	2388	4.94	1368	5.49	2420	4.66

　　为直观分析田埂坚实度变化规律，对表 3-18 数据进行处理分析可得田埂坚实度平均值及坚实度变异系数关系变化曲线，如图 3-62 所示。

　　由图 3-62a、b 和 c 可知，水田双向田埂修筑机前行与倒行筑埂作业效果良好。筑埂后间隔时间长短对田埂坚实度平均值及田埂坚实度变异系数影响较明显，在作业速度分别为 1.5km/h（前行）、2.0km/h（倒行）和 2.3km/h（前行）工况下，各测量位置田埂坚实度平均值随筑埂后间隔时间增大而增大，田埂坚实度变异系数随筑埂后间隔时间增大而减小；作业速度不同时，所筑田埂坚实度较接近；间隔时间相同时，田埂两侧坚实度平均值均高于埂顶，主要原因为埂顶主要受镇压圆辊静力滚动压实，而田埂两侧由多个弹性羽片拍打压实，弹性羽片叠加产生振动增大，有效提高了两侧坚实度。所筑田埂埂顶坚实度平均值均不低于

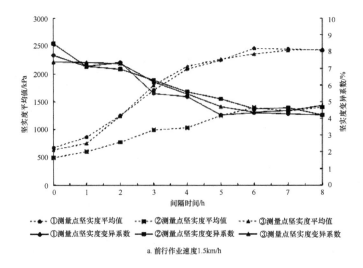

a. 前行作业速度1.5km/h

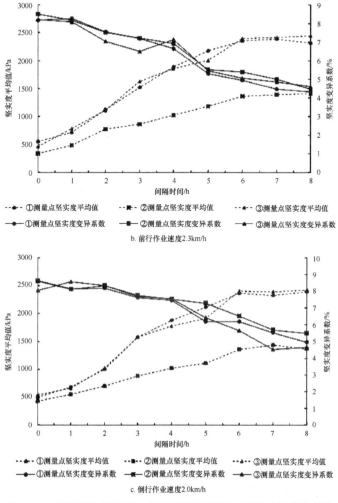

图 3-62　田埂平均坚实度、坚实度变异系数与间隔时间变化规律

1332kPa，两侧坚实度平均值均不低于 2312kPa，以前行与倒行两种作业方式所修筑田埂均满足农艺要求。在田间筑埂 6h 后埂顶及埂两侧位置的田埂坚实度平均值均趋于稳定值，且在不同作业速度下相同测量位置稳定值基本一致。正常筑埂作业时，在保证田埂质量情况下可选择较高作业速度，提高筑埂工作效率，同时综合考虑风力、温度及湿度等环境因素对所修筑田埂坚实度影响，因此，筑埂后不宜立即泡田，应在田埂坚实度达到稳定值后开展下一环节农业生产步骤。

　　本研究创制的系列标准化水田田埂修筑机具可有效提高水田筑埂作业的适应性与灵活性，减轻劳动作业强度，满足水稻种植农艺要求，为水田机械化修筑埂机具创新研发与优化提供技术参考，有利于我国标准化农田设施建设，促进水稻生产规模化及标准化发展。

参 考 文 献

陈浩, 吴伟蔚, 刘新田, 等. 2010. 轮胎压实对机具作业阻力的影响[J]. 农业机械学报, 41(2): 52-57.

方会敏, 姬长英, Ahmed A T, 等. 2016. 秸秆-土壤-旋耕刀系统中秸秆位移仿真分析[J]. 农业机械学报, 47(1): 60-67.

方会敏, 姬长英, Ferman A C, 等. 2016. 基于离散元法的旋耕过程土壤运动行为分析[J]. 农业机械学报, 47(3): 22-28.

方会敏, 姬长英, 张庆怡, 等. 2016. 基于离散元法的旋耕刀受力分析[J]. 农业工程学报, 32(21): 54-59.

高焕文, 李洪文, 李问盈. 2008. 保护性耕作的发展[J]. 农业机械学报, 39(9): 43-48.

胡国明. 2010. 颗粒系统的离散元素法分析仿真[M]. 武汉: 武汉理工大学出版社.

贾洪雷, 黄东岩, 刘晓亮, 等. 2011. 耕作刀片在刀辊上的多头螺旋线对称排列法[J]. 农业工程学报, 27(4): 111-116.

贾洪雷, 姜鑫铭, 郭明卓, 等. 2015. V-L 型秸秆粉碎还田刀片设计与试验[J]. 农业工程学报, 31(1): 28-33.

李耀明, 徐立章. 2012. 日本水稻种植机械化技术的最新研究进展[J]. 农业工程学报, 21(11): 181-184.

李英, 张越杰. 2011. 日本水稻生产效率的实证分析[J]. 吉林农业大学学报, 33(2): 227-230.

林静, 李博, 李宝筏, 等. 2014. 阿基米德螺线型缺口圆盘破茬刀参数优化与试验[J]. 农业机械学报, 45(6): 118-124.

林静, 钱巍, 李宝筏, 等. 2015. 2BG-2 型玉米垄作免耕播种机播种深度数学模型的仿真与试验[J]. 农业工程学报, 31(9): 19-24.

罗锡文, 王在满. 2014. 水稻生产全程机械化技术研究进展[J]. 现代农业装备, 20(1): 23-29.

吕金庆, 尚琴琴, 杨颖, 等. 2016. 马铃薯杀秧机设计与优化[J]. 农业机械学报, 47(5): 106-114.

王金峰, 高观保, 翁武雄, 等. 2018. 水田侧深施肥装置关键部件设计与试验[J]. 农业机械学报, 49(6): 92-104.

王金峰, 林南南, 王金武, 等. 2017. 单侧筑埂机镇压筑埂装置工作动力学参数的测试与试验[J]. 农业机械学报, 48(8): 53-58.

王金峰, 王金武, 孔彦军, 等. 2013. 悬挂式水田筑埂机及其关键部件研制与试验[J]. 农业工程学报, 29(6): 28-34.

王金峰, 翁武雄, 王金武, 等. 2019. 水田双向修筑埂机设计与试验[J]. 农业机械学报, 50(2): 40-48.

王金武, 唐汉, 王金峰, 等. 2017. 1DSZ-350 型悬挂式水田单侧旋耕镇压修筑埂机的设计与试验[J]. 农业工程学报, 33(1): 25-37.

王金武, 唐汉, 王金峰. 2017. 悬挂式水田单侧修筑埂机数值模拟分析与性能优化[J]. 农业机械学报, 48(8): 72-80.

王金武, 王奇, 唐汉, 等. 2015. 水稻秸秆深埋整秆还田装置设计与试验[J]. 农业机械学报, 46(9): 112-117.

张兴义, 隋跃宇. 2005. 农田土壤机械压实研究进展[J]. 农业机械学报, 36(6): 122-125.

郑侃, 何进, 李洪文, 等. 2017. 反旋深松联合作业耕整机设计与试验[J]. 农业机械学报, 48(8): 61-71.

第4章　旋耕喷施土壤消毒技术与装备

随着高附加值作物连作种植模式的发展，其专业化、制度化及规模化程度不断提高，在获得丰富经济效益的同时，导致土壤内部病虫害污染日益严重，已成为影响作物产量与品质的主要问题。土壤消毒技术是一种高效灭杀土壤内真菌、杂草及土传病毒虫害的新型技术，可有效控制高附加值作物病虫害。根据其作业形式可分为物理消毒、化学消毒及生物消毒。其中物理消毒技术及配套机具因具有作业方便、效率高、费用低廉等优点，是目前国内外研究开发的重点。

从20世纪70年代开始，国内外学者就开始对土壤物理消毒机具进行研制，其中日本、荷兰及美国对此项技术研究较为成熟，将机电液多种技术相结合，采用高温火焰、高压蒸汽及点施胶囊等方式进行作业，但由于其安全性能低，需专业人员指导操作且价格昂贵等问题，在国内仅适用于小面积设施棚室农业，并未针对我国大田作物进行推广应用。究其原因主要为消毒药剂种类多样，施用方式不固定，农忙时间及劳作条件紧张，且缺乏消毒意识。国内对此方面研究尚处于初级阶段，多采用地表喷施药剂后覆膜形式进行消毒，此种模式造成二次污染的同时影响后续作业环节，无法满足可持续生态农业和高标准农田建设发展要求。

针对上述问题，本章以喷施液态微生物土壤消毒剂为主要方式，结合土壤耕整技术研制一种土壤旋作消毒一体机，对其工作原理进行分析，优化配置关键部件结构参数，并得到机具较优工作参数组合，为土壤消毒技术及其关键部件研制提供参考，促进土壤绿色高效生产模式的发展。

4.1　土壤消毒技术研究现状

4.1.1　国外研究现状

土壤消毒技术是一种高效杀灭土壤内真菌、杂草及土传病虫害的新型技术，可有效控制高附加值作物病虫害。日本是蔬菜种植生产发展最迅速的国家之一，因蔬菜轮作方式未普遍应用，导致土壤中病虫害日益严重。日本农业专家研制了多种土壤消毒剂，但此类化学消毒方式对人体危害及环境污染较严重。1993年，日本广岛县农业试验场和广岛大学联合创制了太阳能土壤消毒法，主要通过在土地表面抛撒石灰氮和碎稻草并与土壤混合均匀，作畦、灌水并覆地，对土壤进行封闭处理，当200mm土层温度处于40～50℃时进行封闭处理15～30天，即可实现土壤除盐和消毒的目的，但其消毒时间长且受天气影响大，导致消毒效果不均匀，对深层土壤消毒效果不彻底。因此，多采用此种方式与其他技术相结合，实现节约能源和提高消毒效果的目的。

1888 年，德国学者 Frank 等提出了土壤蒸汽消毒技术，至 1893 年，美国首次将此项技术商业化应用，并逐渐在农业土壤消毒领域推广发展，此后丹麦等国采用此项技术解决了温室土壤病虫害问题。土壤蒸汽消毒技术主要通过高压密集蒸汽杀死土壤中病原生物，提高土壤排水性和通透性，其消毒速度快，均匀有效，冷却后即可栽种，无残留药害。目前蒸汽消毒已在欧洲得到广泛使用，典型机具为丹麦 Egedal 全自动蒸汽灭菌机，如图 4-1 所示，但此项技术仍存在杀菌效果不良、锅炉体积及质量过大且需水质软化系统维持长期使用等缺点。图 4-2 为德国 MSD 公司研发的土壤蒸汽消毒装置，被广泛应用于园艺和大田土壤消毒、土肥和葡萄酒酿制等领域，已完全取代传统化学熏蒸消毒方法，同时可对农业堆肥进行消毒杀菌，避免土壤二次污染。

图 4-1　丹麦 Egedal 全自动蒸汽灭菌机　　　图 4-2　德国 MSD 土壤蒸汽消毒装置

土壤热水消毒技术是在蒸汽消毒基础上提出的新型消毒方式，起源于美国，至 20 世纪 50 年代英国已充分掌握此项技术基础，日本等国亦尝试此种方法进行作业。图 4-3 为美国研发的土壤热水消毒机，主要通过在土壤中加入放热反应混合物，混合至砂土层深度约 150mm，其整体工作时间较长且燃油量较多，应用成本较为昂贵。

20 世纪 80 年代，日本综合研究所和农业试验农场重点对蔬菜生产进行试验，开展了利用热水进行设施园艺生产管理与栽培的研究，主要通过喷洒装置将 80~95℃ 热水均匀注入至未消毒土壤中，并在土壤表层覆盖地膜，有效提高土壤温度。此项技术可保证 300mm 土层温度达 59℃ 以上，实现消灭土壤病菌目的，与蒸汽消毒相比，热水消毒效果较好，其热容量大于前者，可保持土壤高温时间较长，但耗水量相对较大。目前，日本已有近 10 家农机装备公司进行热水消毒装置生产推广。日本神奈川县农业研究所开展的各土层热水消毒测试结果表明，此种消毒方式可杀死大部分土壤中病菌和虫害，线虫和镰刀菌除去率可达 100%，土层深度 300mm 以上区域消毒效果显著。土壤循环消毒技术是对各层土壤进行耕整作业，将高温干燥空气与土壤充分混合，如图 4-4 所示。该装置以空气为消毒剂，替代化学制剂以减少环境污染，可有效保证土壤水分和养分平衡，且不受外界环境因素限制。

图 4-3　美国土壤热水消毒机　　　　　图 4-4　日本土壤循环消毒机

目前，土壤消毒技术在国外已有较长的发展历史，配套机具设备已逐步推广应用，适应棚室园艺作业，且消毒效果良好。但因各类型消毒剂操作方法繁杂，需专业人员指导应用，农药性质消毒剂消毒后需覆膜作业，污染环境且成本较高，对普通用户难以实现大田土壤消毒处理。

4.1.2　国内研究现状

我国对土壤消毒技术研究起步较晚，近些年随着人们生活品质不断提高，设施蔬菜种植面积不断扩大。据统计，截至 2017 年，各种设施蔬菜种植面积达 $320 \times 10^4 hm^2$，各种温室设施面积达 $20 \times 10^4 hm^2$，大部分以日光温室为主。由于无法实现适时轮作，土壤土传病害严重，最终成为影响设施蔬菜种植的突出问题。我国重点监护土壤面积高达 $200 \times 10^4 hm^2$，高附加值经济作物和种苗种植面积大于 $500 \times 10^4 hm^2$，但消毒处理面积仅不足 0.05%。土壤消毒技术作为一种可解决高附加值作物连作障碍的合理方法，目前广泛的应用方式主要包括太阳能消毒、蒸汽消毒、化学药剂消毒、热水消毒和生物熏蒸等，其中太阳能消毒与其他消毒技术相比具有成本低且无环境污染等优点。

胶囊施药技术是我国自主研制的熏蒸剂消毒方法，采用胶囊药剂一般为 0.5～2.5g，利用打孔方式将胶囊均布于土壤中，如图 4-5 所示。胶囊中熏蒸剂在施入土壤 8h 后开始释放，此种方式消毒方便，安全环保，胶囊运输储存方便，可采用条施或穴施方式进行作业。

图 4-5　胶囊施药技术

　　火焰消毒技术是在短时间内利用高温火焰喷射至地面将病原菌消除，此种方式对寄生类植物具有较好的消毒效果，且无需覆盖地膜，不受地域环境限制，消毒后即可种植作物，环境污染较小。图 4-6 为典型火焰消毒试验样机，通过多地区试验证明，火焰消毒技术可杀死土壤中大部分病菌及虫害，于山东省生姜种植基地测试其土壤原虫杀虫率达 100%，于安徽省蔬菜大棚试验田测试其土壤线虫杀虫率达 98%。

图 4-6　火焰消毒试验样机

　　注射消毒技术是我国目前应用较普遍的施用消毒技术，主要选用以溴甲烷为代表的多种化学材料为消毒剂，通过凿式注射装置将消毒剂注入一定深度土层。图 4-7 为典型凿式土壤注射消毒装置，可将消毒剂注入未耕整土壤，注射深度为 150～300mm，每隔 300mm 注射 2～3mL，并配合密封装置减少消毒剂对环境的污染。图 4-8 为典型手动土壤注射消毒装置，其可将存液桶中消毒剂经活塞筒和喷口阀射至土壤，通过调节阀控制药液量，深度定位盘控制药剂注入深度，此种手动注射消毒方式操作简单，适用于小田块消毒作业，但整体作业效率较低。

图 4-7　凿式土壤注射消毒装置　　　　　图 4-8　手动土壤注射消毒装置

　　近些年，随着电化学消毒技术、土壤微水分电处理及直流电土壤消毒技术不断发展，一系列多功能土壤电消毒灭虫装置被研发并推广应用，如图 4-9 所示。土壤中离子在带有直流属性脉冲电流下移动，提高负脉冲带 pH 值，并与植物根系分泌有机酸中和，加速难溶矿物质转化、分解和溶解，提高土壤消毒效果。在电处理消毒过程中，土壤中酚化合物产生含有原子氯气体和酚类气体，通过原子氯气体和酚类气体在土壤团粒缝隙中的扩散作用，达到杀灭病原微生物的效果。此项技术及配套装置应用较广泛，对荒地处理和各生长期农作物处理皆具有良好的消毒效果。

a. 土壤电消毒灭虫机　　　　　　　　　　b. 田间消毒效果

图 4-9　土壤电消毒技术

　　近些年，国内部分科研院所及企业亦研制了多种土壤消毒装置，并逐步推广应用。例如，北京捷西农业科技有限责任公司和北京市植物保护站联合研制的 3YD-3T 型注射式辣根素土壤消毒机，对根腐病、黄萎病、根结线虫及枯萎病等具有显著的防治效果；南京林业大学蒋雪松等对蒸汽输送装置的注射针头及蒸汽罩盖、针头间距、针头数目等蒸汽盘关键结构参数进行优化设计，并开展小面积应用推广。

目前，土壤消毒技术在我国推广应用主要存在两个瓶颈问题，即各类型土壤消毒剂较少，且施用手段要求高，缺乏专业标准操作程序指导作业；所开发部分土壤消毒装置仅适用于棚室小田块作业，且需覆膜，易造成环境二次污染，无法满足可持续生态农业和高标准农田建设要求，因此亟须开展适于我国大田土壤消毒作业机具的研究工作。

4.2　土壤处理系统理论分析

土壤旋作消毒作业可分为喷施消毒和土壤处理两个串联环节，根据土壤内部状态及消毒药液特性调节配比，将药液均匀溶解于药液箱内，动力源于拖拉机动力输出轴，经万向节联轴器和主副齿轮传动将动力传至消毒液泵和刀轴，驱动药液输出同时进行正旋。在作业过程中，大流量喷头将消毒药液均匀喷施于土壤处理系统前部土壤表层，通过刀具将药液均匀混合搅拌至各土壤层，两系统同步协调，共同完成土壤耕整及消毒复式作业。可通过调节液泵压力（即喷施流量）、机具前进速度及刀轴工作转速等参数，提高机具复式作业质量及效率。

4.2.1　土壤处理系统

土壤处理系统主要由传动系统、刀辊系统、罩壳、侧板等部件组成，通过各层土壤均匀搅拌，将消毒剂与土壤充分混合实现良好的消毒效果。在作业过程中，刀辊系统随机具前进同时进行旋转运动，细碎土壤被抛向后方并撞击罩壳落回地表。刀辊可连续对喷洒药剂而未耕作的土壤切削并搅拌，实现土壤与药剂均匀混合，完成复式旋耕喷施消毒作业。

土壤处理系统主要采用耕作方式将所喷施消毒药剂均匀混合至各层土壤，其刀辊设计是该系统配置的关键，直接影响消毒剂混合均匀程度及土壤耕整作业质量。通过控制刀辊作业深度及碎土质量，可实现药液与各层土壤充分接触的目的，其工作过程如图4-10所示。

目前，在土壤耕整作业中广泛应用旋耕类机具，根据其前进方向与刀轴转向差异可分为正旋和反旋，关于正反旋作业对覆盖及翻土性能影响研究较多。其中反旋作业覆土性能较优，土壤由下向上切削，将土壤粉碎并抛向罩壳下方，但所抛撒土壤颗粒易堵塞喷头，影响后续喷施系统正常作业。相对而言，正旋作业碎土性能较优，功率消耗较小，对深度100～150mm处土层破碎效果更为显著。为实现较优碎土效果并保证喷施系统正常作业，本章选取刀辊正旋作业方式。

前进方向

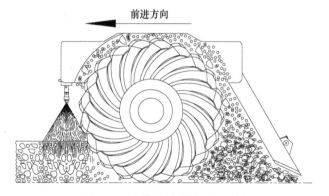

图 4-10　土壤处理系统工作过程

4.2.2　土壤处理系统运动分析

如图 4-11 所示，以刀具旋转中心为坐标系原点，x 轴正向与机具前进方向一致，y 轴正向为垂直地面向下。对刀具正切部端点与 x 轴正向同向并位于水平位置进行运动学分析，即正切部端点方程为

$$\begin{cases} x = R\cos\omega t + v_m t \\ y = R\sin\omega t \end{cases} \tag{4-1}$$

式中，x，y—任意时刻刀具端点位置坐标，m；

　　　R—刀具端点转动半径，m；

　　　ω—刀轴旋转角速度，rad/s；

　　　v_m—刀具前进速度，m/s；

　　　t—运动时间，s。

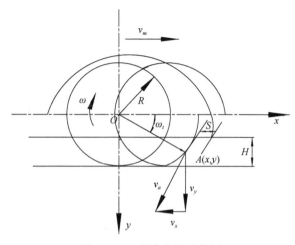

图 4-11　刀具作业运动分析

刀具端点沿 x 轴与 y 轴方向分速度为

$$\begin{cases} v_x = \dfrac{\mathrm{d}x}{\mathrm{d}t} = v_m - R\omega\sin\omega t \\[2mm] v_y = \dfrac{\mathrm{d}y}{\mathrm{d}t} = R\omega\cos\omega t \end{cases} \tag{4-2}$$

刀具端点绝对速度 v 可表示为

$$v = \sqrt{v_x^2 + v_y^2} = \sqrt{v_m^2 + R^2\omega^2 - 2v_m R\omega\sin\omega t} \tag{4-3}$$

式中，$R\omega = v_p$，为刀具端点圆周线速度公式，令 $\lambda = \dfrac{v_p}{v_m} = \dfrac{R\omega}{v_m}$，$\lambda$ 即旋耕速比。

旋耕速比 λ 对机具整体工作状况和刀具运动轨迹具有重要影响。λ 值选取应保证消毒系统正常作业且满足消毒耕整农艺要求，但仍需探讨机具作业效率、功率消耗和结构配置等要求。当 $\lambda > 1$ 时，刀具运动轨迹为余摆线，刀具转动至一定位置时，即出现 $v_x < 0$ 情况，刀具端点绝对运动水平分速度与机具前进方向相反，刀具向后切削土壤，并仅在运动轨迹弦长最大以下部分满足向后抛土条件。当机具整体结构参数一定时，λ 值越大，运动轨迹最大弦长越大，其位置越靠上。因此，在保证合理动态隙角、沟底平整度、碎土率及刀具正切面不推挤未耕作土壤的前提下，应选择较大旋耕速比 λ，便于增加耕作深度。

土壤处理刀具由入土抛切至离开地面，完成切土和向后抛土过程，刀具各点合速度水平方向分速度与机具作业方向不同，即 $v_x < 0$。

$$v_x = v_m - \lambda v_m\sin\omega t = v_m(1 - \lambda\sin\omega t) < 0 \tag{4-4}$$

土壤处理刀具耕深可表示为 $y = R - H$，代入式（4-4）可得

$$\sin\omega t = \frac{R - H}{R} \tag{4-5}$$

式中，H—机具作业深度，m。

将式（4-5）代入式（4-4），可得 $v_x < \omega(R-H)$，即

$$H < R - \frac{v_m}{\omega} \tag{4-6}$$

由式（4-6）可知，机具作业深度 H 与前进速度 v_m、刀轴旋转角速度 ω 和刀具端点旋转半径 R 等相关。当机具作业深度、前进速度、刀轴旋转角速度及刀具端点旋转半径满足 $H = R - \dfrac{v_m}{\omega}$ 时，刀具回转瞬间水平线落在地表，其动态切土角最小，刀具切削速度垂直向下。因此，可通过改变较小 R 值得到较大耕深，所设计装置结构紧凑，可避免变速箱底部与未耕作土壤接触限制作业耕深等问题。

设 x 轴与机具作业速度 v 的夹角为 η，即

$$\tan\eta = \frac{v_y}{v_x} = \frac{\lambda\cos\alpha}{1-\lambda\sin\alpha} \tag{4-7}$$

土壤处理刀具在 x 轴和 y 轴方向的加速度分别为

$$\begin{cases} a_x = -R\omega^2\cos\omega t \\ a_y = -R\omega^2\sin\omega t \end{cases} \tag{4-8}$$

土壤处理刀具绝对加速度可表示为

$$a = \sqrt{a_x^2 + a_y^2} = R\omega^2 \tag{4-9}$$

设定 x 轴与土壤处理刀具加速度 a 夹角为 ζ，$\tan\zeta = \dfrac{a_x}{a_y} = \tan\alpha$。由于土壤处理刀具进行回转运动，其绝对运动轨迹上各点加速度皆为向心加速度，因此加速度 a 和刀轴旋转角速度 ω 与刀具端点旋转半径 R 相关。绝对加速度在前进方向的水平分量

$$a_v = -R\omega^2\sin\left(\arctan\frac{\cos\theta}{\lambda-\sin\theta}\right)a \tag{4-10}$$

由式（4-10）可知，当刀具正转旋耕时，其绝对加速度在前进方向水平分量是负值，因此刀具切削速度变化趋势由大到小，刀辊系统受土壤施加扭矩波动较小，可保证机具平稳作业。

当旋耕作业后其耕层底部易存在凸起不平，其凸起高度 h_c 为两余摆线交点 C 至沟底距离，且与刀具切土节距 S 和运动轨迹相关。

$$\frac{S}{2} = R\sin\varphi_c - \frac{\varphi_c}{\omega}v_m \tag{4-11}$$

当 φ_c 取值较小时，可转化为

$$\frac{S}{2} = \varphi_c\left(R_c - \frac{\varphi_c}{\omega}\right) \tag{4-12}$$

$$\varphi_c = \frac{S}{2\left(R - \dfrac{v_c}{\omega}\right)} \tag{4-13}$$

将式（4-11）～式（4-13）合并转化，可得凸起高度 h_c 为

$$h_c = R(1-\cos\varphi_c) = R\left[1-\cos\frac{\pi}{z(\lambda-1)}\right] \tag{4-14}$$

式（4-14）中所得 h_c 为理论值，在旋耕消毒作业过程中，土壤结构将被切削破碎，如图 4-12 所示，几何图形夹角将不易形成，因此实际凸起高度小于理论计算值。

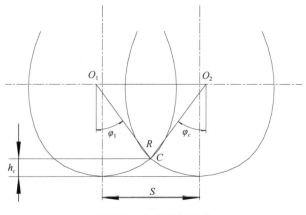

图 4-12　沟底凸起高度

4.2.3　土壤处理系统作业质量影响因素

土壤处理系统可保证喷施消毒作业后土壤细碎且地表平整，提高消毒作业质量。其中影响土壤处理系统作业质量的主要因素包括切土节距、刀片排列方式及配套数量、土壤处理刀具结构类型、前进速度及工作转速、外界工作环境等。

（1）切土节距

切土节距对土壤处理系统作业平整度和碎土质量具有重要影响。当机具处理一定体积土壤时，其切削总面积随切土节距增大而减小，可减少刀具对抛掷土壤的切削次数。通过增大机具切土节距可保证较高碎土率，降低机具功率消耗。当刀轴工作转速过大时，将导致机具功耗增大，同时增加刀具重复切削次数。对于消毒作业土壤状态，当土壤含水率为20%～30%时，机具切土节距应大于100mm；当土壤含水率大于35%时，机具切土节距应稳定于60～90mm。

（2）刀具排列方式及配套数量

刀具排列方式及配套数量是影响土壤处理系统整体作业质量的重要因素。若配套刀具安装数量较多，提升其对土壤切削作用，土壤处理后其破碎率较高，但整体功耗相应增大。因此，在满足碎土率要求的前提下，在合理切土节距内刀具数量应尽量多。刀具总体排列方式应满足：①在满足农艺要求的前提下，增大刀具间轴向安装距离，增加径向相邻刀具间角度，避免刀具相互干扰，缓解刀具磨损现象；②保证刀辊轴径相邻刀具安装角度相等，刀辊轴所受力矩均匀，减小机具整体振动，避免作业过程中漏耕或夹土现象；③左右旋向刀具应交替入土，平衡机具整体受力，保证机具平稳作业。

（3）土壤处理刀具结构类型

刀具是影响土壤处理系统作业质量的最关键因素之一，尤其是刃口曲线参数设计及选型确定。在作业过程中，刀具正切刃作用主要为升土和抛土，侧切刃实现推土和切土功能。在农业耕整作业中普遍应用的刀具包括凿形刀具、直角刀具和弯形刀具三种。凿形刀具正面凿形刃口较窄，松土和入土性能较好，作业功耗低但缠草现象严重；直角刀具适于杂草不多和土质较硬的土壤耕作；弯形刀具具有较强的滑切能力，不易缠草，具有较强的翻土覆盖和松碎土壤能力。刀具设计选型应满足各层土壤混合效果良好的要求。土壤消毒作业时间为播种作业环节前，实际大田环境杂草较少，因此可忽略缠草问题。通过分析多种刀具的作业特点，本章选取弯形刀具作为土壤处理系统核心部件。

（4）前进速度及工作转速

当土壤处理系统切土量固定时，刀轴工作转速越大，机具整体功率消耗越大；当刀轴工作转速固定时，所需功率随机具前进速度增大而增加；当前进速度较小时，一定程度上影响机具作业效率。其中刀具旋耕速比对机具整体作业性能具有重要影响，该值确定既需满足农业生产耕深要求又应保证机具正常作业，也需考虑整体作业效率和功率消耗等，选取常用旋耕速比为 2∶5。

（5）外界工作环境

外界工作环境对土壤处理系统作业效果亦存在一定影响，不同土壤犁底层深度、土壤坚实度、土壤含水率及土壤理化性质均是影响作业质量的主要因素，因此应设计配置合理的土壤旋作消毒一体机，实现各环境条件下开展高质高效土壤消毒复式作业。

4.3　土壤喷施系统理论分析

在土壤喷施系统中，土壤中液体药剂运动为空间运动，即水平和竖直向下两个方向运动。喷施药液在土壤表面的分布方向为二维平面，并通过旋耕处理以三维运动的方式流渗到土壤中的"一定深度"（特指土壤水分在竖直方向上运动分布受限，耕作土壤边界附近液体运动情况不同于在各耕作层运动规律）。

4.3.1　喷施系统液滴运动过程

消毒药液由喷头喷出分散成各种形状和粒径的液滴，并落至地面，其过程极其复杂，忽略外界环境因素影响，假设喷头所喷施消毒液滴形状在空气中保持球体状态。在喷施下落过程中，液滴主要受空气浮力 $\boldsymbol{F}_3$、空气阻力 $\boldsymbol{F}_1$ 及自身重力 $\boldsymbol{G}$ 等作用，具体分析如图 4-13 和图 4-14 所示。

在无风环境条件下，液滴相对地面运动速度 $\boldsymbol{U}$ 应等于液滴速度 $\boldsymbol{V}$；在有风环境条件下，液滴相对地面运动速度 $\boldsymbol{U}$ 可表示为 $\boldsymbol{U}=\boldsymbol{V}+\boldsymbol{W}$，其中 $\boldsymbol{W}$ 为风速。在喷施下落过程中重力 $\boldsymbol{G}$ 和空气浮力 $\boldsymbol{F}_3$ 沿 x 轴、y 轴和 z 轴的投影分别为

$$\begin{cases} G_x = F_{3x} = 0 \\ G_y = F_{3y} = 0 \\ G_z = F_{3z} = \dfrac{\pi D^3 \rho_w g}{6} \end{cases} \tag{4-15}$$

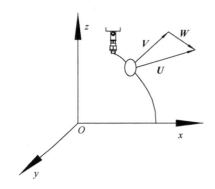

图 4-13 液滴运动状态

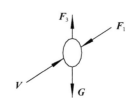

图 4-14 液滴力学分析

空气阻力 $\boldsymbol{F}_1$ 沿 x 轴、y 轴和 z 轴的投影分别为

$$\begin{cases} F_{1x} = \dfrac{-C_D \rho_a \lambda \left| V_w - V_f \right|^2 (\cos\alpha)}{2} \\ F_{1y} = \dfrac{-C_D \rho_a \lambda \left| V_w - V_f \right|^2 (\cos\beta)}{2} \\ F_{1z} = \dfrac{-C_D \rho_a \lambda \left| V_w - V_f \right|^2 (\cos\gamma)}{2} \end{cases} \tag{4-16}$$

式中，$|V_w - V_f|$——风速向量与液滴速度向量之差模；

$\quad$ λ——归一化系数；

$\quad$ C_D——曳力系数；

$\quad$ ρ_a——空气密度，g/cm^3；

$\quad$ $\cos\alpha$、$\cos\beta$、$\cos\gamma$——向量 $|V_w - V_f|$ 方向余弦。

因此，在三维空间中消毒液滴沿 x 轴、y 轴和 z 轴的合力可表示为

$$\begin{cases} \sum F_x = F_{1x} + G_x + F_{3x} = \dfrac{-C_D \rho_a \lambda \left| V_w - V_f \right|^2 (\cos\alpha)}{2} \\[3mm] \sum F_y = F_{1y} + G_y + F_{3y} = \dfrac{-C_D \rho_a \lambda \left| V_w - V_f \right|^2 (\cos\beta)}{2} \\[3mm] \sum F_z = F_{1z} + G_z + F_{3z} = \dfrac{-C_D \rho_a \lambda \left| V_w - V_f \right|^2 (\cos\gamma)}{2} + \dfrac{\pi D^3 g (\rho_a - \rho_w)}{6} \end{cases} \tag{4-17}$$

将式（4-17）化简，可得

$$\begin{cases} \dfrac{\mathrm{d}^2 x}{\mathrm{d}t^2} = -C_D \dfrac{3}{4D} \dfrac{\rho_a}{\rho_w} \left| V_w - V_f \right| (V_{wx} - V_{fx}) \\[3mm] \dfrac{\mathrm{d}^2 y}{\mathrm{d}t^2} = -C_D \dfrac{3}{4D} \dfrac{\rho_a}{\rho_w} \left| V_w - V_f \right| (V_{wy} - V_{fy}) \\[3mm] \dfrac{\mathrm{d}^2 z}{\mathrm{d}t^2} = -C_D \dfrac{3}{4D} \dfrac{\rho_a}{\rho_w} \left| V_w - V_f \right| (V_{wz} - V_{fz}) \end{cases} \tag{4-18}$$

其中，

$$\left| V_w - V_f \right| = \left[(V_{wx} - V_{fx})^2 + (V_{wy} - V_{fy})^2 + (V_{wz} - V_{fz})^2 \right]^{\frac{1}{2}}$$

式中，V_{wx}、V_{wy}、V_{wz}——液滴速度在各坐标轴的投影，m/s；

V_{fx}、V_{fy}、V_{fz}——风速在各坐标轴的投影，m/s；

ρ_w——液滴密度，g/cm^3。

若忽略环境风速影响，式（4-18）即无风条件下液滴运动关系式。液滴运动受大气作用而逐层剥落，当液滴表面张力小于外力时，较大粒径液滴分裂形成较小液滴，同时两个液滴相互碰撞形成较大粒径液滴。

4.3.2　药液喷施渗吸过程

（1）土壤渗吸与土壤导药液率

在药液喷施后其入渗过程属于非饱和土壤无压入渗，此种入渗过程主要受毛管力、吸附力及重力作用，但整体与基模势相比作用不明显。因此，在药液非饱和入渗过程中由吸力低的土层向吸力高的土层流动。非饱和入渗土壤导药液率处于不稳定状态，随土壤湿度下降和吸力变大而逐渐降低。当土壤处于饱和入渗状态时，其导药液性最优土壤为大孔隙多且质地粗的砂土。

（2）土壤渗吸速率和喷施强度

土壤渗吸速率和喷施强度均影响药液渗入土壤能力。在喷施药液过程中，其喷施强度应小于土壤允许喷施强度，如图 4-15 所示。土壤非饱和无压入渗渗吸速率存在由恒定至下降突变点的过程，在 t_0 时段内，喷施作业全部药液量可及时与土壤混合，即供药速度与土壤渗吸速率相同；在 t_0 时段后，渗吸速率开始缓慢降低，并逐步趋于恒定水平。土壤最终渗吸速率主要与表土结壳、土壤结构裂缝、质地及孔隙等相关。

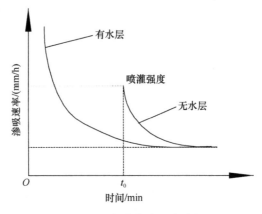

图 4-15　土壤药液入渗过程

当土壤喷施强度较小时，t_0 数值较大，即喷施药液全部渗入土壤所需时间越长。累积入渗量与渗吸速率关系曲线亦可表示渗吸过程，即单位面积土壤在一定时间流过总药液量，或在单位时间内渗吸速率总和，如图 4-16 所示。各喷施强度工况下，累积入渗量随渗吸速率不断减小，最终趋于重合状态。

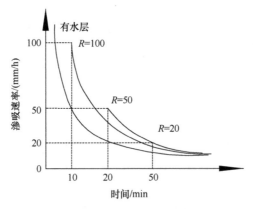

图 4-16　不同喷施强度渗吸过程

4.3.3　药液喷施再分布与蒸发过程

当喷施药液后土壤渗吸过程亦相应停止，但土壤内部药液却一直保持运动。

药液颗粒开始进行明显的再分布运动，在温度梯度、吸力梯度和重力作用下处于浅层土壤药液可向相对干燥深层土壤移动。土壤药液再分布流动速率与深层土壤湿度及最初较浅土层湿度相关，其分布速率与渗吸速率相同，且随 t_0 延长而逐渐下降。对于质地不同的土壤，其再分布速率和非饱和导药液率随时间变化趋势相同。其中质地较黏重土壤再分布速率下降较慢，而砂质土壤再分布速率下降较快。土壤中药液再分布运动影响各层土壤在不同时间内所含药液量。

在土壤渗吸再分布并同步蒸发过程中，土壤剖面典型结构为较浅湿润土层及含药液量较深层土壤少，且两个土层蒸发过程相反。土壤中药液受吸力梯度和重力作用引起药液向下再分布运动，同时存在因蒸发引起浅层土壤中药液向上运动。药液蒸发将影响药液再分布速率，且两个过程相互制约，即再分布运动可减少蒸发药液量。

4.3.4　喷施系统作业质量影响因素

喷施消毒系统作业质量主要采用消毒作业区域药液喷洒均匀程度评价，其影响因素主要包括喷头类型、工作压力、前进速度、喷头间距、风向及风速等。

（1）工作压力

喷施药液喷头工作压力是影响药液量分布的主要因素之一，此压力通常以喷头进口处压力为基准。在作业过程中，需配套药液泵提供一定的工作压力，但其压力大部分消耗于水头损失，究其原因主要是高压喷管中液体与管壁黏滞性作用所致。因此，减小喷施消毒系统压力水头损失是降低机具功耗的有效措施之一。其中在高压喷管中压力损失为沿程损失，液体能量损失主要源于克服高压喷管摩擦阻力。其水头损失与水流动形态和流速相关，且与高压喷管内部结构、液体黏滞性及密度相关。目前关于计算沿程水头损失的计算公式较多，其中应用最为广泛的为达西-维斯巴赫公式（Darcy-Weisbach formula），即

$$h_f = \lambda_1 \frac{lv^2}{4R_1^2 g} \tag{4-19}$$

式中，λ_1—沿程水头损失系数；

l—软管长度，m；

R_1—水力半径，m；

v—流速，m/s；

g—重力加速度，m/s²。

由经验公式（4-19）及预试验可知，喷头压力随药液泵工作压力及入土压力增大而增大，且药液泵工作压力对其影响较显著；适宜工作压力时单个喷头药液量分布曲线类似于等腰三角形，合理的喷头配置可提高喷施均匀系数。药液泵压

力过低或过高，高压喷管水压不足将导致药液量减少或水压过高，造成资源严重浪费。因此，通过控制喷施系统中隔膜泵水压调节杆，可控制喷头工作压力，有效减少压力水头损失，提高机具喷施均匀系数。

（2）前进速度

机具喷施药液量等于经过该点（与机组前进方向平行药液量喷洒截面）喷药液量分布剖面面积之和。在各前进速度工况下，喷施强度曲线可表示为不同时间通过任意位置喷施量，但其对喷施均匀度无影响，而喷施强度对喷施药液量具有一定影响，药液量影响后续播种环节开展时间，因此应综合考虑机具前进速度对喷施消毒系统作业质量的影响。

（3）布置形式及间距

在喷施过程中，药液量分布曲线不仅取决于单个喷头药液量分布形状，也与喷头布置形式及间距相关。喷施系统喷头配置形式主要包括三角形和矩形，对旋转式和非旋转式喷头均适用，其中矩形配置包括正方形和长方形，三角形配置包括等腰三角形和正三角形。在配置时旋转式喷头应注意组合间距，其矩形组合喷头间距应小于支管间距，当外界环境不稳定时应采用正方形配置组合。喷头组合间距越大，高压喷管成本越高；系统喷施强度越小，导致系统组合均匀度较小。

通过控制喷头间距以调节喷头配置形式，喷头间距可分为三种形式，即不重叠、部分重叠和过度重叠，如图4-17所示。当重复率为零时，即不重叠状态，两喷头间距离较大，位于两喷头中间区域的药液量分布较少导致喷施均匀度值小；当重复率大于50%时，即过度重叠，喷头布置相对密集，喷头药液喷出量较大，导致药液浪费和过度消毒，将影响后续播种环节。综合考虑，本章选取部分重叠配置方式，研究影响喷施均匀度的主要因素。

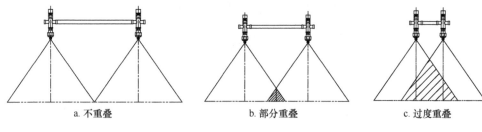

a. 不重叠　　　　　　　b. 部分重叠　　　　　　　c. 过度重叠

图 4-17　喷头配置形式

4.4　土壤旋耕喷施关键部件设计

土壤旋作消毒一体机工作系统主要包括土壤处理系统和喷施消毒系统。土壤处理系统由罩壳、刀轴、刀具、悬挂装置等部件组成。喷施消毒系统由喷头、药液泵、高压喷管、过滤器、软管及消毒液箱等部件组成；通过各关键部件间共同作用，实现土壤喷施消毒和旋耕整地一体化作业。因此，本节重点对此两部分关键部件进行设计优化，提高机具消毒质量及旋耕均匀性，满足土壤消毒及耕整农艺标准。

4.4.1　土壤处理系统

土壤处理系统是将所喷施微生物土壤消毒剂均匀混合至各土层内进行土壤耕整处理的关键部件。其中旋耕刀辊系统的设计配置是该系统核心，直接影响消毒药剂混合均匀程度及旋耕整地质量。

（1）土壤处理传动系统

结合实际耕整地农艺要求及机具整体配置要求，选取工作幅宽为 1600mm 的旋耕机进行改进设计。旋耕主机架采用轻量化组合设计，在机架正上方两侧对称配置固定架，以安装消毒液箱，同时可提高机具作业喷施容量及效率，如图 4-18 所示。机具整体采用双轴中央传动形式，动力由拖拉机动力输出轴输出，经十字万向节联轴器传递至主变速箱，通过锥齿轮传动进行 90°变向传动，在主变速箱侧边导引传动轴，以带轮形式驱动消毒液泵工作，同时在另一侧将动力传递至副变速箱，通过齿轮减速作用将动力传递至旋耕刀轴，进行旋耕整地作业。传动系统整体空间紧凑，旋耕传动轴受力均匀，作业稳定性较好，经多级传动系统变速后，旋耕刀轴转速稳定于 300～600r/min。

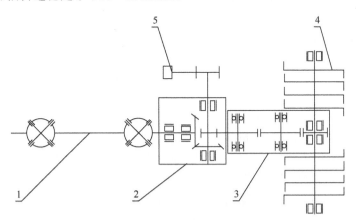

图 4-18　土壤处理传动系统

1. 万向节联轴器；2. 主变速箱；3. 副变速箱；4. 作业刀具；5. 带传动

（2）土壤处理刀具

土壤处理刀具主要由正切刃、过渡刃、侧切刃及刀柄等部分组成，如图 4-19

所示。正切刃是特殊空间曲线，其功能为升土和抛土；侧切刃设计为等进螺线和正弦指数曲线，其功能为推土和切土；过渡刃以特殊空间曲线将两部分连接。

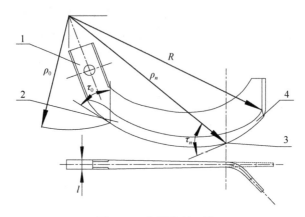

图 4-19　土壤处理刀具

1. 刀柄；2. 侧切刃；3. 过渡刃；4. 正切刃

1）侧切刃设计

正弦指数曲线侧切刃适用于稻田留茬高、排水不畅和多草大田地块。消毒一体机作业时间为春季播种前，大田中杂草较少，因此选取等进螺线为侧切刃设计曲线，可表示为

$$\rho_n = \rho_0 + a'\theta \tag{4-20}$$

式中，ρ_0—螺线起点极径，mm；

ρ_n—螺线终点极径，mm；

a'—螺线极角每增加单位弧度极径增量，mm；

θ—螺线上任意点极角，rad。

$$\rho_0 = \sqrt{R^2 + S^2 - 2S\sqrt{2Rh - h^2}} \tag{4-21}$$

式中，S—设计切土节距，mm；

h—设计耕整深度，mm；

R—弯刀回转半径，耕整深度为 140～160mm 时，取 240～260mm。

正切刃设计曲线应与所设计等进螺线圆滑过渡，弯刀回转半径一般较螺线终点处极径 ρ_n 大 10～20mm。螺线终点处极角 θ_n 可由式（4-22）求得

$$\theta_n = \frac{\rho_n - \rho_0}{\rho_n} \tan \tau_n \tag{4-22}$$

式中，τ_n—阿基米德螺线终点处静态滑切角，（°），常取 50°～60°。

$$a' = \frac{\rho_n - \rho_0}{\theta_n} \tag{4-23}$$

根据消毒一体机设计依据，确定土壤处理系统刀具耕整深度为 20mm，切土节距为 80mm，将所设计参数代入式（4-22）和式（4-23），经计算可得螺线起点极径 ρ_0 为 226mm，螺线终点处极径 ρ_n 为 290mm，终点处静态滑切角 τ_n 为 60°，螺线极角每增加单位弧度极径增量 a' 为 160mm，螺线上任意点极角 θ_n 为 0.38rad。

2）正切刃设计

正切刃作用是横向切削土壤并切出沟底，切断由刀具侧切刃滑移土壤，其应满足曲线位于以刀辊回转中心为轴心、刀辊半径为半径的圆柱面上，即保证作业深度均匀一致，提高土壤底层平整性。最终设计正切刃弯折半径为 110mm，刀具工作幅宽为 80mm。过渡刃曲线为空间线，可将侧切刃与正切刃连接且圆滑过渡，有效提高刀具切土流畅性。

（3）旋耕刀辊配置排列

旋耕刀辊是土壤处理系统的核心工作部件，其刀具排列形式直接影响土壤与药液混合均匀程度、碎土质量及整机功率消耗。为提高土壤与消毒药剂的混合质量，满足土壤碎土要求，在一体机设计及应用过程中应降低机具前进速度，提高刀辊工作转速，同时增加单位切削区域内刀片数量。若机具前进速度过低，将导致其作业效率降低；若刀辊工作转速过高，将导致其功率消耗增大。单位区域内刀具数量增加，易造成严重堵泥缠草现象。结合消毒及耕整作业要求，在单位区域内刀具安装数量可表示为

$$Z = \frac{60000 v_m}{nS} \qquad (4-24)$$

式中，n——刀辊轴转速，r/min；

v_m——机具作业速度，km/h；

Z——单位安装平面内刀具数量，个；

S——刀具切土节距，mm。

结合实际耕整地切土要求及一体机功率消耗影响，设定机具作业速度 v_m 为 4～6km/h，刀具理想切土节距 S 为 80mm，刀辊轴工作转速 n 为 300～600r/min。将上述参数代入式（4-24）可得，单位安装平面内刀具数量为 2～4 个。

结合刀具不同排列方式的优缺点及整机实际配置特点，采用刀座式双螺旋线内外交错排列，刀具间升角相同，如图 4-20 所示。副变速箱宽度为 82mm，两刀辊轴长度皆为 878mm，刀具以副变速箱为分界，分为左右双刀辊，并按刀轴横向展开；平面上的图形在纵向分为 360°，并且在纵向 8 等分，每等份表示 45°，左右旋向刀具皆为 24 个，两侧安装除草刀具各 1 个，总计 50 个刀具。同一平面内相反刀具相位角相差 180°，同一螺旋线上同向相邻刀具升角为 60°。

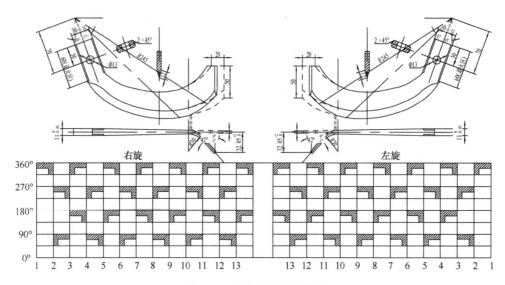

图 4-20　旋耕刀辊配置排列

4.4.2　喷施消毒系统

　　喷施消毒系统主要包括药液泵、药液泵固定架、药液箱、软管、高压喷管、喷头固定架和喷头等部件，如图 4-21 所示。动力由动力输出轴提供，由万向节驱动变速箱，经变速箱传递到药液泵带轮，药液泵排出高压消毒剂，经软管、过滤器和高压喷管至喷头，在旋耕整地范围内均匀喷洒药液，并由喷药泵流出另一部分液体可回流进入药液箱。

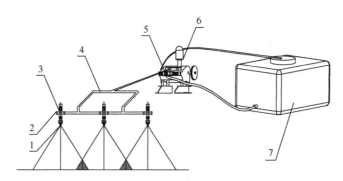

图 4-21　喷施消毒系统

1. 喷头；2. 高压喷管；3. 喷头固定架；4. 软管；5. 药液泵固定架；6. 药液泵；7. 药液箱

（1）消毒液泵选型

　　消毒液泵是喷施消毒药液供给动力源。通过侧边带传动将变速箱的动力传至液泵，吸取药液正常输出，使喷头进行喷施作业。消毒液泵选取应综合考虑机具前进速度、喷施工作幅宽、喷施流量及作业面积等因素。结合上述因素进行选型，以满足工况下喷施要求。当消毒液泵在工况压力下作业时，其喷施工作幅宽及药液流量均为定值，此时一体机前进速度对单位时间内平均喷施量具有直接影响，即

$$Q = nq \qquad (4\text{-}25)$$

式中，Q—单位时间消毒机喷洒量，L/h；

　　　n—喷头个数，个；

　　　q—单喷头的流量，L/h。

此时，机具在单位时间内的喷施面积为

$$W = L_合 v_m \qquad (4\text{-}26)$$

式中，W—喷施总面积，m^2；

　　　v_m—机具前进速度，m/s；

　　　$L_合$—喷施幅宽，m。

根据土壤对液体微生物消毒剂用量要求，其单位面积药剂需求量为

$$m = \frac{M}{W_z} \qquad (4\text{-}27)$$

式中，m—单位面积内消毒剂需求量，L/m^2；

　　　M—消毒剂总需求量，L；

　　　W_z—作业总面积，m^2。

消毒药液的总施用量为

$$Q \geqslant Wm \qquad (4\text{-}28)$$

将式（4-25）～式（4-28）合并整理，可得消毒液泵流量为

$$Q \geqslant \frac{ML_合 v_m}{W_z} \qquad (4\text{-}29)$$

参考东北耕整地农艺要求，设定每亩消毒剂（水溶后）总需求量为 $M=300L$，作业总面积为 $W_z=667m^2$，将上述参数代入式（4-29），可得单位时间内消毒液泵流量 Q 应大于 2878L/h。在液泵配置过程中，选取 MB345/2.5 型压力可调式隔膜泵，可根据土壤状况调节液泵压力阀，控制单位时间内喷施流量，提高机具适应范围。

（2）喷头选型配置

喷头是喷施系统中的关键执行部件之一，其工作性能对机具喷施效果具有显著影响。目前广泛应用的喷头为实心锥形系列喷头，此类喷头雾化效果好、结构紧凑、技术性能好、成本低。实心锥形喷头的工作原理是消毒药液在喷腔内绕喷孔轴线旋转，喷出的液体受离心力作用向四面分开。喷施液滴运动方向与最初运动轨迹呈相切位置关系，因此所呈现水量分布形状为圆锥形。根据工作原理不同将喷头分为实心和空心锥形喷头，前者流量较大，后者流量相对较小。锥形喷头

基本应用在园林喷雾上，其喷雾角度为30°～120°，产生雾滴直径为中等偏大且喷药分布均匀。

本章选取大流量实心锥形喷头为喷施系统执行部件，此类型喷头结构紧凑，产生实心锥形雾滴效果，标准工况下流量范围为0.3～1.2L/h。为保证喷施至地表的消毒药剂可充分被旋耕搅拌混合，同时减少药剂浪费，其整体喷施有效幅宽应与旋耕整地系统作业幅宽一致，即$L_合$=1600mm。同时在旋耕土壤对喷头不造成堵塞的情况下，喷头整体离地高度H应尽量接近地表，防止喷施雾滴在侧向风力作用下产生漂移现象。图4-22为根据实际情况简化喷施消毒总成配置图，综合考虑单个喷头喷施流量要求及相邻喷施范围间重复率，设计配置喷头个数为

$$a = \frac{L_合 - Db}{D - Db}$$ （4-30）

式中，a—喷头总个数，个；

　　　D—单个喷头喷施直径，mm；

　　　b—相邻喷头间喷施重复率，%。

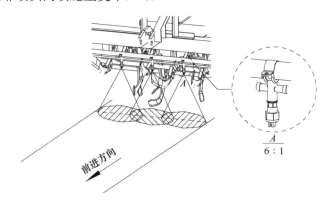

图4-22　喷施消毒作业方式

当若干个喷头产生重叠喷施时，需达到25%～30%喷雾重叠区，使得整个方向喷施覆盖区分布均匀。根据设计要求，喷头的安装位置为前梁下方，即最高值为400mm。查阅药液喷洒角度与喷头安装高度关系表可知，当喷头安装位置高度为400mm，药液喷施角度为44°，对应喷施范围直径D为240mm圆形区域，相邻喷头间喷施重复率为29%时，工况下均匀配置喷头个数为9个，喷头间距为170mm。

4.5　土壤旋作消毒一体机配置

4.5.1　设计原则及依据

土壤消毒技术主要解决由高附加值作物的连作模式引起的土传病害等问题，

目前研究的土壤消毒技术只适于棚室作业，相对于大田没有使用标准，土壤消毒技术农艺要求尚不完善。本小节主要探讨液体微生物土壤消毒剂施用要求：①将调制后的消毒药液直接浇灌到土壤中或是喷洒至土壤表层，使药液渗入土壤深层（深度为 100～120mm），杀死土壤中病菌，适用于温室、大棚及大田作业；②土壤消毒剂流动性益于土壤和药液充分接触，且保证不烧伤作物种子，过少药液量无法达到消毒效果，过多施用对土壤后续作业不利，将延迟后续播种作业时间；③选用合适的微生物土壤消毒剂可避免常规农药消毒剂喷施时附加覆膜作业，减少环境二次污染；④理想作业时间为春季播种前或秋季收获后。

4.5.2　整体结构与工作原理

土壤旋作消毒一体机主要由土壤处理系统（旋耕刀具和旋耕刀轴）、喷施消毒系统（消毒喷头、喷施悬挂杆、消毒液箱和消毒液泵、药液箱固定架）、带轮传动系统、旋耕机架、三点悬挂架和主副变速箱等部件组成，如图 4-23 所示。在机具设计配置过程中，喷施消毒系统应与土壤处理系统外形尺寸和结构参数相匹配，同时结合所喷施的消毒药液特性进行设计与选型。机具总体传动形式为双轴中央传动，喷施系统与处理系统组合为一体结构。土壤处理系统由 50 个旋耕刀以双螺旋线内外交错排列组成，提高机具耕整质量，降低作业功率消耗。消毒喷施总成由 9 个均匀布置于喷施悬挂杆的大流量喷头组合而成，其整体配置于旋耕机架前梁正下方，在喷施消毒药液的同时进行旋耕整地，提高消毒作业质量，减少外界因素对喷施作业的影响。消毒液泵选用压力可调式隔膜泵，可通过调节液泵压力阀控制单位时间内喷施流量，其整体平稳固装于旋耕变速箱上方，通过侧边带传动将变速箱的动力传至液泵，驱动喷头喷施作业。消毒液箱由药液箱固定架对称配置于旋耕机架两侧，提高机具整体稳定性及平衡性，其总容量可达 250L。

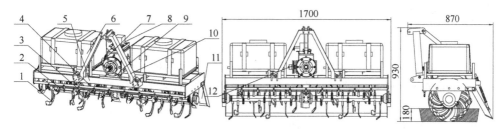

图 4-23　土壤旋作消毒一体机

1. 旋耕刀具；2. 旋耕刀轴；3. 消毒喷头；4. 喷施悬挂杆；5. 旋耕机架；6. 消毒液箱；
7. 药液箱固定架；8. 消毒液泵；9. 主副变速箱；10. 三点悬挂架；11. 挡土罩壳；12. 带轮传动系统

在工作过程中，机具主要分为喷施消毒和土壤处理两个串联环节，其通过正三点悬挂方式与驱动机具挂接，通过控制悬挂机构拉杆长度及角度，控制合适的作业耕深。根据土壤内部状态及消毒药液特性进行调节配比，将药液均匀溶解于药液箱体内。喷施及耕整作业的动力皆来源于拖拉机动力输出，分别通过万向节联轴器和主副齿轮传动将动力传至消毒液泵和刀轴，驱动药液正常输出，同时进行正旋作业。在机具前进过程中，大流量喷头将消毒药液均匀喷施于土壤处理系统前部土壤表层，并通过刀具将药液均匀混合搅拌至各土壤层内，两系统同步协调，共同完成土壤消毒作业。在实际作业过程中，可通过调节液泵压力（喷施流量）、机具前进速度及耕整工作转速等工况，提高机具复式作业效果。

土壤旋作消毒一体机可解决常规土壤耕整及消毒二次处理作业问题。在实际作业时，土壤消毒剂常选取液体微生物药剂，其环境污染小，不伤害其余有益生物，可维持生态平衡，适用于大田及苗床等土壤消毒作业。其整体采用轻量化组合设计配置，结构紧凑简单，可靠性强，可高效均匀地实现喷施耕整作业，保证良好的土壤消毒及耕整效果。土壤旋作消毒一体机主要技术参数如表4-1所示。

表 4-1   土壤旋作消毒一体机主要技术参数

参数	数值	参数	数值
外形尺寸（长×宽×高）/ （mm×mm×mm）	1700×870×930	消毒液箱容量/L	250
整机质量/kg	470	喷头类型	实心锥形
配套动力/kW	≥50	消毒液泵型号	隔膜泵 MB345/2.5
作业效率/（km/h）	3~6	刀轴转速/（r/min）	300~650
作业幅宽/mm	1600	喷头间距/mm	170
作业耕深/mm	200	喷头个数/个	9

4.6   土壤旋作消毒一体机田间性能试验

4.6.1   试验条件

于2016年4月23～29日在东北农业大学农学试验农场进行土壤旋作消毒性能试验。试验区域的土壤类型为黑壤土，土壤全耕层绝对含水率为25%，平均坚实度为680kPa，外界环境温度为13℃，环境湿度为51%，平均风速为1.5m/s。配套驱动机具为福田雷沃904型拖拉机（功率67.2kW），试验样机为所设计的土壤旋作消毒一体机，试验试用消毒药剂为高效环保型液体消毒剂，机器运行状况良好，操作人员技术熟练，田间试验如图4-24所示。

本试验选取的土壤消毒剂为秉泽牌土壤消毒剂，该药液主要用于因连年耕作、施肥不当、重茬等原因造成的死根及烂根等土壤病虫害问题。该消毒剂使用量为2～4kg/亩，将消毒剂稀释成130～200倍稀释液，放入药液箱内并密封完毕。在消毒装置的作业区域布置土壤含水率测量点，作业区域设置长为 3m、宽为 2m 的长方形，测量点为长方形的四个顶点及对角线交点，总计五组。

a. 试验样机　　　　　　　　　　　b. 作业效果

图 4-24　田间试验

在试验数据采集过程中，所需仪器包括米尺、秒表、土壤湿度测试仪、石灰粉、直尺等。为减少田间试验误差，将作业区域划分为启动区、测试区及停止区，测试总距离为 200m，前后启动区和停止区均为 10m。控制机具在进入测量区域内的工作转速和前进速度达到试验要求并速度恒定。在消毒一体机的作业区域布置土壤含药液率测量点，作业区域设置为长为 3m、宽为 1.5m 的长方形。测量点为长方形的四个顶点及对角线交点，共五组，利用土壤湿度测试仪对距离地平面 50mm、100mm 和 150mm 不同土层深度土壤含药液率进行测定，分析喷洒药液与土壤混合的均匀性。由于喷施药液质量较少，相对于土壤湿度的变化值不显著，因此在同等工况下进行重复多次试验，使得测试值有明显变化（进行 10 次折返作业，即共进行 20 次重复作业）。

4.6.2　试验设计与结果分析

（1）试验因素与指标选取

由理论分析及台架预试验可知，复式作业质量主要与机具旋耕混合程度及喷施均匀性相关。在实际作业过程中，通过调节消毒液泵调节阀压力控制喷施药液流量，调节驱动拖拉机前进速度及动力输出轴转速控制旋耕切土性能。因此，选取机具前进速度、旋耕刀轴工作转速及液泵喷施工作压力为试验因素。选取机具前进速度为 2～7km/h，刀辊工作转速为 300～600r/min，液泵工作压力为 0.5～2.0MPa。

根据土壤耕作及土壤消毒农艺要求，参考国家标准《喷灌工程技术规范》（GB/T 50085—2007）和《旋耕机》（GB/T 5668—2017），选取旋耕消毒后各层土壤克里斯琴森均匀系数（即土壤含药液率均匀系数）和混合变异系数为试验指标，同时测定作业后整体土壤平均耕作深度。

1）耕作深度与土壤含药液率

将耕作后沟底以上蓬松土壤除去，测量作业后耕幅两侧未被耕作地表面与沟底间高度差，即耕作深度。利用土壤湿度测试仪分别测量不同土层深度土壤含药液率，在消毒后分别每隔 1h 测量 50mm、100mm 和 150mm 土层处的土壤含药液率，取作业区域测量点的平均值作为该时间段内的土壤含药液率，观测不同土层的土壤含药液率随时间变化情况。

2）克里斯琴森均匀系数及混合变异系数

克里斯琴森均匀系数为土壤中各测点的观测值与平均测量值偏差绝对值之和，可表示为整个作业区域药剂量分布与平均值偏差情况。其计算方法为

$$\mathrm{CU}_s = \left(1 - \frac{\sum\limits_{i=1}^{N} |\theta_i - \theta|}{N\theta} \right) \times 100\% \qquad (4\text{-}31)$$

$$\theta = \frac{\sum\limits_{i=1}^{N} \theta_i}{N} \qquad (4\text{-}32)$$

式中，θ_i——i 点的土壤含药液率观测值，%；

N——观测点数目，个；

CU_s——克里斯琴森均匀系数，%；

θ——全部测点土壤含药液率平均值，%。

混合变异系数为各土壤含药液率标准差与算术平均值比值，其中机具喷施均匀性越高，所测定混合变异系数越小。其计算方法可表示为

$$C_v = \frac{S_1}{\theta} \qquad (4\text{-}33)$$

式中，C_v——混合变异系数，%；

S_1——全部测点土壤含药液率标准差。

（2）试验结果与分析

1）各因素对克里斯琴森均匀系数的影响

在工作转速和工作压力稳定工况下，检测一体机前进速度对克里斯琴森均匀系数影响规律。试验过程中机具前进速度稳定于 2～6km/h，试验方案及结果如表 4-2 所示。

表 4-2　各前进速度下克里斯琴森均匀系数

前进速度/（km/h）	克里斯琴森均匀系数/%				
	1	2	3	4	5
2	94.10	95.20	95.00	94.40	94.00
3	92.80	92.80	91.85	92.50	91.22
4	90.20	89.02	90.60	89.51	90.98
5	86.01	86.60	87.90	87.20	87.18
6	79.01	80.01	80.34	81.01	80.43

由表 4-2 可知，当土壤处理刀具切线速度小于前进速度时，由于当机具运动至任何位置时，刀具水平方向的分速度与前进方向皆相同，刀具无法向后切土而存在向前推土问题，使刀具对土壤切削工作无法正常进行；当土壤处理装置切线速度大于机具前进速度时，刀具端点绝对运动的水平分速度与机具前进速度相反，刀具可正常向后切土，土壤得到充分切削，各层土壤均得到充分搅拌。当药液喷施至地面时，刀具将药液与土壤充分混合，因此当机具前进速度增大时，对土壤切削次数不足，对土层搅拌均匀性差，导致克里斯琴森均匀系数下降。

在前进速度和工作压力稳定工况下，检测工作转速对克里斯琴森均匀系数影响规律。试验过程中刀具工作转速控制于 300～600r/min，试验方案及结果如表 4-3 所示。

表 4-3　各工作转速下克里斯琴森均匀系数

工作转速/（r/min）	克里斯琴森均匀系数/%		
	1	2	3
300	85.0	85.4	85.3
350	86.0	86.1	86.0
450	88.8	89.1	88.9
550	92.3	93.2	93.4
600	94.0	95.0	95.3

由表 4-3 可知，随刀具工作转速增加，克里斯琴森均匀系数拟合曲线切线斜率由大变小，逐渐趋于平稳状态，表明工作转速对克里斯琴森均匀系数影响显著。当刀具工作转速增加时，对土壤切削次数增加，土壤与药液混合更均匀。当刀具工作转速增加至一定程度时，刀具对已耕土壤重复切削次数增多，土壤与消毒液混合效果达到极限，其克里斯琴森均匀系数变化幅度相对较小并逐渐趋于平稳状态。

在前进速度和工作转速稳定工况下，检测工作压力对克里斯琴森均匀系数影响规律。试验过程中液泵工作压力稳定于 0.5～2.0MPa，试验方案及结果如表 4-4 所示。

表 4-4 各工作压力下克里斯琴森均匀系数

工作压力/MPa	克里斯琴森均匀系数/%		
	1	2	3
0.5	71.01	70.12	70.95
1.0	86.35	83.27	80.31
1.5	94.39	93.81	93.56
2.0	95.53	95.40	94.88

由表 4-4 可知，随液泵工作压力增加，克里斯琴森均匀系数增大并逐渐趋于平稳状态，表明工作压力对克里斯琴森均匀系数影响显著，其直接影响喷头喷施均匀性及稳定性。当工作压力增加时，喷施均匀度增加，即克里斯琴森均匀系数随之增加。

2）各因素对混合变异系数的影响

在工作转速和工作压力稳定工况下，检测一体机前进速度对混合变异系数影响规律。试验过程中机具前进速度稳定于 2～6km/h，试验方案及结果如表 4-5 所示。

表 4-5 各前进速度下混合变异系数

前进速度/（km/h）	混合变异系数/%				
	1	2	3	4	5
2	5	4.8	5.6	5.0	5.8
3	7.1	7.1	1.0	8.1	7.4
4	11.0	11.0	9.7	8.9	9.0
5	13.0	12.8	13.5	12.9	12.8
6	20.0	19.0	20.0	19.0	19.0

由表 4-5 可知，随机具前进速度增加，混合变异系数拟合曲线切线斜率逐渐增大，即其混合变异系数变化幅度逐渐增大，表明前进速度对混合变异系数影响极显著。当机具前进速度增加时，刀具切土节距增大，在固定时间内土壤被切削次数减少，导致药液喷施于土壤表面后，无法及时将土壤与药液充分均匀混合，整体混合变异系数增大，消毒效果变差。

在前进速度和工作压力稳定工况下，检测工作转速对混合变异系数影响规律。试验过程中刀具工作转速稳定于 300～600r/min，试验方案及结果如表 4-6 所示。

由表 4-6 可知，随刀具工作转速增加，混合变异系数拟合曲线切线斜率由大变小，混合变异系数曲线的变化幅度逐渐减小，表明工作转速对混合变异系数影响显著。主要原因为刀具工作转速的变化影响其对土壤切削重复度及二次抛扬程度，当喷施于地表药液经刀具重复切削搅拌时，药液与土壤均匀混合效果提高，混合变异系数相应减小。

表 4-6　各工作转速下混合变异系数

工作转速/（r/min）	混合变异系数/%		
	1	2	3
300	14.0	14.4	14.6
350	13.0	13.8	13.9
450	11.1	9.9	11.0
550	7.5	6.7	6.4
600	5.8	4.9	4.7

在前进速度和工作转速稳定工况下，检测工作压力对混合变异系数影响规律。试验过程中液泵工作压力稳定于 0.5～2.0MPa，试验方案及结果如表 4-7 所示。

表 4-7　各工作压力下混合变异系数

工作压力/MPa	混合变异系数/%		
	1	2	3
0.5	28.45	28.45	27.56
1.0	24.57	17.33	18.68
1.5	5.46	5.42	6.47
2.0	4.60	4.50	4.90

由表 4-7 可知，随液泵工作压力增加，混合变异系数逐渐下降并趋于平稳状态，表明工作压力对混合变异系数影响显著，其直接影响喷头喷施均匀性及稳定性。当工作压力增加时，喷施均匀度增加，混合变异系数随之减小。

为进一步分析土壤内药液空间分布状态，对各点含药液率进行处理，当机具喷施作业 8h 后，50mm 土层含药液率分布均匀性变化幅度最大，克里斯琴森均匀系数最低值与最高值分别为 85.55% 和 97.25%；100mm 土层含药液率的分布均匀性变化幅度最小，克里斯琴森均匀系数最低值与最高值分别为 84.7% 和 94.08%；在 100mm 土层附近含药液率较均匀，克里斯琴森均匀系数差异小。说明土壤药液量空间分布随时间在不断变化的同时逐渐降低，主要由药液在土壤中水平和竖直运动所致。由于作物种子深度在 20mm 附近，因此播种作业应在深层土壤药液喷洒均匀度达到最大值后开展，保证消毒药液与土壤充分接触，实现复式耕整消毒作业功用。

本研究也通过调整喷施与旋耕作业工作顺序，实现在旋耕作业前喷施、旋耕作业中喷施及旋耕作业后喷施。通过前期试验研究，旋耕作业前喷施效果优于其余两种方案。其主要原因是固定在前梁下侧的喷头可实现旋耕作业前喷施，可减少喷头堵塞现象；若将喷头配置于罩壳正下侧，在理论上实现喷药与旋耕同时作业，但此情况旋耕土壤易堵塞喷头；若将喷头固定于机架后侧，即可实现先旋后喷作业方式,但药液仅喷至土壤表面,深层土壤无法接触药液或接触较少。因此,可通过进一步改变装置设计实现旋耕和喷洒同时作业,实现对破碎过程三维破碎面喷施,有效完善土壤消毒效果。同时增大喷头工作压力可提高喷灌均匀度。但其对药液混合均匀系数影响较小,其主要原因可能是喷头压力主要控制流量大小,当喷头压力增大水势增强时,对土壤冲击力增大,无法及时渗入土壤,土壤含水率均匀度降低。

本研究所创制的土壤旋作消毒一体机解决了常规土壤耕整及二次消毒处理作业问题,对土壤病虫害防治和可持续绿色农业发展具有一定意义,为机械化高效耕整复式作业提供了有效技术支撑。

参 考 文 献

曹坳程, 郭美霞, 王秋霞, 等. 2010. 世界土壤的消毒技术进展[J]. 中国蔬菜, (21): 17-22.

陈斌. 2012. 园艺土壤消毒方法探讨[J]. 中国花卉园艺, (22): 40-42.

丁为民, 王耀华, 彭嵩植. 2001. 正、反转旋耕刀性能及切土扭矩比较试验[J]. 南京农业大学学报, 24(1): 113-117.

丁为民, 王耀华, 彭嵩植. 2003. 正、反转旋耕不同耕作性能的比较[J]. 南京农业大学学报, 26(3): 106-109.

辜松, 王忠伟. 2006. 日本设施栽培土壤热水消毒技术的发展现状[J]. 农业机械学报, 37(1): 167-170.

郝永娟, 刘春艳, 王勇. 2007. 设施蔬菜连坐障碍的研究现状及综合调控[J]. 植物保护学, 23(8): 396-398.

郝永娟, 王万立, 刘春艳, 等. 2006. 设施蔬菜土传病害的综合调控及防治进展[J]. 天津农业科学, 12(1): 31-34.

贺超兴, 徐长华, 玄明辉. 2009. 燃煤式温室土壤消毒机的研制与应用[J]. 农业工程技术(温室园艺), (19): 17-18.

许光辉, 赵奇龙, 高宇. 2014. 火焰高温消毒技术防治农田土壤病虫害研究与试验[J]. 农业工程学报, 4(4): 53-54.

杨志林. 2015. 移动式蒸汽土壤灭菌设备的研究[J]. 机械工程与自动化, (5): 194-195.

尹淑丽. 2007. 土壤处理防治土传病害的研究进展[J]. 安徽农业科学, 35(28): 8922-8924.

张学军, 陈晓群, 王黎民. 2003. 设施蔬菜连作障碍的原因与防治措施研究[J]. 科学技术与工程, 3(6): 590-593.

周雪青, 张晓文, 邹岚, 等. 2016. 设施农业土壤消毒方法比较[J]. 农业工程, 6(3): 109-112.

卓杰强, 陈立振, 周增产, 等. 2012. 无土栽培基质蒸汽消毒机研究与应用[J]. 农机化研究, 34(9): 95-98.

池谷保绪. 1968. ハウス土壌の蒸気消毒について[M]. 静冈: 丸文凿所.

西和文. 2004. 热水土壤消毒技术的最先端[M]. 东京: 野菜茶叶研究所ニュÅス.

Bulluck Iii L R, Ristaino J B. 2002. Effect of synthetic and organic soil fertility amendments on southern blight, soil microbial communities and yield of processing tomatoes[J]. Phytopathology, 92: 181-189.

第5章 水田中耕机械除草技术与装备

稻田杂草是农业水田生态系统的重要组成部分，其与水稻争夺生长空间、肥料养分、光照、水分及热量等资源，造成水稻产量下降及品质降低，直接影响国家粮食安全和产能。据联合国粮食及农业组织（FAO）数据，近五年我国因草害引起的水稻产量损失率达13%，单年损失粮食上百亿公斤。科学有效地防控草害是实现稻米高产、稳产、优质生产的重要保证。

目前，化学除草是世界上应用最广泛的除草方式，具有快速、经济、高效等优点，但此种方式长期大量使用，已造成严重的生态污染问题，如土壤板结、杂草群落迁移、杂草抗药性增强、粮食作物药害及农药残留等。随着现代精准农业的发展，人们对环境保护及粮食食品安全的意识不断提高，非化学除草防治技术（机械除草、农业防治、生物防治和物理防治等）逐渐得到更多研究和应用。水田中耕机械除草技术是在水稻生长适宜时期利用多种机械分离方式（耕、耙、切及松土等）实现部件与稻田土壤及杂草相互作用，完成杂草拔除、拉断或压埋等除草过程的环境友好型技术，可有效改善土壤物理环境，促进肥料吸收及根系发育，减少环境污染，减轻劳动强度，与发展可持续性生态农业政策相匹配，对提高粮食生产安全及品质，推进水稻全面全程机械化生产及指导农民科学田间管理具有深远意义。

结合水田中耕除草农艺要求，根据机械除草作业形式可分为行间除草和株间除草，国内外学者主要对行间除草技术及配套机具开展结构创新方面的研究，采用主动或随动除草圆辊、钉齿除草耙、各种形状除草铲或转动耕耘锄等压埋或拔除行间区域内杂草，已基本满足行间除草作业要求。相对而言，株间除草因苗草混聚、长势致密难以有效护苗除草，已成为机械化除草亟须解决的瓶颈问题。目前常见株间除草机具多采用主动旋转耙齿、摆动梳齿、除草辊弧及固定钢丝等部件将株间区域内杂草移除，在一定程度上控制株间杂草生长，但无法区分株间秧苗与杂草，仅通过部件复合运动将秧苗与杂草统一处理，极易造成秧苗根系及茎秆损伤，且无法满足株距不一致及各株秧苗生长不均等情况下除草作业要求。

在此背景下，本研究结合东北水稻种植农艺要求，创制系列行/株间水田中耕除草机具，有效完善水田中耕机械除草技术理论，丰富水田复杂系统研究方法与手段，为农业水田装备研究提供有效参考，所研制系列水田中耕除草机具可满足我国田间管理机具生产企业对其迫切需求，具有重要科学研究意义与实际应用价值。

5.1 水田中耕机械除草技术研究现状

5.1.1 国内外机械除草装备研究现状

国外学者从 20 世纪 50 年代开始对水田机械除草技术开展深入且细致的研究，经多年发展，已形成一套较为成熟的研究体系，其中以日本、韩国等国家最为先进，研制了多种成型水田机械除草机具。水田行间除草机具主要采用主动或随动除草圆辊、齿形除草耙、各种形状除草铲或转动耕耘锄等压埋或拔出行间区域内杂草，已基本满足行间除草作业要求。株间除草机具在一定程度上可控制株间杂草生长，但无法区分株间秧苗与杂草，极易造成秧苗根系及茎秆严重损伤，尚未达到精准防控效果。

现阶段国内外广泛应用的水田机械除草机具主要分为乘坐式和步进式，部分典型机具如表 5-1 所示。其中乘坐式水田机械除草机具主要通过高地隙驱动底盘悬挂行间及株间除草部件进行中耕除草作业，根据驱动机具差异又可分为三轮乘坐式和四轮乘坐式，在水田生产中皆具有应用；国内仅有部分科研院所及企业对此类机具进行研究，但仍未完全达到大面积推广程度。

表 5-1　乘坐式水田机械除草机具对比表

行走方式	部件安装位置	部件样式		代表型号	研发单位
		行间	株间		
乘坐式	底盘尾部（四轮）	旋转耙齿	摆动梳齿	SJ-6（8）N	久保田株式会社
		摆动梳齿	摆动梳齿	—	井关农机株式会社
		旋转耕耘锄	固定钢丝	3ZS-600	东北农业大学
		除草辊	摆动梳齿	2BYS-6	农业农村部南京农业机械化研究所
	前后轮间（三轮）	随动耙齿	固定钢丝	MRW-5	三菱重工业株式会社

日本久保田株式会社（KUBOTA）研制的 SJ-6（8）N 型高精度水田除草机，如图 5-1 所示，其行间及株间除草部件分别采用旋转耙齿和摆动梳齿，工作时驱动旋转耙齿高速旋转（100~200r/min）除去行间杂草，且沿机具前进方向左右摆动的梳齿除去株间杂草，整体作业效率较高，但受机具前进速度影响易造成秧苗击打损伤；日本井关农机株式会社（ISEKI）研制的双摆动梳齿式水田除草机，如图 5-2 所示，行间除草率可达 85%，但配套驱动底盘功耗较大，对稻田土壤碾压破坏较严重，株间除草率仅为 40%~50%；日本三菱重工业株式会社（MITSUBISHI）研制的 MRW-5 型水田除草机，开发专用三轮驱动底盘配置随动行间耙齿及株间固定钢丝进行作业，如图 5-3 所示，除草部件位于前后两轮间，便于操作者观察，

减少行间行走对秧苗机械碾压。上述国外典型机具在实际应用生产中株间除草效果不理想，且需在田间预留行车空间，以便机具田间转向操作。

图 5-1　久保田 SJ-6（8）N 型高精度
　　　　水田除草机

图 5-2　井关农机双摆动梳齿式水田除草机

图 5-3　三菱 MRW-5 型水田除草机

国内对乘坐式水田除草机具研究较晚，成型机具较少，多停留在理论研究与试验测试阶段。原农业部南京农业机械化研究所吴崇友研究员团队研制的 2BYS-6 型水田除草机，如图 5-4 所示，采用随动耙齿及钢丝进行多行除草作业。由于国内水田种植模式并未在田间预留行车空间，因此机具转向受到较大限制，转弯越埂过程中伤苗现象极其严重，同时受到高地隙驱动底盘研究滞后的影响，制约此类机具在国内进一步研究及应用。

综上所述，乘坐式水田除草机具可配置多套行间及株间除草部件（主动或随动）进行多行作业，其劳动强度低，作业效率高，但整机体积较大，田间适应性及转向灵活性差，对前期水稻种植规范性要求较高，行走过程中土壤机械碾压破坏较严重，且整体无法区分株间秧苗与杂草，除草质量较低，伤苗率较高，无法满足株间精准除草作业要求，不适于国内中小型水稻种植模式。

图 5-4　原农业部南京农业机械化研究所 2BYS-6 型水田除草机

　　步进式水田机械除草机具以单行或双行除草作业为主，配置主动或随动行间及株间除草部件，需人工入田步行操作，田间转向性较好，其除草质量优于乘坐式，但作业效率受到一定约束。国外对此类机具研究较早，研制多种类型行间及株间除草部件，以高效化、轻简化为发展方向，同时也是目前国内水田机械除草应用的主要机型。日本和同产业株式会社（WADOSNG）研制的 MSJ-4 型水田除草机，如图 5-5 所示，采用随动除草辊及主动弹齿盘进行行间及株间除草作业，其弹齿盘采用柔性钢丝研制，将土壤搅动、翻转并连同杂草翻出地表并将其覆盖，可在一定程度上提高株间除草效果，田间转向性能较优，但对稻田土壤翻耕扰流作用较弱，无法有效改善土壤耕层结构；日本美善株式会社（BIZEN）研制的 SMW-5 型水田除草机，如图 5-6 所示，创制一种随动对转式伞状除草盘，减少株间除草伤苗率，但其作业质量亦受到相应限制。国内科研院所及企业针对国内中小型水稻种植规模，研制田间转弯时可提起换行、行走与除草部件结合的轻简化水田除草机，但多集中于行间除草作业，株除草效果仍不理想。华南农业大学马旭教授团队研制的轻型水田双行除草机，如图 5-7 所示，将行走与除草相结合设计驱动除草轮，采用汽油机驱动进行行间除草作业，有效翻耕稻田土壤，实现轻简化除草作业。

图 5-5　和同产业
MSJ-4 型水田除草机

图 5-6　美善
SMW-5 型水田除草机

图 5-7　华南农业大学
轻型水田双行除草机

　　综上所述，步进式水田机械除草机具主要配置行间及株间除草部件进行单行或双行除草作业，其田间转向灵活性较好，除草质量优于乘坐式，伤苗率较低，但需人工入田步行操作，劳动强度大，作业效率低，对稻田土壤翻耕扰流作用较弱，且无法区分株间秧苗与杂草，无法完全满足株间精准除草作业要求。

　　随着计算机与电子信息等先进技术不断进步，农业生产已逐渐向智能化方向发展，多种技术被应用于机械除草技术与机具研究中，目前智能化株间除草已逐渐成为机械除草的主要发展方向之一。欧美日韩等国对智能化株间除草技术研究较为深入，可识别或感知杂草分布信息、位置及密度等生长情况，并控制除草部件精准除去杂草，其中采用机器视觉识别技术识别区分旱作农田杂草的研究较多，并研制了多种棚室株间除草机器人。

　　日本北海道大学研制开发了一种株间杂草控制系统，通过机器视觉识别棚室甜菜间杂草，通过垂直于作物行的旋转轮控制株间杂草，当检测甜菜时旋转轮由气压缸驱动提升避免损伤作物，避开作物后将被放下继续进行除草作业；丹麦奥胡斯大学农业研究所研制了一种适用于玉米株间除草机器人，如图 5-8 所示，主要通过摄像机完成地形地貌扫描，实现作物平稳对行，配置面部识别软件综合分析杂草叶片形状及对称性等外部特征确定杂草方位，并喷施除草药剂进行株间除草作业。

　　由于田间作物与杂草生长过程中存在相互遮掩等现象，仅依靠机器视觉技术无法完全识别株间杂草。为提高田间杂草识别精度，近些年已逐渐将现代传感、自动检测及智能控制与机器视觉相结合融入智能化机械除草技术。瑞典哈姆斯塔德大学研制的旱田移动除草机器人，如图 5-9 所示，配置对行跟踪系统及红外检测系统，可引导机器人沿作物方向自主前进，利用摄像系统识别株间杂草，通过红外检测系统及株间除草铲精准除去株间杂草。由于水田复杂系统的环境多样性，针对水田环境开展的智能株间除草装备研究较少，近些年，日本、韩国等国家逐步开展水田智能除草机器人相关研究，但应用于水田环境下的机器视觉识别技术尚未成熟，大田成型机具尚未得到应用。韩国国家高等研究院研制的自走式水田除草机器人，如图 5-10 所示，通过螺旋式行走轮实现水田行间行走，采用 CCD 照相机、计算机及相关控制器采集图像进行算法拟合，驱动行间自主定位行走并利用 V 形剪苗刀切除株间杂草，其作业效率较低，田间稳定性及适应性较差，且无法完成株间不一致、各株植物生长不均等状况的株间除草作业。

　　相对而言，国内对智能化株间机械除草技术及机具研究较少，仍处于方法探讨及试验研究阶段，尚未达到田间示范应用程度。江苏大学刘继展研究员团队研制开发了一种应用于番茄除草机器人的六爪执行机构，通过六爪转盘结构和凹凸锁止轮啮合实现行间与株间除草；华南农业大学罗锡文院士团队基于机器视觉开展了适用于棉花及生菜株间机械除草装置研究，机具通过采集连续图像减少杂草

图 5-8　奥胡斯大学玉米株间除草机器人　　图 5-9　哈姆斯塔德大学旱田移动除草机器人

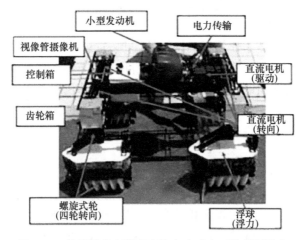

图 5-10　韩国国家高等研究院自走式水田除草机器人

影响及定位误差，但对高密度杂草环境及植物生长不均等情况识别误差较大。目前国内对智能化株间机械除草技术研究尚无法满足水田株间除草农艺要求，尤其无法与国外现代智能除草装备相比，应结合我国多种种植方式及农艺环境特点、秧苗与杂草生理差异性等，突破智能化水田机械除草株间定位及部件平稳精准调控方法研究。

综上所述，智能化现代除草机器装备是机械除草技术的主要发展方向之一，而水田智能化除草相关技术尚未成熟，亟须突破研究，应结合现代传感、自动检测及智能控制等技术，采用机器视觉提高感知和识别杂草信息精度，兼顾机具航向规划、部件作业姿态及深度等数据融合，精准调控除草部件进行株间除草作业，实现大田环境下精准株间除草作业。

综合分析，高效轻简化水田株间机械除草技术及机具的拓展创新性研究是未来水田田间管理机具亟须突破的技术瓶颈难题，可有效提高资源利用率、节约能源，对经济社会生态发展皆具有重要意义。

5.1.2　国内外机械除草关键部件研究现状

水田机械除草关键部件主要通过与稻田土壤及杂草相互作用，采用主动或随动旋转、抛切、拉拔或压埋等机械分离方式移动土壤覆盖杂草、破坏杂草根系或将杂草翻至土壤表面，完成行间及株间除草作业。结合水田复杂多变作业环境特点，开展机械除草部件工作原理及优化设计研究是提高除草质量的主要途径。国外分别对行间及株间除草部件进行结构形式创新，并配置于水田除草机具在实际生产中应用，基本满足行间除草农艺要求，但由于机具总体配置尚无法实现株间精准除草作业。国内通过引进消化吸收再创新模式对相关除草部件进行改进优化，但工作原理并未有实质变化，且缺乏结合水田复杂系统物理特性开展除草部件与杂草有效机械分离机理研究，在一定程度上限制了水田机械除草技术发展。

根据除草部件工作原理主要分为机械式、机械气力式及机械液压式等，其中机械式因具有结构简单、维修方便等特点得到广泛应用。目前行间除草作业已基本满足农艺要求，主要由于行间除草无需考虑行间稻列干扰及机械损伤，除草部件可有效进行旋转、抛切、拉拔或压埋等机械动作，常用水田行间机械除草部件主要包括鼠笼式、麻花齿辊式、锄铲式、单双排耙齿式及行走耙齿式等，如图 5-11 所示。

a. 鼠笼式　　b. 麻花齿辊式　　c. 锄铲式　　d. 双排耙齿式　　e. 单排耙齿式　　f. 行走耙齿式

图 5-11　部分行间机械除草部件

水田株间机械除草部件主要根据秧苗根系与杂草根系深浅差异，控制除草部件执行动作完成株间杂草作业。根据除草部件机械分离方式主要分为对转式、摆动式及固定式，其工作原理对比如表 5-2 所示。其中对转式株间除草是目前应用最广泛的一种形式，主要通过相对转动的弹齿盘或异形除草盘进行株间除草，或采用变形形式拔出株间杂草，可改变柔性弹齿或其他弹塑性材料的弹性特征以减少秧苗机械损伤；摆动式株间除草主要通过在稻列垂直方向进行往复摆动的梳齿与稻田土壤及杂草根系进行相互作用，压埋或拔除杂草完成株间除草作业；固定式株间除草主要通过调节配置于机架上除草钢丝的倾斜角度及高度改变除草作业深度，调节钢丝相对位置改变除草作业强度，由机具前进拖、拔或埋实现株间除草作业。由实际生产应用可知，三种不同分离方式的除草部件其作业效果无明显差异，株间除草率仅为 50%～60%。

表 5-2　株间除草部件工作原理

类型	动作方式	工作原理	图例
机械式	对转式	主要由相对转动的弹齿盘或异形除草盘进行株间除草，或采用变形形式拔出株间杂草，可改变柔性弹齿或其他弹塑性材料的弹性特征以减少秧苗机械损伤	
	摆动式	通过在稻列垂直方向进行往复摆动的梳齿与稻田土壤及杂草根系进行相互作用，压埋或拔除杂草完成株间除草作业	
	固定式	通过调节配置于机架上除草钢丝的倾斜角度及高度改变除草作业深度，调节钢丝相对位置改变除草作业强度，由机具除草部件前进时进行拖、拔或埋实现株间除草作业	

　　国内外学者亦分别对多种形式除草部件作业原理及结构参数进行研究，日本日精电机株式会社（NISSEI）研制了一种机械气力式水田除草机，通过空气压缩机形成高压气体，通过喷射口喷出高压气体吹动压铁材料拍打株间土壤，完成株间杂草打压动作，但由于机具整体重量较大且需配置空气压缩机，无法在深泥脚田环境开展作业，仍停留于试验阶段并未应用推广；韩国石井农机公司（MASCUS）研制了一种机械液力式水田除草机，通过高压水流射击原理配合除草辊进行行间及株间除草作业，但其对射击压力、喷射距离及机具前进速度等运行参数要求严格，影响部件平稳作业性能。东北农业大学韩豹教授团队研制了一种多功能复式中耕除草机，通过前后两组梳齿对作物和杂草进行交替梳理，采用随机间苗式螺旋齿除去杂草，完成行间及株间除草作业，但梳齿对作物击打和梳齿缠草导致伤苗率较大；华南农业大学马旭教授团队研制了配套于乘坐式及步进式水田除草机具多种关键部件，如螺旋刀齿式及柔性弹齿式等，并开展机械-水田耦合虚拟试验研究及台架验证，提高机具作业质量及效率。

　　综上所述，国内外学者对株间除草部件研究多集中于部件结构创新及运行参数优化，对多种机械分离方式与杂草土壤复合系统作用机理缺乏深入研究，并未深入探讨其土壤内部结构变化及作物根系损伤情况，且由于除草部件对行间作物与杂草统一处理的固定作业模式（随机具前进运动同时进行自身旋转或摆动复合运动），仅通过增大对秧苗及杂草接触面积和作业力提高株间区域除草率，亦将增加相应伤苗率，无法满足株距不一致及植物生长不均等状况下株间除草农艺要求。

综合分析，应重点分析株间除草区域内机械部件与土壤杂草根系复杂系统内有效机械分离作用机理，探求不同区域环境土壤下秧苗与杂草机械损伤临界差异，结合多种新型技术开展株间除草部件创新设计研究。

5.2　稻田植物生长特性与除草农艺要求

5.2.1　稻田植物生长特性

（1）水稻生长特性

水稻生长发育主要分为两个彼此联系而性质不同的生育阶段，即营养生长阶段和生殖生长阶段。其中营养生长阶段包括幼苗期、分蘖期和拔节期；生殖生长阶段包括拔节孕穗期、抽穗开花期和灌浆结实期，亦可细分为孕穗期、抽穗期、扬花期、乳熟期、蜡熟期和完熟期，各时期水稻生长状态如图 5-12 所示。

a. 幼苗期　　　b. 分蘖期　　　c. 拔节期　　　d. 孕穗期　　　e. 抽穗期

f. 扬花期　　　g. 乳熟期　　　h. 蜡熟期　　　i. 完熟期

图 5-12　水稻各生长时期

其中水稻产量与根系发育具有较大关系，亦与稻根活力呈正相关。掌握水稻生长特性及其与环境间关系，是保证稻作高产的重要原则之一。其中分蘖期是水稻生长过程中氮代谢最旺盛阶段，亦是水稻中耕除草主要时期，采用合适方式进行田间除草，合理补施分蘖肥，可有效促进水稻秧苗快速长根、出叶及分蘖。

水稻根系属于须根系，具有发达不定根，可完成固着、吸收、输导及通气等功能，其由种子根和冠根组成。水稻种子发芽时，由胚直接伸出 1 条种子根，其后茎基部密集节上所生的根为冠根；由于水稻移栽时根系受损，移栽后 3～7 天根系生长较慢，此段重发新根和萌发新叶时期为返青期；移栽第 7 天时，次生根已大量生成，其横向分布、呈扁椭圆形且高度约 10mm，如图 5-13a 所示。返青结束后即进入分蘖期，此时根横向扩展最大，其 20cm 范围内根群分布呈扁椭圆形，根数可高达千条，一般为 200 条左右，根长可达 40～60cm，水稻移栽后 20 天根系状态如图 5-13b 所示。其中自分蘖至抽穗时期为根系生长最重要阶段，因此除草时如何尽量避免伤苗是水田中耕机械除草的基础。

a. 移栽后第7天水稻根系　　b. 移栽后第20天水稻根系

图 5-13　移栽后水稻根系生长状态

（2）稻田杂草生长特性

东北水田最常见杂草主要包括稗草、野慈姑和茨藻等，其中数量最多且危害最大的杂草为稗草，因此相比于其他种类杂草，稗草生长特性得到广泛关注与研究。稗草隶属禾本科，与秧苗外形颇为相似，与水稻伴生性强，近些年已成为水田第一恶性杂草，严重影响水稻产量和品质。田间稗草密度越大，水稻产量损失越显著。水稻产量受稗草影响主要是因为其生长发育过程受稗草竞争，分蘖数量下降。田间试验表明，稗草密度为 1.67 株/m³ 时，水稻产量降低 16.48%；稗草密度为 13.33 株/m³ 时，水稻产量降低 50%以上。稗草具有发达根系，仅在生长初期根系少而纤细，移栽后第 7 天稗草根系状态如图 5-14a 所示，此时稗草仅 1 或 2 根须根，植株高度为 3～5cm；移栽后第 14 天稗草根系状态如图 5-14b 所示。

通常情况下，稗草在日平均气温达 10℃即开始萌发，与土层深度和水层具有密切关系，土层 2～5cm 基本皆可出苗，7cm 以上出苗 30%左右，10cm 时基本不出苗，当土层湿润状态时稗草出苗率较高，水层达 3～5cm 时出苗率为 50%～60%。一般移栽后第 7 天时，水稻秧苗进入分蘖期，亦是稗草萌发的第一个高峰，此时水稻秧苗根系相较于同时期稗草根系强壮，水稻与稗草根系所受土壤阻力差距最大且稗草生长处于高峰期，因此多选择移栽后第 7 天进行第一次除草时间；移栽后第 10 天开始稗草萌发率逐渐下降，移栽后第 14 天之后稗草基本上不生长，因此第二次除草最佳时间为移栽后第 14 天。当两次中耕除草后，新生稗草高度将远低于水稻高度，其光合作用无法进行且通风亦受到影响，已无法与秧苗进行资源竞争。

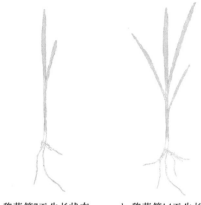

a.稗草第7天生长状态　　　　b.稗草第14天生长状态

图 5-14　稗草根系生长状态

5.2.2　水稻中耕除草农艺要求

黑龙江省为早熟单季稻作区，根据其积温带差异种植时间亦有所不同。其中第三和第四积温带在 5 月 10 日左右，气温 12℃以上时进行插秧，插秧后返青期较长，最佳除草时间为插秧后 10～20 天；第一、第二积温带在 5 月中下旬，气温 15℃以上时进行插秧，插秧后气温高、光照足且杂草生长迅速，最佳除草时间为插秧后 7～20 天。秧苗插秧后 2 周时秧苗和稗草根部分布深度分别为 80～100mm 和 30～50mm。在水田中耕除草时期，田间泥脚深度为 180～200mm，返青后控水，泥浆层深度为 20～50mm，正常水稻种植行距为 200～300mm，株距为 120～200mm，应满足田间除草率大于 75%且伤苗率小于 5%的农艺要求。

5.3　田间水稻秧苗与稗草拔出力测试

在水田中耕除草过程中，作业部件直接作用于水稻秧苗或稗草，如何保证在不损伤水稻秧苗情况下将稗草除去是设计水田除草作业部件需考虑的问题。水稻秧苗被作业部件拔出土壤是机械损伤最常见的方式之一，因此水稻秧苗和稗草拔出力对机械除草部件设计具有重要影响，本研究将对其进行测试和分析，寻求将稗草除去而不损伤水稻秧苗的最佳取值范围，以期对后续机械除草部件设计提供重要理论依据。

（1）理论基础

当水稻秧苗或稗草具备被拔离土壤趋势时，其接触面主要受水吸附力、有机无机胶体黏结力、根系与土壤表面滑动产生的摩擦力及根系表面受土壤运动所产生的剪切力等。上述力系较为复杂，将各力综合为土壤对水稻秧苗阻力 F_d 和土壤对稗草阻力 F_b。

以水稻秧苗拔秧过程为例进行力学分析，如图 5-15 所示。当所施加外力为 F_1 时，水稻秧苗与土壤仍保持相对静止，此时 F_{d1} 与外力 F_1 平衡，由于水稻秧苗与土壤间仅具有相对运动趋势，并未发生实质相对运动，此时水稻秧苗与土壤间阻力 F_{d1} 为静阻力。静阻力随外力增大而增大，但静阻力增大具有一定限度，当所施加外力逐渐增至 F_2 时，水稻秧苗将产生相对运动，此时与之大小相等且方向相反的土壤对水稻秧苗阻力为最大静阻力 F_{dmax}。由力学分析可知，当外力 F_3 大于最大静阻力 F_{dmax} 时，水稻秧苗将被加速拔离土壤。同理，可得稗草最大静阻力为 F_{bmax}。

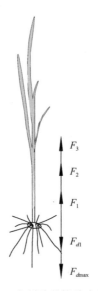

图 5-15　水稻秧苗拔秧力学分析

水稻秧苗不被外力拔离土壤条件为

$$F < F_{dmax} \tag{5-1}$$

将稗草拔离泥土外力条件为

$$F \geqslant F_{bmax} \tag{5-2}$$

将式（5-1）和式（5-2）合并可得，将稗草拔离土壤而又不损伤水稻秧苗力学条件为

$$F_{dmax} > F \geqslant F_{bmax} \tag{5-3}$$

（2）试验材料与方法

1）试验时段

由前期调研及预试验可知，水田第一次除草时段为水稻移栽后第 7 天，第二

次除草时段为水稻移栽后第 14 天。本研究在水稻移栽后第 7 天和第 14 天对水稻秧苗和稗草进行两次拔取试验。

2）试验材料

试验水稻与稗草选自哈尔滨市香坊区幸福镇人工插秧水稻田地，水稻移栽前未对田地施肥及喷施化学除草剂等处理，其他田间管理措施根据实际农业生产开展。水稻品种为龙阳 12 号，第一次除草时段水稻秧苗平均高度为 226.5mm，平均茎粗为 2.1mm；稗草平均高度为 110.4mm，平均茎粗为 1.7mm。第二次除草时段水稻秧苗平均高度为 300.5mm，平均茎粗为 2.9mm；稗草平均高度为 156.3mm，平均茎粗为 2.7mm。

3）试验设备

试验设备为 WDW-5 型微机控制电子式万能试验机（济南试金集团有限公司），如图 5-16 所示。采用量程为 0～200N、测量精度为 0.02N 拉压传感器进行测试，配套计算机可实时显示并存储采集数据，以便于数据处理与分析。为防止夹具损伤水稻秧苗或稗草，影响测试准确性，采用两片 3mm 厚且弹性较好的橡胶垫贴于夹具内侧。

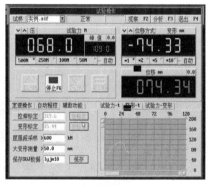

a. 试验设备　　　　　　　　　　　b. 计算机显示界面

图 5-16　拔取力测试系统

4）试验方法

分别将田间第一次和第二次除草时段水稻秧苗和稗草移至高为 200mm、直径为 220mm 的器皿内，在转移过程中，始终保持足够量的土壤裹覆于水稻秧苗和稗草根系周围，保证其根系生长环境与田间一致。

同龄水稻秧苗根须数量、单根直径及扎根深度相差不大。单穴内水稻秧苗株数对根直径和扎根深度影响较小，但根须总数量随单穴水稻秧苗株数增多而增加，反之亦然。为便于统计分析，综合研究单穴水稻秧苗株数对拔出力影响，为确定单穴水稻秧苗株数量，第一次除草时段在试验田随机抽查 120 穴秧苗进行观察统计。结果表明，第一次除草时段单穴水稻秧苗株数为 3～9 株；第二次除草时段水稻秧苗正处于分蘖期，所分蘖秧苗细弱，暂不计入单穴秧苗株数。因此，分别对两次除草时段单穴 3～9 株水稻秧苗进行重复试验。

（3）试验结果与分析

1）单穴水稻秧苗和稗草拔出力

以随机某组测试为例，分析单穴水稻秧苗或稗草拔出力性能。第一次除草时段，试验样本为 9 株/穴水稻秧苗，秧苗平均高度为 223mm，茎秆平均直径为 1.95mm，新生根平均长度和直径分别为 42.53mm 和 0.32mm。在测试过程中，计算机实时存储数据并通过 EXCEL 软件处理。图 5-17 为单穴水稻秧苗拔出力随时间变化曲线。

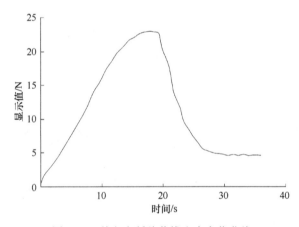

图 5-17　单穴水稻秧苗拔出力变化曲线

由图 5-17 可知，在静载工况下水稻秧苗拔出力先增大至最大值后迅速减小，最终趋于稳定状态。其原因主要为拔出力较小时土壤对水稻根系产生阻力，无法使水稻秧苗根系松动；随拔出力逐渐增大至最大值，土壤对其阻力亦达到最大，根系脱离原始土壤并逐渐向上运动，此时土壤对秧苗根系阻力即最大静阻力；此后由于秧苗根系脱离原始土壤，土壤对其阻力迅速减小，拔出力亦迅速下降，最后仅降至水稻秧苗和根系所黏附泥土重力值。由此可知，当外力超过土壤对水稻秧苗根系最大静阻力时，水稻秧苗即可被拔出。图 5-17 曲线中最大值即将水稻秧苗拔离土壤的外力临界值，其计算机显示临界值为 22.9N，经转换其实际值为 7.92N。

2）水稻秧苗及稗草拔出力测试结果与分析

水稻秧苗拔出力随秧苗株数增加而增大，主要由于水稻秧苗株数越多，相应根须数量增多，其与土壤接触面积越大，且土壤对其阻力相应增大；第一次除草时段水稻秧苗拔出力平均值 2.49N，第二次除草时段水稻秧苗拔出力平均值为

9.73N，产生此显著差异的原因主要为水稻秧苗经缓苗期后快速生长，根系迅速发展，土壤对根系阻力相应增大；平均单株秧苗拔出力变化不大，第一次和第二次除草时段水稻秧苗拔出力分别稳定于 0.82～0.94N 和 2.54～3.30N。

相对而言，稗草拔出力数值总体较小，主要由于稗草仅具有一条主根且单株生长，苗体纤细瘦弱，土壤对其根系阻力较小；第一次除草时段稗草拔出力平均值为 1.24N，第二次除草时段稗草拔出力平均值为 7.51N；各除草时段稗草拔出力差别较大，第一次和第二次除草时段稗草拔出力分别稳定于 0.58～1.68N 和 4.61～8.96N，主要由于稗草根系发育程度不同，而土壤与稗草根系接触面积亦不同，土壤对稗草阻力作用具有一定差异。

综合分析，第一次除草时段水稻秧苗拔出力较稗草拔出力大，主要由于其生长时间具有一定差异，水稻秧苗经育秧期和生长期，而稗草生长仅近 7 天；第二次除草时期稗草拔出力仍小于水稻秧苗，主要由于稗草单株生长且根须稀疏，而水稻秧苗多株生长且根系盘互交错，与土壤接触易产生合力效应（多根须与土壤作用合力大于各根须与泥土作用力），进而拔出力相应较大。各除草时段水稻秧苗和稗草拔出力具有显著差异的直接原因为土壤对其最大静阻力不同，其中水稻秧苗单穴多株生长、稗草单株生长和水稻秧苗或稗草根须数量、单根直径及扎根深度等根系发育程度导致根须与土壤接触面积不同；水稻秧苗或稗草生长时间不同是其根系发育程度具有差异的最直接原因。因此，水稻秧苗和稗草的生长时间、生长方式及其根系与土壤合力效应是导致其拔出力差异的根本原因。

5.4　系列株间机械除草部件设计

5.4.1　株间立式除草部件

（1）整体结构与工作原理

如图 5-18 所示，株间立式除草部件主要由安装圆盘和除草弹齿组成。其中除草弹齿是除草部件的核心部件，直接与土壤及杂草相互作用，其结构形状与尺寸参数的合理性直接影响机具作业质量。安装圆盘配设不同安装直径 R（50～100mm）及角度 σ（30°～90°）螺纹孔，将一定数量弹齿（4～12 根）以螺栓连接方式组成统一整体并驱动弹齿整体旋转作业。除草弹齿选用直径为 5mm、韧性较好的 45 号钢加工制造，根据实际弹齿入土深度，设计长度 L 为 300mm。为提高除草作业质量，弹齿末端采用弧线形设计（弧段长度 l 为 40mm，弧段圆角 α 为 43°，弧段半径 r 为 72mm），在水田土壤中弹齿以点接触形式与秧苗及杂草根系接触，可减少与秧苗接触面积，降低机械伤苗率，同时增加与土壤间接触滑移面积，有效提高除草效果。

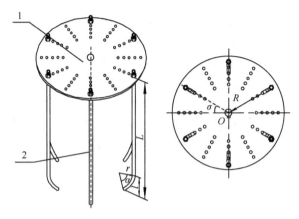

图 5-18　株间立式除草装置
1. 安装圆盘；2. 除草弹齿

在除草作业前，根据不同水稻种植模式行株距特点，调整除草圆盘作业间距，测量土质松软程度及水田土壤泥脚深度，调整机具及除草圆盘初始入土深度，避免因深度过大导致机具作业效率降低且伤苗率过高，因深度过浅导致机具作业质量下降。在机具作业过程中，当行走机具发动机通过链条和锥齿轮传动将动力传至除草旋转轴时，驱动立式除草装置旋转运动，如图 5-19 所示。

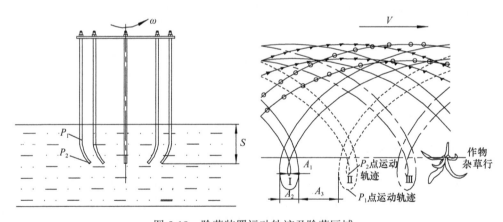

图 5-19　除草装置运动轨迹及除草区域

除草圆盘运动是随机具前进直线运动及自身旋转运动的复合，通过调整前进速度与自身旋转运动比例（即除草速比），实现除草弹齿株间均匀除草，减少作业过程中机械伤苗现象。在同一旋转周期内单个除草弹齿与苗行接触 2 次，可有效防止除草后秧苗单侧倒伏，完成杂草推拉及压埋作业。其中除草弹齿有效工作部位为土壤中弯曲弧段，将弯曲弧段两端点标记，即 P_1 点和 P_2 点，得到两端点复合运动作业轨迹，两轨迹所形成区域即除草区域（图中Ⅰ、Ⅱ和Ⅲ区域），通过调节弹齿数量及安装角度可适应不同株距和行距除草作业。

（2）立式除草运动学分析

为研究影响立式除草部件作业质量的主要因素，对立式除草弹齿进行运动学分析。以除草装置旋转中心为坐标原点 O，机具前进方向为 x 轴，与杂草作物行垂直方向为 y 轴，建立直角坐标系 xOy，如图 5-20 所示。则除草弹齿端点 P（x，y）的运动方程为

$$\begin{cases} x = v_m t + R\cos\omega t \\ y = R\sin\omega t \end{cases} \tag{5-4}$$

式中，R—弹齿安装半径，m；

　　　v_m—机具前进速度，m/s；

　　　ω—弹齿旋转角速度，rad/s；

　　　t—运动时间，s。

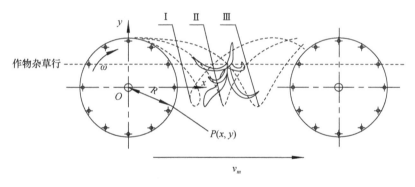

图 5-20　立式除草运动学分析

对式（5-4）求导，即可得弹齿端点沿 x 轴和 y 轴的运动分速度，将两方向分速度合成，其绝对速度为

$$v = \sqrt{v_x^2 + v_y^2} = \sqrt{v_m^2 + R^2\omega^2 - 2v_m R\omega\sin\omega t} \tag{5-5}$$

分析可知，除草弹齿运动轨迹与弹齿安装半径、旋转角速度及机具前进速度等相关。为分析各因素对除草轨迹及除草区域范围影响，本研究引入除草速比 λ 概念，即除草弹齿旋转角速度与机具前进速度的比值：

$$\lambda = \frac{R\omega}{v_m} \tag{5-6}$$

式中，λ—除草速比。

合理控制机具工作参数以调节除草速比，增加株间除草覆盖面积，保证除草弹齿压埋效果满足农艺除草要求。当除草速比 $\lambda < 1$ 时，弹齿运动至任何位置，其

水平分速度 v_x 皆大于零，即弹齿端点水平分速度与机具前进方向一致，其运动轨迹为短幅摆线，如图 5-20 中轨迹Ⅲ所示，此时弹齿对土壤作用力较大，作业区域较分散；当除草速比 λ>1 时，弹齿运动至任何位置，其水平分速度 v_x 皆小于零，即弹齿端点水平分速度与机具前进方向相反，其运动轨迹为余摆线，此时除草区域较均匀且可有效进行压埋作业，如图 5-20 中轨迹Ⅰ所示。

（3）除草动力学分析

为研究立式除草弹齿压埋机理，分析弹齿作用力对除草作业性能影响，运用材料力学理论建立杂草挠曲线方程，进行除草压埋动力学分析。图 5-21 为弯曲杂草茎秆简化模型，以杂草根系为坐标原点 O，弯曲变形前杂草茎秆轴线为 y 轴，水平土壤界面为 x 轴，建立直角坐标系 xOy，其中 xOy 平面为茎秆纵对称面。

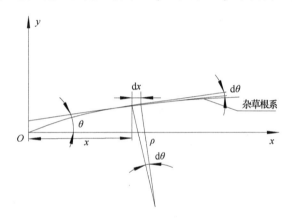

图 5-21　杂草弯曲挠曲线模型

根据材料力学理论，将弯曲变形后杂草茎秆轴线简化为挠曲线，其上任意点坐标为 (x, y)，则挠曲线方程为

$$y = f(x) \tag{5-7}$$

由平面假设可知，弯曲变形前垂直于轴线横截面，变形后仍垂直于挠曲线，因此其截面夹角 θ 为 y 轴与挠曲线法线的夹角，即 x 轴与挠曲线切线的夹角为

$$\theta = \arctan\left(\frac{dy}{dx}\right) \tag{5-8}$$

在纯弯曲情况下，弯矩与曲率间关系为

$$\frac{1}{\rho} = \frac{M}{EI} \tag{5-9}$$

式中，M—杂草茎秆横截面弯矩，N·m；

　　　E—杂草茎秆弹性模量，MPa；

I—杂草茎秆截面惯性矩，mm^4。

将式（5-8）转换为

$$\frac{d\theta}{ds} = \frac{d\theta}{dx}\frac{dx}{ds} = \frac{d}{dx}\left[arctan\left(\frac{dy}{dx}\right)\right]\frac{dx}{ds} \quad (5-10)$$

$$ds = \left[1+\left(\frac{dy}{dx}\right)^2\right]^{\frac{1}{2}}dx \quad (5-11)$$

式中，ds—两端法线焦点即曲率中心，确定其曲率半径为 ρ。

将式（5-10）和式（5-11）合并整理，可得

$$\frac{\dfrac{d^2x}{dx^2}}{\left[1+\left(\dfrac{dy}{dx}\right)^2\right]^{\frac{3}{2}}} = \frac{M}{EI} \quad (5-12)$$

式（5-12）为杂草茎秆变形后非线性挠曲线方程。为简化其求解过程，将式（5-12）进行线性变换，当杂草茎秆被压埋入土壤层后，其弯曲角度 θ 较小，即

$$\theta \approx \tan\theta\frac{dy}{dx} = f(x) \quad (5-13)$$

当杂草被压入土壤后，其挠曲线较为平坦，即 dy/dx 较小，则将式（5-12）转换为

$$\frac{d^2y}{dx^2} = \frac{M}{EI} \quad (5-14)$$

式（5-14）为杂草茎秆被压入土壤后挠曲线近似微分方程。在此基础上，对水平弹齿进行动力学分析，分析影响压埋效果主要因素，如图 5-22 所示，其中图中 I、II 和 III 区域分别为土壤泥浆层、根系密集层和泥土层。将杂草秧苗简化为下端固定、上端自由均质悬臂梁，受到土壤层对其作用力及弯矩作用。

当除草弹齿以点接触形式（作用点 o）与杂草发生碰撞，将其压埋入土壤中时，对杂草根茎任意横截面 P 皆产生一定力矩，即

$$M = -[Fg\cos\theta(h-x) + Fg\sin\theta(h-x)\tan\theta] = \frac{F(h-x)}{\cos\theta} \quad (5-15)$$

式中，F—杂草茎秆所受集中作用力，N；

h—受力点高度，mm；

θ—杂草弯曲角度，(°)。

将式（5-14）与式（5-15）整理合并，可得

$$EIy = \frac{F(h-x)}{\cos\theta} \quad (5-16)$$

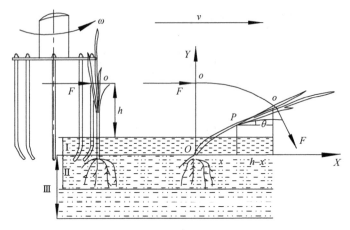

图 5-22　除草动力学模型

对式（5-16）进行二次积分，可得

$$EIy = \frac{1}{\cos\theta}\left(\frac{F}{6}x^3 - \frac{Fh}{2}x^2 + Cx + D\right) \qquad (5\text{-}17)$$

式中，C 和 D——积分常数项。

当作用点为坐标原点时（$x=y=0$）可得常数项 $C=D=0$。综上分析，杂草茎秆被压埋入土壤挠曲线方程为

$$EIy = \frac{1}{\cos\theta}\left(\frac{F}{6}x^3 - \frac{Fh}{2}x^2\right), \quad 0 \leqslant x \leqslant H \qquad (5\text{-}18)$$

由式（5-18）可知，对于特定杂草类型，其弹性模量 E 及截面惯性矩 I 恒定，当除草弹齿入土深度一定时，其受力点高度 h 不变，杂草弯曲角 θ 随弹齿作用力 F 增大而减小，即作用力越大其压埋除草效果越好。当弹齿对杂草作用力 F 一定时，杂草弯曲角 θ 随受力点高度 h 增大而增大，即受力点高度越大其压埋除草效果越差。

5.4.2　株间弹齿式除草部件

（1）工作原理

由水稻秧苗及稗草的物理特性可知，当弹齿盘工作时秧苗主根随弹齿转动，达到一定位置次生根将对主根产生拉力作用，主根下端向上弯曲，避开弹齿推力作用，使秧苗根部保持完好。秧苗次生根是一段椭圆状的粗壮根系，力学性质类似于弹性体，受外力时发生形变较小，若秧苗次生根与弹齿接触，次生根受土壤阻力和弹齿推力作用，随弹齿脱离土壤造成伤苗。由于稗草并未进入分蘖期，仅主根受土壤阻力与弹齿推力作用，随弹齿转动被打出土壤，如图 5-23 所示。

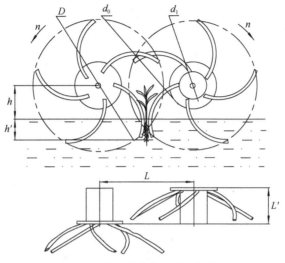

图 5-23　弹齿式除草部件工作机理

（2）关键结构设计

1）弹齿盘形状

弹齿盘主要由套筒、弹齿盘及弹齿等部件组成，如图 5-24 所示。为减少水稻秧苗机械损伤并增大除草率，采用圆弧状且向后具有一定倾斜角弹齿盘结构设计。在工作过程中，弹齿盘通过旋转将杂草在离心力作用下沿弧线向外甩出，同时弹齿与秧苗不完全接触，可减少对秧苗机械损伤，增加有效除草面积，提高株间除草质量。以弹齿盘中心为圆点建立空间直角坐标系，其中弹齿形状在 XOZ 面上采取倾斜角式，在 XOY 面上采取圆弧式，通过对其中心曲线设计可得中心曲线函数解析式为

$$XOZ: \left[X + \frac{25}{324}(Z-36)^2 - 150\right]^2 + \left[(X-75)^2 + (Y+110)^2 - 133^2\right]^2 = 0 \quad （5-19）$$

$$XOY: (X-75)^2 + (Y+110)^2 = 133^2 \quad （5-20）$$

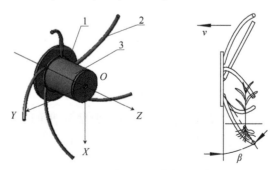

图 5-24　株间除草弹齿盘结构
1. 弹齿盘；2. 弹齿；3. 套筒

综合分析，若倾斜角过小，将导致其滑移力过大；若倾斜角过大，将导致严重机械伤苗问题。为保证除草弹齿可顺利甩出杂草，所设计倾斜方向应与旋转方向相同，最终确定倾斜角 β 为 30°。

2）弹齿盘运动分析

根据株间除草弹齿作业机理，对盘齿端部速度和加速度进行分析，如图 5-25 所示。根据点合成运动定理，得到分析株间除草弹齿端点速度为

$$\begin{cases} v_e = v_a \cos\theta \\ v_r = v_a \sin\theta \end{cases} \tag{5-21}$$

其中，

$$\begin{cases} v_a = \sqrt{v_e^2 + \left(\dfrac{\omega D}{2}\right)^2} \\ v_r = \dfrac{\omega D}{2} \\ \tan\theta = \dfrac{2v_e}{\omega D} \end{cases} \tag{5-22}$$

式中，v_a—盘齿端实际运动速度，m/s；

v_e—除草机前进速度，m/s；

v_r—弹齿盘上盘齿端运动速度，m/s；

ω—弹齿盘转动角速度，rad/s；

D—弹齿盘旋转直径，m；

θ—除草盘运动角，rad。

由式（5-22）可知，弹齿盘实际运动速度与除草机前进速度、弹齿盘转动角速度及弹齿盘旋转直径等相关，且均呈正比关系；而除草盘运动角与除草机前进速度成正比，与弹齿盘转动角速度和弹齿盘旋转直径成反比。

结合图 5-25a 弹齿盘运动方向坐标设定，弹齿端点运动方程可表示为

$$\begin{cases} x = \dfrac{D\sin\omega t}{2} \\ y = \dfrac{D\cos\omega t}{2} \\ z = v_e t \end{cases} \tag{5-23}$$

由式（5-23）可知，弹齿盘运动方程与弹齿盘转动角速度相关，且弹齿盘转动角速度影响弹齿盘运动变化波动幅度。由图 5-25b 可得其对应加速度在坐标轴上的投影表达式为

$$\begin{cases} a_a^y = a_r^n = \dfrac{\omega^2 D}{2} \\[2mm] a_a^x = \dfrac{\alpha D}{2} \\[2mm] a_a^z = a_e \end{cases} \qquad (5\text{-}24)$$

式中，α—弹齿盘转动角加速度，rad/s^2；

　　　a_e—除草机前进加速度，m/s^2。

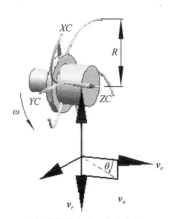

a. 株间除草弹齿端点速度分析

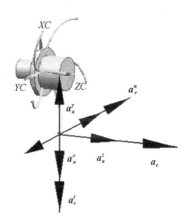

b. 株间除草弹齿端点加速度分析

图 5-25　株间除草弹齿端点运动学分析

根据动量定理，获得弹齿盘除草过程施加于秧苗、稗草和土壤力值分别为

$$\begin{cases} F_x = \dfrac{m\alpha D}{2} \\[2mm] F_y = \dfrac{m\omega^2 D}{2} \\[2mm] F_z = m a_e \end{cases} \qquad (5\text{-}25)$$

式中，m—弹齿盘质量，kg。

当弹齿盘对秧苗和稗草相互作用时，其所产生变形如图 5-26 所示，秧苗和稗草主要产生的变形为弯曲和轴向拉伸组合变形。假设地面对秧苗和稗草约束为固定端，设任意截面 B 至地面距离为 z，则横截面 B 上的弯矩 M 在 x、y、z 轴的投影分别为

$$\begin{cases} M_x = F_z \sin\theta \cos\beta(h-z) + F_y \cos\theta(h-z) \\ M_y = -F_z \sin\theta \sin\beta(h-z) - F_x \cos\theta(h-z) \\ M_z = -F_y \sin\theta \cos\beta(h-z) + F_x \sin\theta \sin\beta(h-z) \end{cases} \qquad (5\text{-}26)$$

其中，任意横截面 B 上轴力为

$$F_z = ma_e \tag{5-27}$$

式中，h—秧苗和稗草高度，m；

β—秧苗和稗草运动角，rad。

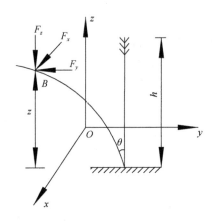

图 5-26　水田植物力学分析

当弹齿盘匀速转动时，$F_x=0$；当除草机匀速前进时，$F_z=0$。由此获得水田植物弯曲应力表达式为

$$\sigma_{\max} = \frac{2A\rho\omega^3 D^3 h}{\pi d^3 \sqrt{v_e^2 + \omega^2 \left(\dfrac{D}{2}\right)^2}} \tag{5-28}$$

为减少除草过程中机械损伤问题，有效提高机具作业质量，各类型植株强度表达式可分别表示为

稗草

$$\frac{2A_{tc}\rho_{tc}\omega^3 D^2 h_c}{\pi d_c^3 \sqrt{v_e^2 + \omega^2 \lambda^2}} > \sigma_{cs} \tag{5-29}$$

秧苗

$$\frac{2A_{tc}\rho_{tc}\omega^3 D^2 h_m}{\pi d_m^3 \sqrt{v_e^2 + \omega^2 \lambda^2}} \leqslant \frac{\sigma_{ms}}{n_s} \tag{5-30}$$

式中，A_{tc}—弹齿横截面面积，m²；

ρ_{tc}—弹齿材料密度，kg/m³；

d_c—稗草最小横截面直径，m；

d_m—秧苗最小横截面直径，m；

h_c—稗草高度，m；

h_m—秧苗高度，m；

σ_{cs}—稗草屈服极限应力，MPa；

σ_{ms}—秧苗屈服极限应力，MPa；

n_s—秧苗安全系数。

由式（5-29）和式（5-30）可知，水田植物强度与水田植物本身屈服强度、水田植物横截面直径、弹齿盘材料、弹齿旋转直径、弹齿盘转动角速度及机具前进速度等相关。

3）弹齿盘转动角速度范围

由弹齿盘运动分析及水田植物强度分析可知，弹齿盘转动角速度主要受弹齿长度、除草机前进速度、稗草或秧苗直径、稗草或秧苗弹性模量、稗草或秧苗高度、稗草或秧苗屈服应力、弹齿材料密度及弹齿横截面面积等影响。为减少机械伤苗率并提高除草质量，弹齿盘转动角速度应满足的关系为

$$\frac{\sigma_c \pi d_c^3}{2 A_{tc} \rho_{tc} D^2 h_c} \leqslant \omega \leqslant \frac{\sigma_m \pi d_m^3}{2 n_s A_{tc} \rho_{tc} D^2 h_m} \tag{5-31}$$

5.5　系列行间机械除草部件设计

5.5.1　笼辊式行间除草轮

（1）整体结构与工作原理

笼辊式行间除草轮主要由除草笼、支架、旋转轴、弹簧及限位销钉等部件组成，如图 5-27 所示。其中行间除草笼由支架和螺栓固定于机架，除草笼随机具

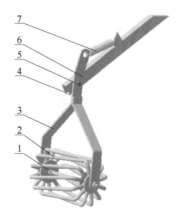

图 5-27　笼辊式行间除草轮

1. 旋转轴；2. 除草笼；3. 支架；4. 机架；5. 螺栓；6. 限位销钉；7. 弹簧

运动时其自身亦绕旋转轴随动翻滚，可通过调节限位销钉与支架定位倾斜角控制除草深度；通过弹簧保证在行间除草时除草笼柔性仿形，避免除草笼机械损坏。为防止行间除草笼轧压秧苗，秧行两侧 40mm 内杂草由株间除草盘去除，因此设计除草笼有效长度为 220mm。

在作业过程中因机具前进驱动力作用，除草笼轮齿将与泥土产生摩擦，使除草笼绕轴转动且轮齿可将杂草轧入泥中，使其无法进行光合作用。若水田泥面不平或存在其他杂物，除草笼受到较大载荷拉伸弹簧使支架绕螺栓转动实现过载保护，亦可防止壅土问题，除草笼工作后泥面趋于平整，为其后置株间除草部件作业创造有利条件，单个轮齿运动轨迹曲线如图 5-28 所示。

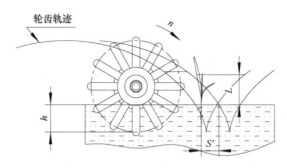

图 5-28　行间除草笼运动分析

（2）关键结构参数确定

在行间除草笼转动前进过程中，若除草笼轮齿个数过少，将导致漏草问题；若除草笼轮齿个数过多，将导致除草笼质量过大。若除草笼轮齿转动半径过大，亦将造成漏草问题，因此合理确定其轮齿转动半径和轮齿个数是保证其作业质量的关键。

重点对行间除草笼轮齿运动轨迹进行分析，设定机具前进速度为 0.4～1.0m/s，轮齿绝对速度为除草笼前进速度与其自身转动速度的复合。如图 5-29 所示，选取轮齿与 Z 轴重合时位置 A 为初始位置，取任意位置 B 为研究对象，则

$$\frac{\omega_0}{2\pi}2\pi r_0 = V \Rightarrow \omega_0 = \frac{V}{r_0} \tag{5-32}$$

式中，ω_0—轮齿角速度，rad/s；

r_0—轮齿旋转半径，mm。

$$V_0 = \omega_0 r_0 \Rightarrow V_0 = V \tag{5-33}$$

式中，V_0—轮齿旋转线速度，rad/s。

$$V_Z' = V - V\sin\angle AOB \tag{5-34}$$

$$V_X' = V \cos \angle AOB \tag{5-35}$$

式中，V_X'—轮齿 X 轴方向速度，m/s；

　　　V_Z'—轮齿 Z 轴方向速度，m/s。

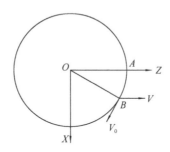

图 5-29　轮齿上任意一点速度分析

$$V' = \sqrt{(V_X')^2 + (V_Z')^2} \tag{5-36}$$

式中，V'—轮齿于位置 B 时速度，m/s。

由式（5-37）即可得到轮齿转动一周所需时间 t_0 为

$$t_0 = \frac{2\pi}{\omega_0} \Rightarrow \frac{2\pi r_0}{V} \tag{5-37}$$

分析式（5-38）可得轮齿转动轨迹函数方程，其轮齿运动轨迹螺旋线可表示为

$$\frac{dS_0}{dt_0} = V \Rightarrow S_0 = \int_0^{\frac{2\pi r_0}{V}} V' dt_0 \tag{5-38}$$

可得相邻轮齿转动至相同位置时间差 T_0 为

$$T_0 = \frac{2\pi}{N_0 \omega_0} \tag{5-39}$$

式中，N_0—轮齿个数，个。

图 5-30 为相邻轮齿轨迹除草关系，其中线段 AB 为杂草茎部，设定长度为 40mm，C 为线段 AB 中点；轨迹 1 和 2 为相邻轮齿转动一周的运动轨迹，轨迹 1 为前一个轮齿的运动轨迹。当相邻轮齿中第一个轮齿恰好接触至杂草茎部底端 B 时，若第二个轮齿运动轨迹与线段 AB 相交点高于 C 点或不相交，除草笼将导致漏草问题；若轮齿运动轨迹满足相邻轮齿中第一个轮齿恰好接触至杂草茎部底端 B，第二个轮齿运动轨迹与线段 AB 相交于 C 点，则除草笼将避免漏草现象且重量最小。由上述理论分析设计轮齿个数为 12、除草深度为 40～50mm 和前进速度为 0.4～1.0m/s，最终确定轮齿半径为 100mm，其轮齿外径和内径分别为 10mm 和 6mm。

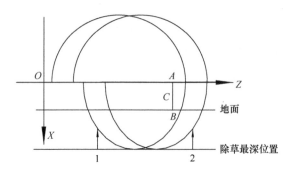

图 5-30　相邻轮齿轨迹除草关系

5.5.2　耙齿式行间除草轮

（1）整体结构与工作原理

如图 5-31 所示，其主要通过主动除草轮与被动除草轮共同作用，并配置轻简化限深板。在作业过程中，主动除草轮除草耙齿入土和出土时可有效压实并挑动土壤，将行间杂草埋压于土壤中或挑出土壤外，使杂草无法进行光合作用或扎根，实现中耕除草目的。被动除草轮除草耙齿作用与主动除草轮除草耙齿相同，同时可辅助除草和限制主动除草轮工作位置。限深板可碾压杂草并限制主动除草轮位置，防止机具下陷和保持机具行走稳定。此类耙齿式行间除草轮可有效增加秧苗两侧土壤疏松程度，有利于渗水和透气，促进水稻生长发育。

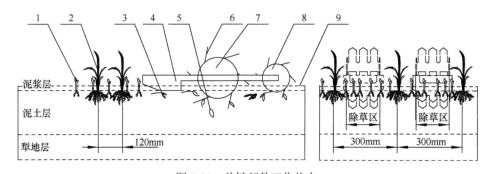

图 5-31　关键部件工作状态

1. 杂草；2. 水稻秧苗；3. 被碾压杂草；4. 限深板；5. 被埋压杂草；6. 除草耙齿；
7. 主动除草轮；8. 被动除草轮；9. 被挑出杂草

（2）主动除草轮

主动除草轮由耙齿、轮盘和除草轮轴等部件组成，如图 5-32 所示。本研究重点对其除草轮半径、宽度、耙齿长度、数量、安装位置及工作转速等进行分析确定。

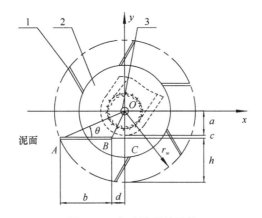

图 5-32　主动除草轮结构

1. 耙齿；2. 轮盘；3. 除草轮轴

1）主动除草轮半径

主动除草轮动力主要由链传动传递，其半径尺寸需保证有效除去杂草，亦应防止侧传动箱底部与泥土接触而增大阻力。如图 5-32 所示，设定主动除草轮回转轴线与侧传动箱底部距离为 a，限深板和被动除草轮限定主动除草轮除草深度，并使侧传动箱底部与泥面距离为 c，主动除草轮泥面下长度为 h，则主动除草轮无滑转时滚动半径 r_w 可表示为

$$r_w = a + c + h \qquad (5\text{-}40)$$

式中，a—主动除草轮回转轴线与侧传动箱底部距离，mm；

c—侧传动箱底部与泥面距离，mm；

h—主动除草轮泥面下长度，mm；

r_w—主动除草轮无滑转时滚动半径，mm。

其中设计主动除草轮回转轴线与侧传动箱底部距离 a 为 50mm，侧传动箱底部与泥面距离 c 为 10～20mm。根据杂草根系长度 30～50mm，为有效除去杂草，减小滑转，主动除草轮在泥面以下部分长度应大于杂草根系长度，设计主动除草轮泥面下长度 h 为 70～80mm，由式（5-40）确定主动除草轮无滑转时滚动半径 r_w 为 130～150mm。

2）耙齿长度、数量和安装位置

在作业过程中，为减少主动除草轮磨损与功率消耗，应使主动除草轮处于纯滚动状态，但由于外界泥土条件变化，主动除草轮不可避免地将出现滑转，其滑转程度采用滑转率 δ 表示，即

$$\delta = \frac{v_l - v}{v_t} \qquad (5\text{-}41)$$

式中，v_l—主动除草轮无滑动时滚动圆周速率，m/s;

v_t—主动除草轮理论速度，m/s;

v—主动除草轮实际速度（主动除草轮轮心平移速度），m/s。

$$v_l = r_w \omega \qquad (5\text{-}42)$$

式中，r_w—主动除草轮无滑转时滚动半径，m;

ω—主动除草轮角速度，rad/s。

$$v = r \omega \qquad (5\text{-}43)$$

式中，r—主动除草轮滚动半径，m。

其中 $r = S/(2\pi)$，即主动除草轮旋转一周机具行走距离 S 与 2π 之比。将式（5-41）~式（5-43）合并，可得

$$S = 2\pi r_w (1 - \delta) \qquad (5\text{-}44)$$

若作业时不漏除草，除草轮所有耙齿长度之和应大于或等于除草轮旋转一周机具行走距离，即

$$bZ \geqslant 2\pi r_w (1 - \delta) \qquad (5\text{-}45)$$

式中，b—耙齿长度，m;

Z—耙齿数量，个。

为防止主动除草轮堵塞泥土，耙齿数量不宜过多，由式（5-45）可知，若耙齿数量增多，耙齿长度可变短，但滑转率亦将增加；若耙齿数量减少，除草机工作平稳性将降低。综合分析，选取耙齿数量 Z 为 6，则耙齿长度 b 应满足

$$b \geqslant \frac{1}{3}\pi r_w (1 - \delta) \qquad (5\text{-}46)$$

为保证整片耙齿完全工作，耙齿入土时应与泥面完全贴合，即图 5-32 所示 AB 段耙齿。耙齿和轮盘焊接而成，设计时需确定耙齿和轮盘位置，即确定 OC 和 BC 长度。

在 $\triangle OAC$ 中，$OC = a + c$，有

$$\sin\theta = \frac{OC}{OA} = \frac{a+c}{r_w} \qquad (5\text{-}47)$$

$$\tan\theta = \frac{OC}{AC} = \frac{a+c}{b+d} \qquad (5\text{-}48)$$

由式（5-47）和式（5-48）可得

$$BC = d = \frac{a+c}{\tan\left(\arcsin\dfrac{a+c}{r_w}\right)} - b \qquad (5\text{-}49)$$

3）主动除草轮宽度和工作转速

为减少机具作业后对水稻秧苗机械损伤，综合考虑主变速箱和侧传动箱设计

宽度，设计主动除草轮宽度稳定于 150～170mm。

主动除草轮动力主要由发动机提供，为选择发动机类型和主变速箱传动比，需确定除草轮转速，根据水田中耕除草农艺要求，其主动除草轮轮心平移速度 v 应低于 0.67m/s，由式（5-50）和式（5-51）可得，主动除草轮角速度 ω 为

$$\omega = \frac{v}{r_w(1-\delta)} \tag{5-50}$$

主动除草轮转速 n 为

$$n = \frac{\omega}{2\pi} = \frac{v}{2\pi r_w(1-\delta)} \tag{5-51}$$

（3）被动除草轮

被动除草轮主要依靠泥土对耙齿摩擦力驱动除草轮旋转，具有辅助除草和限制主动除草轮工作位置作用。在工作过程中，被动除草轮回转轴线与主动除草轮回转轴线在同一平面，并与泥面平行，在泥面以下设计长度应与杂草长度相等。被动除草轮宽度与主动除草轮宽度相同，被动除草轮转速与其运动状态相关，被动除草轮耙齿的数量和安装角度设计方法与主动除草轮相似，在保证滚动半径和入土时与泥面完全贴合的前提下，耙齿长度可适当调整。

5.5.3　复合式行间除草轮

针对各类型除草机具设计需求，本研究创新设计了具有旋切作用的除草弹齿盘，即同时具备埋压拉拔杂草和行走功能的复合式结构。除草部件主要由旋切作用除草弹齿盘和同时具有埋压拉拔杂草及行走功能的行走轮组成，如图5-33所示。

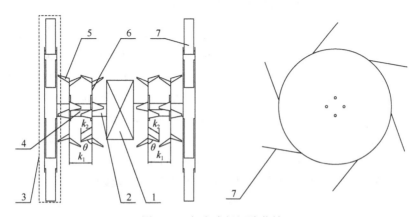

图 5-33　复合式行间除草轮

1. 减速器；2. 蜗轮轴；3. 行走轮；4. 连接件；5. 除草弹齿盘；6. 弯折弹齿；7. 除草板齿

由于除草弹齿盘并不具备行走功能，因此在满足其除草功能的同时尽量减小其与土壤间阻力。综合考虑机具除草深度，设计除草弹齿盘最大回转直径为220mm，4个除草弹齿盘横向排列，单个除草弹齿盘横向宽度为40mm。若所设计的除草弹齿盘厚度过大，将严重浪费材料并增加机器重量；若除草弹齿盘厚度过小，将影响其机械强度，且易发生变形，综合分析设计除草弹齿盘厚度为2mm。

为实现单个除草弹齿盘最大化除草作业，同时保证蜗轮轴两端轴承所承受侧向压力相对平衡，弯折弹齿采用双侧倾斜方式布置保证其尽可能交错入土，如图5-34所示。除草弹齿盘上弯折弹齿倾斜角 θ 取值应综合是否存在漏除现象，当弯折弹齿既不漏除也不重复除草时应满足式（5-52），即

$$\theta = \arcsin \frac{k_1}{2k_2} \tag{5-52}$$

式中，θ—弯折弹齿弯折角度，（°）；

k_1—相邻除草弹齿盘间隙，mm；

k_2—单个弯折弹齿长度，mm。

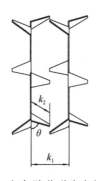

图5-34　相邻除草弹齿盘位置关系

将所设计的相邻除草弹齿盘间隙 k_1 设定为50mm，单个弯折弹齿长度 k_2 设定为29mm，代入式（5-52）可得，弯折弹齿弯折角度 θ 为60°。选用除草弹齿盘材料为65Mn弹簧钢，弹簧钢遇较硬物质时不易变形，对其进行冷拔硬化及镀锌处理，使其具有足够韧性和塑性，同时具有较高防锈及防腐蚀性能。行走轮由6个除草板齿和2个旋转圆盘固接而成，为满足深泥脚田除草作业要求，行走轮最大回转直径设计为520mm，行走轮宽度设计为40mm，选择铝合金材料以减轻机具重量。

为保证作业过程中沿机具前进方向不漏除，除草弹齿盘上所有弯折弹齿除草作用长度之和应大于除草弹齿盘旋转一周时机具实际前进距离，即

$$Zs \geqslant v\frac{60}{n} \tag{5-53}$$

式中，Z—除草弹齿盘上弯折弹齿个数，个；

　　s—单个弯折弹齿在旋转一周时作用于泥土距离，m；

　　v—除草机前进速度，m/s；

　　n—除草弹齿盘转速，r/min。

　　式（5-53）中单个弯折弹齿在旋转一周时作用于泥土距离 s 主要与除草弹齿盘最大回转直径和除草深度相关，当除草深度最浅为 50mm 且每个弯折弹齿刚好相切时，单个弯折弹齿在旋转一周时作用于泥土距离 s 可表示为

$$s = 2\sqrt{4r_1h - h^2} - \frac{60v}{n\pi}\arccos\left(1 - \frac{h}{2r_1}\right) \tag{5-54}$$

式中，r_1—除草弹齿盘上弯折弹齿顶点至蜗轮轴中心距离，m；

　　h—除草深度，m。

　　将式（5-54）代入式（5-53），可得

$$Z \geqslant \frac{60\pi v}{2\pi n\sqrt{4r_1h - h^2} - 60v \cdot \arccos\left(1 - \frac{h}{2r_1}\right)} \tag{5-55}$$

　　确定除草弹齿盘上弯折弹齿顶点至蜗轮轴中心距离 r_1 为 110mm 和最小除草深度 $h_{\min}$ 为 50mm，代入式（5-55）可得弹齿个数 Z 近似为 3。单个除草弹齿盘上设计双侧各 3 个弯折弹齿，总计 6 个弯折弹齿，在旋转一周时每个弯折弹齿作用于泥土距离 s 部分重叠，满足杂草不漏除要求。

5.6　系列水田中耕除草机具配置

5.6.1　用于铺膜插秧的水田单行除草机

　　铺膜插秧种植方式水田环境是由秧苗、杂草、土壤、水及地膜等多种物质耦合的环境，如图 5-35 所示，从上而下依次为地膜层、泥浆层和泥土层，其中泥浆层深度为 20～40mm，泥土层深度为 170～240mm。为便于后期田间管理及人工揭膜，在铺膜插秧作业后，相邻 2 个作业单元（1 个作业单元为 6 行）秧苗行距为 500mm，地膜分别向作业单元两侧行间延伸 100mm，有效除草区域为 300mm。

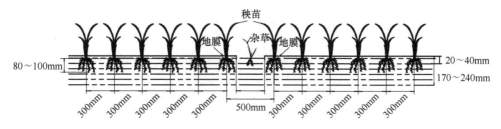

图 5-35　铺膜插秧稻田土壤状态

针对铺膜插秧种植方式，所设计水田单行除草机如图5-36所示，其主要由行走轮、仿形浮漂、挡泥板、机架、发动机、摩擦离合总成、扶手、除草弹齿盘、蜗轮蜗杆减速器等部件组成。整机以二冲程汽油机为动力，采用二级传动方式，其中一级传动为离合摩擦环传动，二级传动为蜗轮蜗杆传动。除草部件通过螺栓连接固定于蜗轮轴，由仿形浮漂调节除草深度。

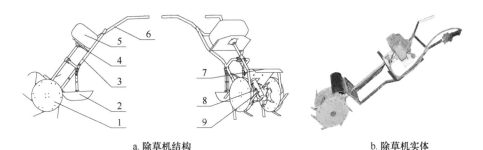

a. 除草机结构　　　　　　　　　　　　　　b. 除草机实体

图 5-36　用于铺膜插秧的水田单行除草机

1. 行走轮；2. 仿形浮漂；3. 机架；4. 摩擦离合总成；5. 发动机；6. 扶手；
7. 挡泥板；8. 蜗轮蜗杆减速器；9. 除草弹齿盘

在作业过程中，单行除草机由发动机提供作业动力，动力经减速器传递至蜗轮轴，除草部件通过套筒铰接于蜗轮轴。作业前可通过调节仿形浮漂高度以保证除草深度。由秧苗和杂草（稗草为主）的物理特性可知，秧苗移栽7天后秧苗根部主要由一个主根和大量生长的次生根组成，而经旋耕整地后新长出的杂草（稗草为主）仅有一根纤细脆弱主根。作业时除草部件以一定速度切入土壤，土壤对行走轮产生的反向阻力推动机器前进，由于滑转率存在，在最大深度处将存在一定相对运动。在回转过程中，除草弹齿盘旋切或行走轮板齿挤压并翻转土壤，使泥土松软，并在行走轮埋压拉拔作用下使杂草被挑出土壤或者被切断抛离土壤，实现有效中耕除草，如图5-37所示。图中r_1为除草弹齿盘半径，r_2为旋转板尺最大回转半径，h_2为除草部件中心距泥浆层表面高度。

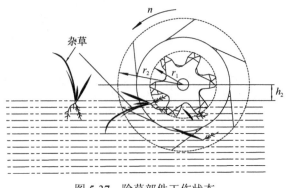

图 5-37　除草部件工作状态

单行除草机结构设计应符合铺膜插秧种植方式中耕除草农艺要求，用于铺膜插秧的水田单行除草机主要技术参数如表 5-3 所示。

表 5-3　用于铺膜插秧的水田单行除草机主要技术参数

参数	数值
外形尺寸（长×宽×高）/（mm×mm×mm）	900×300×1200
配套动力/kW	≥2.2
整机重量/kg	30
传动方式	离合摩擦环传动/蜗轮蜗杆传动
除草方式	膜间除草
工作效率/（hm²/h）	>0.35
除草率/%	≥75

（1）除草部件配置

1）复合式行间除草轮

除草部件作为除草机核心工作部件，对机具除草性能具有重要影响。针对设计要求，水田单行除草机除草部件可选用同时具有埋压拉拔杂草和行走功能的复合式行间除草轮。其具体结构及配置参见关键部件部分，其除草部件主要由除草弹齿盘、行走轮和中间连接件等部件组成，单个行走轮和 2 个除草弹齿盘采用螺栓固接，并通过中间连接件完全固定于蜗轮轴。

2）仿形浮漂

为实现除草作业时可仿形随动并保证其除草深度，研究设计了一种可根据水田土壤高低起伏状态进行随动的仿形浮漂，如图 5-38 所示。其主要由拖板、支杆、连接杆、螺旋拉伸弹簧等部件组成，采用聚氟四乙烯苯板加工制造，具有质量轻、不沾泥且便于清理等优点。在作业过程中，根据各时期除草泥脚深度，通过调节支杆与机架铰接位置控制除草深度。仿形浮漂受土壤支撑力作用，其中空设计浮漂

图 5-38　仿形浮漂
1. 拖板；2. 支杆；3. 螺旋拉伸弹簧；4. 连接杆

利用水层对浮漂的浮力作用增加支撑效果，保证机具行走效果，亦可对机具行走具有一定导向作用，在远距离运输时亦可将仿形浮漂拖板换装为运输轮。

（2）整机传动系统

单行除草机主要依靠除草弹齿盘和行走轮的复合结构完成膜间除草作用，其行走轮通过与土壤摩擦力达到旋转前进目的。机具传动系统设计方案为动力经二冲程汽油发动机传出，发动机最大功率为 2.5kW，动力经摩擦离合环传至行星减速器，行星减速器与蜗杆相连并减速，动力由蜗杆蜗轮传递至蜗轮轴，驱动铰接于蜗轮轴的除草部件作业。设定发动机变速箱传动比为 1∶4，综合考虑水田农业机械滑转率问题，选择传动比为 1∶30 蜗轮蜗杆减速器，具体传动系统如图 5-39 所示。

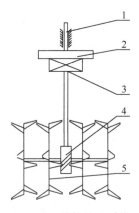

图 5-39 整机传动系统

1. 动力输入轴；2. 摩擦离合环装置；3. 行星减速器；4. 蜗轮蜗杆减速器；5. 除草弹齿盘

（3）除草机动力学分析

为选取合适的发动机并设计合理的传动比减速器，需对除草机驱动力矩进行计算，分别对除草部件、机架与仿形浮漂整体进行力学分析。除草机接触土壤部件主要为除草部件与仿形浮漂。

1）除草部件力学分析

除草部件（包括除草弹齿盘和行走轮）作为机具关键部件之一，其主要受土壤法向力和摩擦力，如图 5-40 所示。以除草弹齿盘中心为坐标原点 O，x 轴正方向与除草机前进方向相反，除草部件（包括除草弹齿盘和行走轮）集中受力点与原点 O 横向距离为 S_1、纵向距离为 h_1；在各工况下，其合力受力点位置具有一定差异，由于行走轮和除草弹齿盘对土壤垂直挤压主要发生于第三象限，可得土壤对除草系统合力受力点在第三象限。

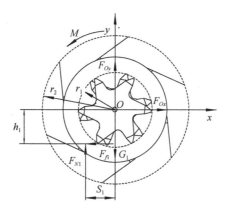

图 5-40　除草部件力学分析

当除草机匀速作业时，其力学平衡方程为

$$\begin{cases} \sum F_x = F_{Ox} - F_{f1} = 0 \\ \sum F_y = G_1 - F_{Oy} - F_{N1} = 0 \\ \sum M_O(F) = M - F_{N1}S_1 - F_{f1}h_1 = 0 \end{cases} \tag{5-56}$$

式中，F_{Ox}—蜗轮轴对除草部件合力沿 x 轴分力，N；

　　　F_{f1}—土壤对除草部件合力沿 x 轴分力，N；

　　　G_1—除草部件重力，N；

　　　F_{Oy}—蜗轮轴对除草部件合力沿 y 轴分力，N；

　　　F_{N1}—土壤对除草部件合力沿 y 轴分力，N；

　　　M—除草机驱动力矩，N·m。

2）机架与仿形浮漂整体力学分析

机架与仿形浮漂整体力学分析如图 5-41 所示，机架与仿形浮漂整体重心与原点 O 横向距离为 S_2、纵向距离为 h_3；仿形浮漂受力集中点与原点 O 横向距离为 S_3、纵向距离为 h_2。当机架与仿形浮漂整体匀速作业时，其力学平衡方程为

$$\begin{cases} \sum F_x = F_{f2} - F'_{Ox} = 0 \\ \sum F_y = F_{N2} - G_2 - G_3 - F'_{Oy} = 0 \\ \sum M_O(F) = F_{f2}h_2 + F_{N2}S_3 \\ \quad -(G_2 + G_3)S_2 - M' = 0 \end{cases} \tag{5-57}$$

式中，G_2—仿形浮漂重力，N；

　　　G_3—机架重力，N；

　　　F_{f2}—土壤对仿形浮漂合力沿 x 轴分力，N；

　　　F_{N2}—土壤对仿形浮漂合力沿 y 轴分力，N；

F'_{Ox}——除草部件对蜗轮轴合力沿 x 轴分力，N；

F'_{Oy}——除草部件对蜗轮轴合力沿 y 轴分力，N；

M'——除草机驱动力矩反力矩，N·m。

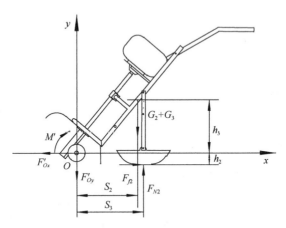

图 5-41 机架与仿形浮漂整体力学分析

图 5-41 中，$F_{Ox} = F'_{Ox}$，$F_{Oy} = F'_{Oy}$，$M=M'$，$F_{f1} = f_{N1}F_{N1}$，$F_{f2} = \mu F_{N2}$，f_{N1} 为滚动摩擦系数，μ 为滑动摩擦系数。由式（5-56）和式（5-57）可得 $F_{f1} = F_{f2}$。假设 $f_{N1} = \mu = 1$，则 $F_{f1} = F_{N1}$，$F_{f2} = F_{N2}$。

因此，可得

$$F_{f1} = F_{f2} = F_{N1} = F_{N2} \tag{5-58}$$

由式（5-57）和式（5-58）可得

$$\begin{cases} M = F_{N1}S_1 + F_{f1}h_1 = F_{N1}\left(S_1 + h_1\right) \\ F_{Oy} = G_1 - F_{N1} \\ F'_{Oy} = F_{N2} - G_2 - G_3 \end{cases} \tag{5-59}$$

将式（5-58）和式（5-59）合并，可得

$$F_{N1} = \frac{G_1 + G_2 + G_3}{2} \tag{5-60}$$

合并式（5-58）～式（5-60），可得

$$M = \frac{G_1 + G_2 + G_3}{2}\left(S_1 + h_1\right) \tag{5-61}$$

因 S_1 和 h_1 皆位于第三象限，故由图 5-41 可得

$$\sum\nolimits_{\max}\left(S_1 + h_1\right) = \frac{\sqrt{2}}{2}d_2 \tag{5-62}$$

将式（5-62）代入式（5-61），可得

$$M_{max} = \frac{\sqrt{2}\left(G_1 + G_2 + G_3\right)d_2}{4} \tag{5-63}$$

式（5-63）中，$G_1+G_2+G_3$ 为整机重力，约 294N，代入 d_2=0.52m 得到 M_{max}=54N·m。当发动机以额定功率工作时，蜗轮蜗杆减速器输出扭矩应大于 54N·m，以满足设计及平稳作业要求。

5.6.2　轻简型水田中耕除草机

轻简型水田中耕除草机主要由汽油发动机、一级减速器、二级减速器、提拉把手、扶手、链传动箱、被动除草轮、主动除草轮及浮漂等部件组成，如图 5-42 所示。其中发动机选配为 1.75kW 二冲程混合油发动机，机身承重部件提拉把手、扶手和机架均采用 Q235 材料，以提升机具强度同时降低制造成本。非承重工作部件链传动箱、浮漂及除草轮等均采用铝合金材料，有效降低机具整体重量。

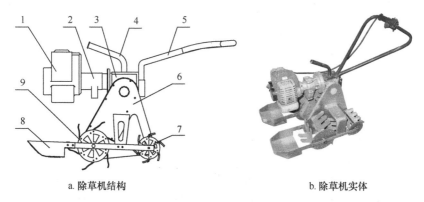

a. 除草机结构　　　　　　　　　　　　　　　　b. 除草机实体

图 5-42　轻简型水田中耕除草机

1. 汽油发动机；2. 一级减速器；3. 二级减速器；4. 提拉把手；5. 扶手；
6. 链传动箱；7. 被动除草轮；8. 浮漂；9. 主动除草轮

在作业过程中，动力由发动机输出经两级减速器传至链轮，并通过链条传动带动主动除草轮旋转完成除草作业。机具采用四个除草轮进行除草，其中置于机具前方两个主动除草轮承担除草作业，同时仍具备驱动行走轮功能；后部两侧被动除草轮采用随动形式设计，完成辅助除草功用，同时保证除草作业的稳定性与可靠性。轻简型水田中耕除草机主要技术参数如表 5-4 所示。

（1）除草部件配置

1）主动除草轮

主动除草轮选用耙齿式行间除草轮，其主要由主动除草轮轴、主动除草轮板、

限位螺栓和 6 组中耕除草耙齿等部件组成。通过限位螺栓连接链轮箱中下链轮轴带动除草轮旋转，如图 5-43 所示。

表 5-4　轻简型水田中耕除草机主要技术参数

参数	数值
外形尺寸（长×宽×高）/（mm×mm×mm）	970×485×750
配套动力/kW	≥0.77
整机重量/kg	40
传动方式	双边链条传动
除草方式	耙齿式行间除草
工作效率/（hm²/h）	0.075
除草率/%	≥75

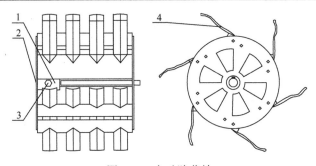

图 5-43　主动除草轮
1. 主动除草轮轴；2. 主动除草轮板；3. 限位螺栓；4. 中耕除草耙齿

2）被动除草轮

被动除草轮参考耙齿式行间除草轮设计方法，主要由辅助除草轮轴、辅助除草轮板、限位螺栓和 6 组辅助除草耙齿等部件组成，如图 5-44 所示。置于机具后方的辅助除草轮在功能上与主动除草轮存在不同，具有辅助除草、搅拌水田泥土及增强中耕效果等作用，因功能差异在除草耙齿设计过程中可做出相应改动。

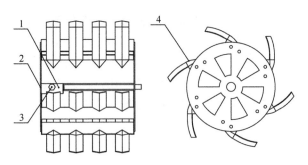

图 5-44　被动除草轮
1. 辅助除草轮轴；2. 辅助除草轮板；3. 限位螺栓；4. 辅助除草耙齿

中耕除草耙齿主要承担行走任务，应减少其与水田土壤相对滑动，而较长除草耙齿可增加除草作业深度，有利于提升中耕整地效果，将下层水田土壤翻耕至上层，并不易与水田土壤产生相对位移。在作业过程中，辅助除草耙齿可将中耕除草耙齿翻耕水田下层土壤与上层土壤充分混合，达到改善水田土壤性状、疏松水田土壤和二次除草的目的。除草耙齿设计较短长度，减少除草作业深度，有利于降低搅拌除草作业中功率消耗，有效降低辅助除草耙齿切削水田土壤所受阻力。由于辅助除草耙齿被动转动，因此采用较短耙齿长度、较小端面弯折角度和刃面外凸形曲线设计，可有效降低辅助除草耙齿所受阻力，增强结构强度。

3）限深板

限深板可限定主动除草轮位置并碾压杂草，防止机具下陷并保证机具稳定行走。其限深板底面与泥面直接接触，限深板上部与主动除草轮和被动除草轮回转轴线在同一平面即可，其中限深板宽度与主动除草轮宽度相同。为减小除草机工作阻力，设计限深板长度和宽度相同，其泥面接触长度为限深板长度的一半，如图 5-45 所示。

图 5-45　限深板三维模型

（2）整机传动系统

机具主要由 1.75kW 单缸二冲程发动机提供动力，发动机变速箱传动比为1∶20，选定主变速箱传动比为 1∶10 的 RV40 蜗轮蜗杆减速器。在传动同时可进行换向，将动力传递至链传动箱，随链条传动驱动主动除草轮旋转，具有轻便、灵活及可靠性高等特点，整机传动系统如图 5-46 所示。其中链传动箱可提高发动机与减速器离地间隙，避免秧苗受发动机刮擦损伤，链传动箱对称排布亦保证除草机行进过程的稳定性，同时将机具中耕行走装置和除草装置整合有效简化除草机整体结构。

（3）除草机动力学分析

在作业过程中，除草机与水田土壤直接接触部件主要为主动除草轮、被动除草轮和限深板。为选择发动机和主变速箱类型，仍需确定除草机的驱动力矩，因此本研究将对主动除草轮、被动除草轮、机架和限深板（发动机、发动机变速箱、主变速箱、侧传动箱、机架及限深板作为整体进行分析，简称"机架和限深板"）三部分进行受力分析，如图 5-47 所示。

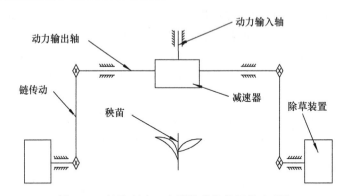

图 5-46　轻简型水田中耕除草机整机传动系统

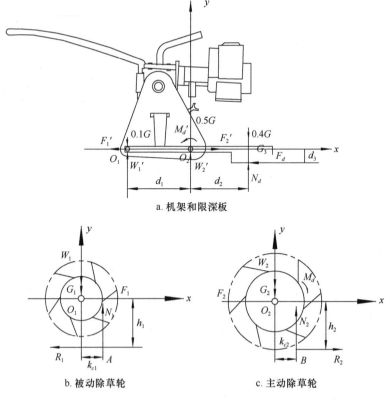

图 5-47　关键部件力学分析

设除草机前进方向与 x 轴正方向相同，被动除草轮铰链点 O_1 与主动除草轮铰链点 O_2 的距离为 d_1，限深板质心点与主动除草轮铰链点 O_2 的距离为 d_2，机架（包括发动机、发动机变速箱、主变速箱、侧传动箱和机架）重力为 G，铰链点 O_1、O_2 和限深板质心所分配重力分别为 $0.1G$、$0.5G$ 和 $0.4G$，如图 5-47a 所示。

主动除草轮和被动除草轮入土部分受泥土法向力作用，同时受泥土摩擦力作用。法向力和摩擦力大小随泥土性能、除草轮形状和位置不同而变化，合力作用点位置也相应变化。由于耙齿对泥面的垂直挤压发生在第四象限，可确定合力作用点在第四象限某处。假设图 5-47b 中 A 点和图 5-47c 中 B 是合力作用点，将此力分解为水平分力 R 和垂直分力 N。

如图 5-47c 所示，当主动除草轮匀速作业时，其力学平衡方程为

$$\begin{cases} \sum F_x = R_2 - F_2 = 0 \\ \sum F_y = N_2 - W_2 - G_2 = 0 \\ \sum M_{O_2}(F) = N_2 k_{c2} + R_2 h_2 - M_d = 0 \end{cases} \tag{5-64}$$

式中，R_2—泥土合力对主动除草轮的作用力沿 x 轴方向分力，N；

N_2—泥土合力对主动除草轮的作用力沿 y 轴方向分力，N；

M_d—驱动力矩，N·m；

W_2—机架和限深板对铰链点 O_2 载荷，N；

G_2—主动除草轮重力，N；

F_2—主动除草轮牵引机架对主动除草轮作用力，N；

k_{c2}—合力作用点 B 与 y 轴的距离，m；

h_2—合力作用点 B 与 x 轴的距离，m。

如图 5-47b 所示，当被动除草轮匀速作业时，其力学平衡方程为

$$\begin{cases} \sum F_x = F_1 - R_1 = 0 \\ \sum F_y = N_1 - W_1 - G_1 = 0 \\ \sum M_{O_1}(F) = N_1 k_{c1} + R_1 h_1 = 0 \end{cases} \tag{5-65}$$

式中，R_1—泥土合力对被动除草轮的作用力沿 x 轴方向分力，N；

N_1—泥土合力对被动除草轮的作用力沿 y 轴方向分力，N；

W_1—机架和限深板对铰链点 O_1 载荷，N；

G_1—被动除草轮重力，N；

F_1—机架和限深板对被动除草轮拉力，N；

k_{c1}—合力作用点 A 与 y 轴的距离，m；

h_1—合力作用点 A 与 x 轴的距离，m。

如图 5-47a 所示，当机架和限深板匀速作业时，其力学平衡方程为

$$\begin{cases} \sum F_x = F_2' - F_1' - F_d = 0 \\ \sum F_y = W_1' + W_2' + N_d - G_3 - (0.1 + 0.5 + 0.4)G = 0 \\ \sum M_{O_2}(F) = 0.1Gd_1 + N_d d_2 + M_d' - W_1'd_1 - F_d d_3 - (G_3 + 0.4G)d_2 = 0 \end{cases} \tag{5-66}$$

式中，F_1'——被动除草轮对机架拉力，N；

$\quad\quad F_2'$——主动除草轮牵引机架作用力，N；

$\quad\quad F_d$——泥土对限深板摩擦力，N；

$\quad\quad W_1'$——被动除草轮对铰链点 O_1 载荷，N；

$\quad\quad W_2'$——主动除草轮对铰链点 O_2 载荷，N；

$\quad\quad N_d$——泥土对限深板载荷，N；

$\quad\quad G_3$——限深板重力，N；

$\quad\quad G$——机架重力，N；

$\quad\quad M_d'$——驱动力矩对铰链点 O_2 反作用力矩，N·m。

由式（5-64）～式（5-66）可知，$W_1 = W_1'$，$W_2 = W_2'$，$F_1 = F_1'$，$F_2 = F_2'$，$R_1 = f_{r1}N_1$，$R_2 = f_{r2}N_2$，$F_d = \mu N_d$，f_{r1} 和 f_{r2} 为滚动摩擦系数，μ 为滑动摩擦系数。

选取 R_2 最大时设计除草机的驱动力矩。假设 $f_{r1} = f_{r2} = \mu = 1$，则 $R_1 = N_1$，$R_2 = N_2$，$F_d = N_d$，由式（5-64）转换可得

$$M_d = (W_2 + G_2)(k_{c2} + h_2) \tag{5-67}$$

由式（5-64）～式（5-66）综合可得

$$F_d = F_2' - F_1' = F_2 - F_1 = R_2 - R_1 = N_2 - N_1 = G_2 + W_2 - (G_1 + W_1)a \tag{5-68}$$

$$N_d = G + G_3 - W_1' - W_2' = G + G_3 - W_1 - W_2 \tag{5-69}$$

由于 $F_d = N_d$，式（5-68）和式（5-69）求解可得

$$W_2 = \frac{1}{2}(G + G_1 + G_3 - G_2) \tag{5-70}$$

将式（5-70）代入式（5-67）可得

$$M_d = \frac{1}{2}(G + G_1 + G_2 + G_3)(k_{c2} + h_2) \tag{5-71}$$

由图 5-47c 可知，$\sum_{max}(k_{c2}, h_2) = \sqrt{2}r_w$，代入式（5-71）可得驱动力矩为

$$M_{d\,max} = \frac{\sqrt{2}}{2}(G + G_1 + G_2 + G_3)r_w \tag{5-72}$$

5.6.3 弹齿式水田中耕除草机

弹齿式水田中耕除草机主要由动力底盘系统、株间除草弹齿、笼辊式行间除

草轮、仿形限深部件、机架、传动系统等部件组成，如图 5-48 所示。其中行/株间除草部件以三点悬挂方式连接于动力底盘系统，由仿形限深部件调节除草深度。配置 5.5kW 手扶式微耕机底盘为动力底盘系统，机架从上至下配装链轮、弯管及 4 个（2 套）株间除草弹齿，单套株间除草弹齿两根钢丝软轴间由一根轴连接，3 个笼辊式行间除草轮与株间除草弹齿交替错位布置，笼辊式行间除草轮随机具前进随动除草，株间除草弹齿由底盘系统驱动主动旋切，各除草部件共同作用实现行/株间中耕除草作业。弹齿式水田中耕除草机主要技术参数如表 5-5 所示。

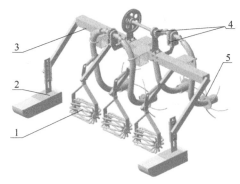 

a. 除草机结构　　　　　　　　　　　　b. 除草机实体

图 5-48　弹齿式水田中耕除草机
1. 笼辊式行间除草轮；2. 仿形限深部件；3. 机架；4. 传动系统；5. 株间除草弹齿

表 5-5　弹齿式水田中耕除草机主要技术参数

参数	数值
外形尺寸（长×宽×高）/（mm×mm×mm）	1200×920×850
配套动力/kW	≥5.5
整机重量/kg	45
传动方式	链条传动
除草方式	笼辊式行间除草/弹齿式株间除草
工作效率/（hm²/h）	0.125～0.150
除草率/%	≥80

（1）除草部件

水田中耕除草机株间除草选用弹齿式除草部件，行间除草选用笼辊式除草部件，株间除草部件和行间除草部件交叉排布，作业行数为 3 行，其主要结构参数参见关键部件部分。

（2）整机传动系统

机具核心执行部件主要为行间除草轮及株间除草弹齿，其中笼辊式行间除草轮通过机具前进驱动力于水田滚动，属随动作业部件，无需配置传动设计。株间除草弹齿需依靠动力驱动其旋切除草，因此整机传动系统主要针对株间除草弹齿配置。

在作业过程中，动力经发动机皮带轮减速传送至除草机带轮，带轮与轴相连，轴侧配装小链轮，经链传动将动力传动至万向节联轴器，最终通过钢丝软轴将动力传至弹齿式除草部件进行株间除草作业。其整机传动系统核心部件即钢丝软轴和万向节联轴器，如图 5-49 所示。

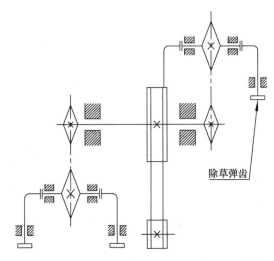

图 5-49　弹齿式水田中耕除草机整机传动系统

5.6.4　遥控电动式水田双行除草机

遥控电动式水田双行除草机主要由履带、图传模块、除草装置、遥控一体机及电控配件等部件组成，如图 5-50 所示。整机采用全电控方式，以东北地区水稻种植农艺为指导，优化设计地隙、履带宽度及机体长度等结构参数。

在作业过程中，通过操纵遥控器驱动电机运转，经行星轮减速器减速增扭后传递至驱动轮，驱动轮外型孔与履带内齿相互啮合，当作用于履带驱动力大于除草机前进所受阻力时，履带支重轮将在履带内转动。除草机后退时仅需改变驱动电机转动方向，除草机转弯时通过改变两侧驱动电机转速实现，同时摄像头将田间路况信息传递至操纵人员遥控器显示屏上，以便平稳操纵机具开展作业。工作时机具依靠耙齿式除草部件入土和出土可扰动及压实土壤，将杂草连根拔出、打断或压埋于土壤，其作业状态如图 5-51 所示。

遥控电动式水田双行除草机采用远程无线遥控方式，开展水田中耕精准除草作业，其整机结构采用轻量化机架设计配置，机具结构紧凑简单，质量轻，可有效改善机具作业通用性及灵活性，减轻水田作业劳动强度，提高作业效率与质量。

遥控电动式水田双行除草机主要技术参数如表 5-6 所示。

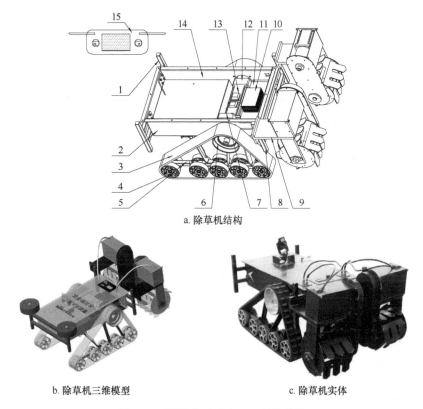

a. 除草机结构

b. 除草机三维模型　　　　　　　　c. 除草机实体

图 5-50　遥控电动式水田双行除草机

1. 前连接架；2. 机架；3. 履带；4. 支重轮；5. 悬挂架；6. 驱动轮；7. 图传模块；8. 后连接架；9. 除草装置；
10. 降压模块；11. 驱动器；12. 底盘减速器；13. 底盘电机；14. 电瓶；15. 遥控一体机

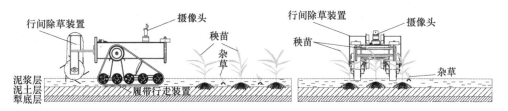

图 5-51　除草机工作状态

（1）关键部件配置

1）悬挂机构

履带类机具悬挂机构是连接车体与支重轮全部部件总称，其作业环境多为高低不平状态，高速作业将导致车轮承受较大冲击。为有效缓冲吸振，避免因振动造成关键部件机械损伤，故选用弹性悬挂装置，即支重轮通过弹性元件与车体连接。由于水田中耕除草机需保证质量轻且结构简单，运输时可在干硬平坦路面行驶，且外界不易造成过大振动，因此采用支重轮和机体连接平衡悬挂机构。综合分析机体重量分配及支重轮安装位置，所设计的除草机悬挂机构如图 5-52 所示。

表 5-6   遥控电动式水田双行除草机主要技术参数

参数	数值
外形尺寸（长×宽×高）/（mm×mm×mm）	650×500×386
底盘最低地隙/mm	240
质量（带配重）/kg	80
整机额定功率/kW	1.6
底盘额定扭矩/（N·m）	32
除草装置额定扭矩/（N·m）	19
履带宽度/mm	80

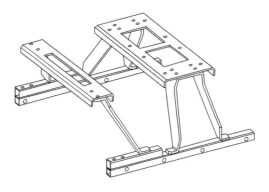

图 5-52   除草机悬挂机构

2）张紧机构

张紧机构主要实现履带总成张紧调节，由导向、定位和传动等部件组成。工作时若履带总成过紧，将消耗较大功率且缩短履带使用寿命；若履带总成过松，则易造成履带脱落问题。在设计优化过程中，应保证张紧机构可快速便捷调节履带总成，且实现无级调整。综合分析后采用滑块机构设计张紧机构，如图 5-53 所示。

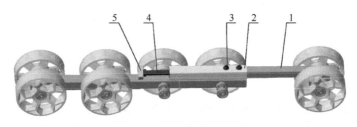

图 5-53   除草机张紧机构

1. 动杆；2. 定杆；3. 顶丝；4. 调整螺栓；5. 限位螺母

3）履带总成

为改善水田除草机具对深泥脚田适应性能，提高作业效率及稳定性，采用履带式结构设计其行走系统，设计三角形布局以提高整体离地间隙，其履带总成配置几何关系如图 5-54 所示。其整体上方履带轮为驱动轮，以提高驱动电机动力传递性，且驱动轮位置偏于机具后侧使整体重心后移，提高转弯过程的可操作性。

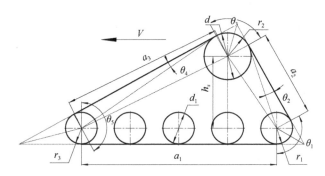

图 5-54　履带总成配置几何关系

根据履带总成及驱动轮配置几何关系，可得履带长度 L_a 为

$$L_a = L + \frac{d_e}{2\tan\theta_2} + \frac{d_e}{2\tan\theta_4} + \frac{\theta_1\pi d_e}{360°} + \frac{\theta_3\pi d}{360°} + \frac{\theta_5\pi d_e}{360°} \tag{5-73}$$

式中，L—履带接地长度，m；

θ_1、θ_3 和 θ_5—驱动轮及最前后端支重轮与履带包角，（°）；

θ_2 和 θ_4—最前后端支重轮圆心至驱动轮外缘切线与履带夹角，（°）；

d 和 d_e—驱动轮和各支重轮直径，m。

为避免水田作业机具出现原地打滑现象，选用凸起花纹为 5mm 无接缝橡胶履带，其行走阻力较常规金属履带小 15%～20%，无摩擦副约束，使用寿命较提高，具有一定吸振作用。综合分析水田作业机具刮擦、碾压秧苗、附着性和下陷深度等影响，设计履带宽度为 80mm。

履带接地比压直接影响整体通过性和稳定性，当机具重力水平面投影与履带接地段几何中心重合时，履带接地比压即均匀分布（平均接地比压），可表示为

$$P_a = \frac{G}{nbL} \tag{5-74}$$

式中，P_a—履带平均接地比压，MPa；

G—机具重力，N；

n—履带条数，条；

b—履带宽度，m。

由相关文献及实际田间预试验可知，水田履带式作业机具最大接地比压 P_r 应

不大于0.01MPa，可得

$$\frac{G}{nbP_r} < L \qquad (5\text{-}75)$$

综合机具重力 G 设计预估值为 0.7～0.9kN，履带条数 n 为 2 条，计算可得 L 应大于 560mm，即设计行走系统最前后端支重轮中心距 L（接地长度）为 600mm。

4）底盘电机选型

底盘电机作为机具关键部件之一，其功率影响整机行走及除草性能。在选型配置过程中，应重点对工况下驱动轮最大转速与最大扭矩进行分析，并求解各工况下功率需求。在机具转弯过程中所需扭矩远大于直线行驶时扭矩，因此建立机具转向平面运动模型，如图 5-55 所示。

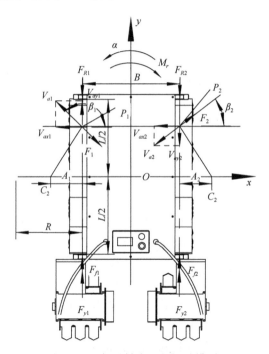

图 5-55　机具转向平面运动模型

此状态下除草轮主要受土壤摩擦力对机具推力作用，为合理简化模型将此力平移至履带，并对外侧履带进行力学分析，如图 5-56 所示。转向时履带绕瞬时旋转中心 C_2 旋转，以外侧履带纵向轴线微元 dy 为研究对象，作用于该微元地面切向反作用力 dF_2 大小与单位长度正压力成正比，因此沿履带接地段纵向中心线力学关系可表示为

$$dF_{f2} + dF_{y2} = dF_2 \sin\beta_2 = P_a\mu\sin\beta_2 dy \qquad (5\text{-}76)$$

其中，

$$\sin\beta_2 = \frac{V_{ay2}}{\sqrt{V_{ay2}^2 + V_{ax2}^2}}$$

式中，F_{f2}——外侧除草轮所受土壤摩擦力，N；

　　　F_{y2}——外侧履带驱动力，N；

　　　F_2——外侧履带 P_2 上与绝对速度方向相反作用力，N；

　　　β_2——外侧履带 P_2 上与绝对速度方向相反作用力与 x 轴夹角，（°）；

　　　μ——转向阻力系数；

　　　V_{ax2} 和 V_{ay2}——外侧履带 P_2 上绝对速度沿 x 轴和 y 轴分速度，m/s。

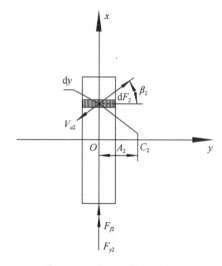

图 5-56　外侧履带力学分析

外侧履带整个接地段沿纵向中心线力学关系可表示为

$$F_{y2} + F_{f2} = \int_{-\frac{L}{2}}^{\frac{L}{2}} P_a \mu \sin\beta_2 \mathrm{d}y = \int_{-\frac{L}{2}}^{\frac{L}{2}} \frac{p_a \mu \alpha A_2}{\sqrt{(\alpha A_2)^2 + (\alpha y)^2}} \qquad （5\text{-}77）$$

其中，

$$F_{y2} = \frac{M_2}{R}$$

式中，A_2——外侧履带横向偏移量，m；

　　　α——转向角速度，rad/s；

　　　M_2——外侧履带电机扭矩，N·m；

　　　R——驱动轮半径，m。

将式（5-76）和式（5-77）合并，可得

$$\frac{M_2}{R} = \int_{-\frac{L}{2}}^{\frac{L}{2}} \frac{p_a \mu \alpha A_2}{\sqrt{(\alpha A_2)^2 + (\alpha y)^2}} - F_{f2} \tag{5-78}$$

对式（5-78）积分，可得

$$\frac{M_2}{R} = \frac{G\mu A_2}{2L} \ln \frac{\sqrt{\dfrac{L^2}{4} + A_2^2} + \dfrac{L}{2}}{\sqrt{\dfrac{L^2}{4} + A_2^2} - \dfrac{L}{2}} - F_{f2} \tag{5-79}$$

为简化计算，令 $\varepsilon_2 = \dfrac{A_2}{\left(\dfrac{L}{2}\right)}$，则式（5-79）可简化为

$$M_2 = \left(\frac{G\mu\varepsilon_2}{4} \ln \frac{\sqrt{1+\varepsilon_2^2}+1}{\sqrt{1+\varepsilon_2^2}-1} - F_{f2} \right) R \tag{5-80}$$

同理，内侧履带所需驱动扭矩大小 M_1 可表示为

$$M_1 = \frac{RG\mu\varepsilon_1}{4} \ln \frac{\sqrt{1+\varepsilon_1^2}+1}{\sqrt{1+\varepsilon_1^2}-1} \tag{5-81}$$

由理论分析及相关文献可知，各工况下 $\varepsilon_2 > \varepsilon_1$，且内外侧履带所需驱动扭矩关系为 $M_2 > M_1$，因此仅求解外侧履带所需驱动扭矩 M_2 即可，将相关参数代入式（5-80），可得所需驱动扭矩 M_2 为 24.77N·m，则需保证底盘电机扭矩应大于此数值。

在此基础上，重点对底盘电机所需功率进行求解，其中履带底盘理论行驶速度为支撑区域履带无滑转时机具行驶速度，由其最大前进速度可分析得到最大电机转速，即

$$n_q = \frac{60V_{\max}}{Zt} \tag{5-82}$$

式中，n_q—电机转速，r/min；

$V_{\max}$—最大理论行驶速度，m/s。

因此，所需底盘电机功率为

$$P = \frac{Mn_q}{9550} \tag{5-83}$$

将相关参数代入式（5-83），可得底盘电机功率 P 为 323W，设计时底盘总成选用两组功率为 500W、额定转速为 3000r/min 的直流无刷电机，并配套传动比为 1：20 行星轮减速器。

5）除草部件

除草部件主要由电机箱体盖、传动系统、行星轮减速器、直流无刷电机、电机箱体、靶齿式行间除草轮、除草轮支架及链条传动等部件组成，如图 5-57 所示。

配置动力为 350W 电机驱动，并安装传动比为 1∶6 侧传动箱进行动力传递。除草部件主要为靶齿式行间除草轮，其主要结构参数参见关键部件部分。在作业过程中，主要通过入土和出土扰动及压实土壤，将杂草连根拔出、打断或压埋于土壤。除草部件可通过螺栓连接固装于底盘连接架，调节连接板相对于底盘左右或上下位置以控制除草行距及深度，以适应各行距和田间工况作业要求。

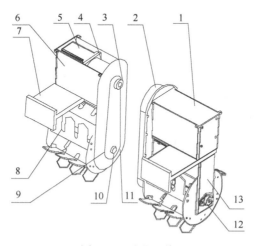

图 5-57　除草部件

1. 电机箱体盖；2. 侧传动箱；3. 小链轮；4. 行星轮减速器；5. 直流无刷电机；6. 电机箱体；
7. 连接板；8. 除草轮；9. 大链轮；10. 除草轮轴；11. 链条；12. 除草轮支架；13. 轴承座

6）电气系统

电气系统主要由遥控一体机、接收机、信号转换器、双路驱动器、降压模块及直流无刷电机等部件组成，其电传动总体线路如图 5-58 所示。其中遥控系统是整个控制装置核心，可根据遥控操纵台指定完成对整机起动、转向及停止等逻辑控制，并配设急停安全开关，防止遥控系统失灵或误动作所造成危害，如图 5-59 所示。

在作业过程中，由农技人员操纵遥控一体机，其内部发射器可实时发射无线信号经接收机转变为占空比可变波形（pulse-width modulation，PWM），并在信号转换器内经放大及信号变换转变为模拟信号，输出模拟信号经双路驱动器再次转变为 PWM 波，最终通过调节驱动电压脉冲宽度方式，并与电路中相应储能元件配合，改变输送至电枢电压幅值，实现控制直流无刷电机目的。其中视频传输系统主要由图像获取、图像传输与图像接收三部分组成，摄像器配置 SONY4140+673CCD 高清 700 线摄像头，清晰度达 700 线，摄像头将所捕捉的图像信息送至图像传输器，将信号传至遥控一体机显示屏，同时摄像头配设两自由度舵机，高清移动拍摄各方向目标，实现水田工况实时监测。

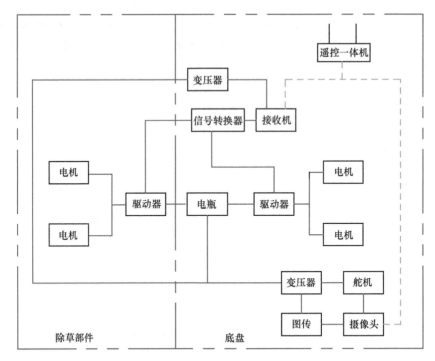

图 5-58 电传动总体路线

图 5-59 安全开关

（2）整机传动系统

遥控电动式水田双行除草机整机传动路线如图 5-60 所示。电子控制中心发出相应信号驱动底盘电机，动力经减速器减速增扭后传至两侧驱动轮，同时传递至行间除草轮，实现能量有效反馈调控，同时可高效利用系统反馈能量。

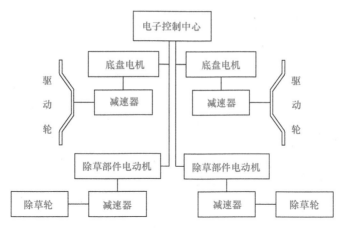

图 5-60　遥控电动式水田双行除草机整机传动路线

5.7　系列水田中耕除草机田间性能试验

5.7.1　用于铺膜插秧的水田单行除草机田间试验

（1）试验条件

为检验铺膜插秧的水田单行除草机田间作业性能，验证机具各项技术参数可靠性，于 2017 年 6 月在黑龙江省五常市拉林镇有机水稻生产基地开展田间试验。水稻品种为龙阳 16，铺膜插秧后 21 天，插秧后并未进行任何形式除草作业。秧苗行距为 0.5m，地膜向覆膜插秧机作业后相邻作业单元行间两侧分别延伸为 0.1m，平均泥脚深度为 0.24m，秧苗高度为 0.25～0.3m，根系平均深度为 0.08～0.1m，杂草（稗草为主）高度为 0.15～0.2m，行间杂草平均密度为 82 株/m²，操作人员操作熟练，机器状况良好，如图 5-61 所示。除草作业前后效果对比如图 5-62 所示。

图 5-61　水田单行除草机田间作业

 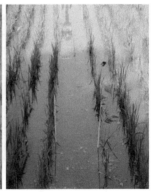

a. 除草前　　　　　　　　　　　b. 除草后

图 5-62　水田单行除草机除草前后效果对比

（2）试验方法

选取 40m 作业区域开展单次田间试验，试验区域前后皆预留 5m 长启动区与停止区，分别统计试验区域内除草前后杂草数。选取机具前进速度和除草深度为试验因素，采用单因素试验方法对机具除草性能进行测定。通过理论分析及田间预试验，保证前进速度稳定于 0.3～0.6m/s；除草深度稳定于 0.05～0.11m。因铺膜插秧种植方式除草作业并不接触秧苗，故仅选取除草率为机具工作性能评价指标。其中除草率计算公式为

$$y = \frac{X_1 - X_2}{X_1} \times 100\%$$
（5-84）

式中，y—除草率，%；

　　　X_1—测试区域内除草前杂草总数，株；

　　　X_2—测试区域内除草后杂草总数，株。

（3）试验结果与分析

1）前进速度对田间除草率的影响

在机具除草深度为 80mm，机具前进速度为 0.30m/s、0.35m/s、0.40m/s、0.45m/s、0.50m/s、0.55m/s 和 0.60m/s 工况下，田间除草率测试结果如表 5-7 所示。

分析可知，机具前进速度对除草率具有显著影响，除草率随机具前进速度增加而先增大后减小，主要因为机器前进速度由 0.35m/s 增大至 0.45m/s 时，除草部件对土壤扰动由小变大，除草率逐渐增大且达到最大值；前进速度由 0.45m/s 增大至 0.60m/s 时，机具将发生打滑入土不充分现象，除草率呈逐步下降趋势。

表 5-7　各前进速度下田间除草率（铺膜插种）

前进速度/（m/s）	除草率/%
0.30	77.21
0.35	77.86
0.40	78.45
0.45	78.52
0.50	78.20
0.55	77.35
0.60	76.26

2）除草深度对田间除草率的影响

在机具前进速度为 0.50m/s，机具除草深度为 50mm、60mm、70mm、80mm、90mm、100mm 和 110mm 工况下，田间除草率测试结果如表 5-8 所示。

表 5-8　各除草深度下田间除草率（铺膜插种）

除草深度/mm	除草率/%
50	76.89
60	77.34
70	77.86
80	78.45
90	78.84
100	79.26
110	79.82

分析可知，机具除草深度对除草率具有显著影响，除草率随机具除草深度增加而增大。主要由于随除草深度增加除草部件与土壤作用面积增大，对杂草作用能力增加；但随除草深度继续增加，发动机功耗逐步增加，当除草深度大于 100mm 时，发动机发生发热严重，并伴随少许黑烟现象。综合考虑正常作业时其最佳除草深度范围为 50～100mm。

本研究重点对用于铺膜插秧的水田单行除草机开展单因素田间试验，得到机器前进速度与除草率间呈抛物线函数变化规律，除草深度与除草率间呈线性函数变化规律，田间结果表明，机具平均除草率为 78.02%，作业质量良好，满足铺膜插秧种植方式的除草要求。

5.7.2　轻简型水田中耕除草机田间试验

（1）试验条件

为检验轻简型水田中耕除草机田间作业性能，验证机具各项技术参数可靠性，分别于 2016 年 5 月及 2017 年 6 月在黑龙江省哈尔滨市阿城区新乡试验田内开展田间试验。水稻品种为龙阳 16，试验田块面积为 3330m²。试验于插秧 10 天后进行，插秧后并未进行任何形式的除草作业，行距为 0.3m，株距为 0.12m，苗高约为 0.36m，平均泥脚深度为 0.14m。行间杂草主要以田稗（平均株高为 0.95m，平均根系深度为 0.23m）为主，有少量野慈姑，杂草数量约 60 株/m²，田间试验如图 5-63 所示。

图 5-63　轻简型水田中耕除草机田间试验

（2）试验方法

与其他机具田间测定相同，主要选取机具前进速度为试验因素，除草率为机具工作性能评价指标，采用单因素试验方法对机具除草性能进行测定。在此基础上，重点分析除草部件对土壤翻耕形式与作用。

（3）试验结果与分析

1）单因素试验

在机具前进速度为 0.40m/s、0.45m/s、0.50m/s、0.55m/s 和 0.60m/s 工况下，田间除草率测试结果如表 5-9 所示。

表 5-9　轻简型水田中耕除草机各前进速度下田间除草率

前进速度/（m/s）	除草率/%
0.40	78.5
0.45	78.9
0.50	80.2
0.55	79.3
0.60	77.5

分析可知，各工况下轻简型水田中耕除草机除草率大于 75%，其整体作业质量较优，满足水田中耕除草农艺要求。机具前进速度为 0.40～0.60m/s 时，除草率

随前进速度增加而先增大后减小，变化趋势明显；机具前进速度为 0.50m/s 时，除草率达到最大值。机具前进速度由 0.40m/s 增大至 0.50m/s 时，除草部件对土壤扰动由小变大，除草率逐渐增大。机具前进速度由 0.50m/s 增大至 0.60m/s 时，由于机具前进速度逐渐提升，驱动轮发生打滑及入土不充分，田间除草率快速下降。

2）土壤扰动观察性试验

在此基础上，通过对几种类型杂草进行提前标定，观测除草前后杂草状态对比，分析除草机对土壤扰动及除草效果，研究除草耙齿与水田土壤相对运动情况及除草耙齿对水田土壤作用。在作业过程中，除草耙齿不仅可完成除草功能，同时也可对水田土壤实现翻耕整地。除草耙齿可与水田土壤充分接触，扰动水田土壤与水层，将土壤与水充分搅拌，有效增加水田土壤疏松程度，既利于秧苗根系生长发育，又利于水田土壤对养分吸收和储存。

在土壤扰动观察性试验过程中，因野慈姑茎叶较大且便于观察，是水田杂草中靠机械方式最难清除的一种，故选取大小不一的野慈姑进行标定，观测除草机对杂草的除草效果。图 5-64 为田间标定不同大小野慈姑，位于照片下方的圆圈为参照物所在位置，上方圆圈为野慈姑根系所在位置，直线为参照物与野慈姑根系两点所形成的直线。因水田中水层的阻隔无法观察水层下的情况，故进行土壤扰动观察性试验时将标定区域进行隔离处理，并清除区域内水层杂物，以便观察水面下杂草及水田土壤状态。

a. 标定小型野慈姑　　　　　　　　　　　　b. 标定大型野慈姑

图 5-64　田间生长野慈姑标定

图 5-65 为标定区域经隔离处理后状态，标定区域内水层被清除后可清晰地观测野慈姑水面下的状态。由观测分析可知，野慈姑根系可被除草耙齿拉出土壤并推离原生长位置，野慈姑被除草机沿前进方向向前推出并压入水田土壤。由于大型野慈姑被向前推离了原有生长位置，但根系仍有小部分扎于水田土壤中，茎叶部分被除草耙齿埋入土壤，且多处主茎秆被除草耙齿拉伤，其余分支少部分被拉断散于大型野慈姑两侧。

a. 小型野慈姑　　　　　　　　　　　　　　　b. 大型野慈姑

图 5-65　除草后野慈姑所处田面水面下状态

　　由土壤扰流观测试验可知，除草耙齿对水田土壤扰流作用总体为向前向下推挤碾压土壤，且水田田间行走过程中形成土垱。第一阶段为向前向下推水田土壤，此阶段为扰动总过程中的主要阶段，即除草阶段，其可破坏水田杂草的生长状态使其根系失去对水田土壤的抓取力；随即除草耙齿转动至最低点进入扰动第二阶段，即向下挖土阶段，在此阶段除草耙齿会对水田深层的土壤进行切削，将深层的土壤疏松。除草耙齿将杂草根系进一步破坏，使其对水田土壤的抓取力降至最低，通过除草耙齿尖端将杂草茎叶切断；除草耙齿作用第三阶段为搅动阶段，在此阶段除草耙齿逐渐由最低点向最高点转动，将水田下层土壤翻出至表面使之与水层充分混合。由图 5-66 可知，除草耙齿在水田土壤中存留土垱与凹坑，单组除草耙齿于田间旋转一周留下凹坑宽度、长度及深度分别为 30～40mm、50～60mm 和 40～50mm。

a. 水田土壤凹坑宽度　　　　　　b. 水田土壤凹坑长度　　　　　　c. 水田土壤凹坑深度

图 5-66　除草作业后田面土壤状态

　　本研究重点对轻简型水田中耕除草机开展单因素田间试验，并综合观测分析土壤扰动情况。试验结果表明，所设计机具整机结构合理，性能稳定，能耗较低且轻便易操作，机具除草率大于 75%，可有效改善水田土壤物理性状。

5.7.3　弹齿式水田中耕除草机田间试验

（1）试验条件

为检验弹齿式水田中耕除草机田间作业性能，验证机具各项技术参数可靠性，于 2014 年 5 月在黑龙江农垦农业机械试验鉴定站试验田开展田间作业。水稻品种为绥粳 18，秧苗插秧后 7 天，插秧后并未进行任何形式的除草作业。秧苗株距为 120mm，平均泥脚深度为 200mm，泥土层深度为 160～170mm，行间杂草平均密度为 120 株/m^2，操作人员操作熟练，机器状况良好，如图 5-67 所示。除草作业前后效果对比如图 5-68 所示。

图 5-67　弹齿式水田中耕除草机田间作业

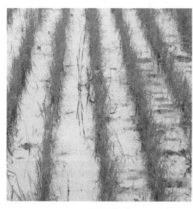

a. 除草前　　　　　　　　　　　　b. 除草后

图 5-68　弹齿式水田中耕除草机除草前后效果对比

（2）试验方法

本研究主要分析各因素对除草率和伤苗率的影响规律，选取机具弹齿个数和工作转速为试验因素，除草率和伤苗率为机具工作性能评价指标，采用单因素试验方法对机具除草性能进行测定。其中设定各组株间除草弹齿旋转直径为 280mm，弹齿直径为 5mm，弹齿材料为 65Mn，除草机前进速度为 0.43m/s。

（3）试验结果与分析

1）弹齿个数对除草率和伤苗率的影响

在弹齿盘角速度为 21rad/s，弹齿个数为 3 个、4 个、5 个、6 个、7 个和 8 个工况下，可得弹齿盘角速度对除草率和伤苗率的影响，如图 5-69 所示。由图 5-69a 可知，除草率随弹齿个数增加而增加，弹齿个数小于 5 个时，除草率随弹齿个数增加而增加幅度较大；弹齿个数大于 5 个时，除草率随弹齿个数增加而增加幅度较小，并逐渐趋近于水平线。由图 5-69b 可知，伤苗率随弹齿个数增加而增加，当弹齿个数小于 5 个时，伤苗率增加的幅度大于弹齿个数大于 5 个时，综合考虑弹齿个数取为 5 个。

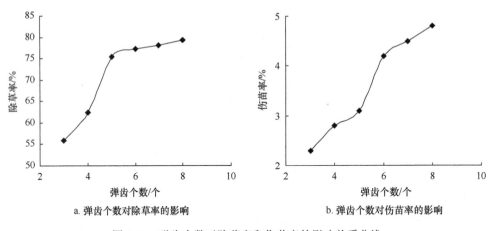

a. 弹齿个数对除草率的影响　　　　　　b. 弹齿个数对伤苗率的影响

图 5-69　弹齿个数对除草率和伤苗率的影响关系曲线

2）弹齿盘角速度对除草率和伤苗率的影响

在弹齿个数 5 个，弹齿盘角速度为 19rad/s、21rad/s、23rad/s、25rad/s、27rad/s 和 29rad/s 工况下，由田间试验可得弹齿盘角速度对除草率和伤苗率的影响，如图 5-70 所示。由图 5-70a 可知，除草率随弹齿盘角速度增加而增加，弹齿盘角速度小于 25rad/s 时，除草率增加幅度较大；弹齿盘角速度大于 25rad/s 时，除草率增加幅度较小，并逐渐趋近于水平线。由图 5-70b 可知，伤苗率随弹齿盘角速度增加而增加，弹齿盘角速度小于 25rad/s 时，伤苗率随弹齿盘角速度增加而增加幅度逐渐减小；弹齿盘角速度大于 25rad/s 时，伤苗率随弹齿盘角速度的增加而增加幅度较大，综合考虑得出弹齿盘角速度取为 25rad/s。

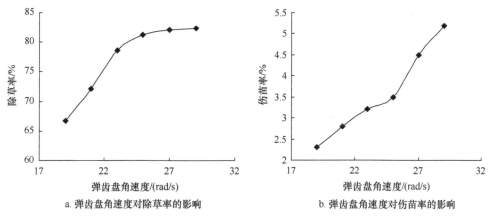

a. 弹齿盘角速度对除草率的影响　　　　b. 弹齿盘角速度对伤苗率的影响

图 5-70　弹齿盘角速度对除草率和伤苗率的影响关系曲线

田间试验结果表明，所设计弹齿式水田中耕除草机各项指标皆优于相关技术标准，可一次性完成行间及株间除草作业，其除草率大于 80%，伤苗率小于 5%，满足水田中耕除草农艺要求。

5.7.4　遥控电动式水田双行除草机田间试验

（1）试验条件

为检验遥控电动式水田双行除草机田间作业性能，验证机具各项技术参数可靠性，于 2017 年 5 月在黑龙江省东北农业大学试验田开展田间试验。水稻品种为龙阳 16，秧苗插秧后 7 天，插秧后并未进行任何形式的除草作业。稻田杂草以稗草为主，杂草平均高度为 108mm，泥浆层深度为 35mm，泥土层深度为 155mm，行间杂草平均密度为 52 株/m^2，操纵人员操作熟练，机器状况良好。其田间作业状态如图 5-71 所示。

（2）试验方法

选取 6 块 20m×0.6m 田块为试验区域，试验区域前后皆预留 5m 启动区与停止区，分别统计试验区域内除草前后杂草数。在试验过程中保证机具前进速度稳定于 0.5m/s，除草深度稳定于 80mm 工况，选取除草轮工作转速为试验因素，除草率为机具工作性能评价指标。

a. 除草过程   b. 除草效果

图 5-71　遥控电动式水田双行除草机田间作业性能检测

（3）试验结果与分析

在除草轮工作转速为 100r/min、110r/min、120r/min、130r/min、140r/min 和 150r/min 工况下，田间除草率测试结果如表 5-10 所示。

表 5-10　各工作转速下田间除草率

除草轮工作转速/（r/min）	除草率/%
100	84.3
110	85.4
120	86.0
130	86.3
140	86.8
150	87.2

分析可知，除草轮工作转速对除草率影响显著，除草率随除草轮工作转速增加而增大，且随除草轮工作转速逐渐增加，其除草率影响逐渐减小，主要由于除草轮工作转速增大其对土壤扰动变强，除草效果逐渐变好，当除草轮工作转速达到一定时，剩余杂草多为株间杂草，无法进行有效清除。田间试验结果表明，所设计的遥控电动式水田双行除草机的田间除草率达 84.3%～87.2%，整机结构紧凑简单，质量轻，可有效改善机具作业通用性及灵活性，各项技术指标均满足水田中耕除草农艺要求。

本研究结合东北水稻种植农艺要求，完善水田中耕机械除草技术理论，创制系列行/株间水田中耕除草机具，为农业水田装备研究提供有效参考，所研制新型水田除草机具可满足我国田间管理机具生产企业对其迫切需求，具有重要的科学研究意义与实际应用价值。

参 考 文 献

陈振歆, 王金武, 牛春亮, 等. 2010. 弹齿式苗间除草装置关键部件设计与试验[J]. 农业机械学报, 41(6): 81-86.

胡炼, 罗锡文, 严乙桉, 等. 2012. 基于爪齿余摆运动的株间机械除草装置研制与试验[J]. 农业工程学报, 28(14): 10-16.

胡炼, 罗锡文, 张智刚, 等. 2013. 株间除草装置横向偏移量识别与作物行跟踪控制[J]. 农业工程学报, 29(14): 8-14.

刘永军, 王金武, 陶桂香, 等. 2015. 栅条式水田行间除草装置运动学分析与试验研究[J]. 农机化研究, 37(5): 155-158.

马承忠, 刘滨. 1999. 农田杂草识别及防除[M]. 北京: 中国农业出版社.

马旭, 齐龙, 梁柏, 等. 2011. 水稻田间机械除草装备与技术研究现状及发展趋势[J]. 农业工程学报, 27(6): 162-168.

牛春亮, 王金武. 2010. 水稻苗间除草装置工作机理分析[J]. 农业工程学报, 26(S1): 51-55.

牛春亮, 王金武. 2013. 一种机械式水田除草机株间除草弹齿的驱动系统[J]. 农业机械, 22(8): 138-139.

牛春亮, 王金武. 2017. 稻田株间除草部件工作机理及除草轨迹试验[J]. 农机化研究, 39(1): 177-181.

牛春亮, 王金武, 安相华, 等. 2016. 稻田株间除草机构除草过程中伤秧影响的试验研究[J]. 农机化研究, 38(11): 190-197.

牛春亮, 王金武, 马莉莎, 等. 2016. 双弧形水稻株间除草部件设计及切土轨迹研究[J]. 农机化研究, 38(12): 122-126.

牛春亮, 王金武, 唐继武, 等. 2017. 稻田株间除草弹齿齿形及安装方式分析与试验[J]. 农机化研究, 39(12): 176-199.

齐龙, 马旭, 谭祖庭, 等. 2012. 步进式水田中耕除草机的研制与试验[J]. 农业工程学报, 28(14): 131-135.

齐龙, 赵柳霖, 马旭, 等. 2017. 3GY-1920 型宽幅水田中耕除草机的设计与试验[J]. 农业工程学报, 33(8): 47-55.

权龙哲, 王建森, 奚德君, 等. 2017. 靶向灭草机器人药液喷洒空气动力学模型建立与验证[J]. 农业工程学报, 33(15): 72-80.

陶桂香, 王金武, 周文琪, 等. 2015. 水田株间除草机械除草机理研究与关键部件设计[J]. 农业机械学报, 46(11): 57-63.

王金峰, 高观保, 闫东伟, 等. 2018. 水田电动双行深施肥除草机设计与试验[J]. 农业机械学报, 49(7): 46-57.

王金峰, 王金武, 闫东伟, 等. 2017. 3SCJ-2 型水田行间除草机设计与试验[J]. 农业机械学报, 48(6): 71-79.

王金武, 多天宇, 唐汉, 等. 2016. 水田株间立式除草装置除草机理与试验研究[J]. 东北农业大学学报, 47(4): 86-94.

王金武, 李超, 李鑫, 等. 2018. 铺膜插秧后水田 3SCJ-1 型除草机设计与试验[J]. 农业机械学报, 49(4): 102-109.

王金武, 牛春亮, 张春建, 等. 2011. 3ZS-150 型水稻中耕除草机设计与试验[J]. 农业机械学报, 42(2): 75-79.

王金武, 赵佳乐, 王金峰, 等. 2013. 有机水稻中耕除草机设计[J]. 东北农业大学学报, 44(11): 107-112.

魏从梅, 王金武, 张影微, 等. 2012. 水田除草关键部件扭矩测试试验研究[J]. 东北农业大学学报, 43(5): 87-91.

吴崇友, 张敏, 金成谦, 等. 2009. 2BYS-6 型水田中耕除草机设计与试验[J]. 农业机械学报, 40(7): 51-54.

杨松梅, 王金武, 刘永军, 等. 2014. 水田株间立式除草装置的设计[J]. 农机化研究, 36(12): 154-157.

张春健, 王金武, 赵佳乐, 等. 2012. 水田行间除草装置的设计与试验[J]. 东北农业大学学报, 43(2): 49-53.

臼井智彦, 伊藤勝浩, 大里達朗. 2009. 水稲栽培における固定式タイン型除草機の除草効果[J]. 東北雑草研究会, (9): 38-41.

Cirujeda A, Melander B, Rasmussen K, et al. 2003. Relationship between speed, soil movement into the cereal row and intra-row weed control efficacy by weed harrowing[J]. Weed Research, 43(4): 285-296.

Perez R M, Slaughter D C, Gliever C J, et al. 2012. Automatic GPS-based intra-row weed knife control system for transplanted row crops[J]. Computers and Electronics in Agriculture, 80: 41-49.

Vander L S, Mouazen A M, Anthonis J, et al. 2008. Infrared laser sensor for depth measurement to improve depth control in intra-row mechanical weeding[J]. Biosystems Engineering, 100(3): 309-320.

Wang J W, Li X, Ma X C, et al. 2018. Small tracked and remote-controlled multifunctional platform for paddy field[J]. International Agricultural Engineering Journal, 27(4): 172-179.

Wang J W, Tao G X, Liu Y J, et al. 2014. Field experimental study on pullout forces of rice seedlings and barnyard grasses for mechanical weed control in paddy field[J]. International Journal of Agricultural and Biological Engineering, 7(6): 1-7.

第6章 高地隙运秧植保技术与装备

水稻种植配套运秧作业是制约我国水稻全程机械化生产瓶颈难题之一，目前我国水稻秧苗田间运输环节以人工劳力为主。随着国家积极倡导土地流转，加快实现水稻规模化种植，沿用人工运秧方式已无法满足水稻种植作业需求。大面积水稻秧苗田间输送劳动强度大，作业效率低，且日益增长的人工费用导致农户生产成本逐年增加，这在一定程度上限制了水稻规模化、标准化种植发展。

水田田间机械化管理是通过农业机具完成从插秧或直播过程至收获前的秧苗运输、除草施肥、植保喷药等系列作业的技术。近些年，随着水稻种植规模不断扩大，国内主产区对其田间管理综合作业机具需求日渐迫切，国内农机科技人员也研制出多种与拖拉机悬挂连接的配套作业机具，但是在实际水田转弯、越埂及爬坡等过程中，仍存在操作劳动强度大、变速范围小及配套农具少等问题，且缺少可适用于多种作业环节的承载机具。国内外部分高校及科研院所重点对高地隙底盘驱动技术及机具进行相关研究，多通过对插秧机底盘或四轮拖拉机进行改制，采用前轮转向形式，转弯半径大，倒退转弯过程中易造成作物碾压损伤，且离地间隙低，重心位置高，田间行驶及爬坡越埂稳定性较差，无法完全适用于各种田间管理作业。

针对上述问题，结合东北水稻种植模式和农艺要求，综合考虑作业效率、行走稳定性及普适性等因素，为解决水稻生产及田间管理存在的实际问题，提高水稻全程机械化生产发展水平，本研究重点开展了高地隙折腰式水田多功能动力底盘及折叠喷药装置设计，并配套液压输出系统及动力输出系统，完成机械化田间运秧及植保作业，实现一机多用，保证病虫害有效防治。

6.1 高地隙运秧植保技术研究现状

6.1.1 国外研究现状

日本是世界上水稻移栽机械化水平最高的国家，亦是研究和制造移栽机械水平最高的国家。其水稻移栽机械底盘发展经历了三个阶段，第一阶段为实用移栽机械底盘开发阶段，此阶段开发了带土毯状小苗移栽机械底盘，可自动切断水稻秧苗，实现强制移栽秧苗，代表了现代移栽机械底盘基本结构；第二阶段为实用移栽机械底盘普及阶段，此阶段制造了两轮苗箱后倾浮筒式毯状苗手扶移栽机械底盘和曲柄式移栽机构手扶移栽机械底盘；第三阶段为乘坐式移栽机械底盘研发到高速移栽机械底盘普及阶段，乘坐式移栽机械底盘研究始于 1967 年，第一代移栽机械底盘行走部分借鉴拖拉机底盘技术，插秧部分借鉴步进式移栽机械底盘，第二代乘坐式移栽机械底盘在机头部位安装一个浮筒式探测器，用于感知移栽深度并调节移栽机头，行走部分具有结构紧凑、性能较高、控制手柄单一化和转弯自动减速等优点，此阶段水稻移栽机械底盘属于自走式专用机范畴。目前，高速移栽机械底盘正朝着高速、精准和无人驾驶方向发展，结合无级变速和液压传动等技术，但仍存在价格昂贵、操作复杂、传动效率低及燃油经济性差等问题。

日本井关农机株式会社（ISEKI）研制的高速乘坐式移栽机底盘，可一次性完成移栽、开沟、施肥和覆土作业，如图 6-1 所示。日本久保田株式会社（KUBOTA）研制的 EP4-TC 型水稻专用直播机底盘，可完成水稻直播、侧深施肥及喷洒农药等作业，整个施肥过程无需完成覆土环节即可满足水稻生长要求，如图 6-2 所示。

图 6-1　井关高速乘坐式移栽机底盘　　　图 6-2　久保田水稻专用直播机底盘

日本洋马株式会社（YANMAR）研制的 VR8D 型乘坐式水稻移栽机底盘，采用通用挂接装置可配置不同作业机具实现系列功能，完成插秧、直播、除草和开沟等作业，如图 6-3 所示。日本三菱株式会社（MITSUBISHI）研制的 LR100DWPHB 型乘坐式高速移栽机底盘，其配套动力为 23hp（1hp=0.746kW），后轮配置两个辅助车轮，对深泥脚田及环境较差地块具有较好通过性，如图 6-4 所示。

韩国移栽机底盘技术亦处于世界领先地位，已基本实现水稻生产全程机械化，其底盘技术主要由日本引进，通过长期吸收先进技术亦形成完整的插秧机底盘研制工业体系。目前韩国生产移栽机底盘的企业主要包括大同及东洋等企业。韩国大同公司（KIOTI）研制的 DUO60 型乘坐式移栽机底盘，其配套动力为 20hp，采用液压助力转向方式保证水田作业转向灵活，如图 6-5 所示。韩国东洋公司

（PISTON）研制的 PD80Z 型乘坐式高速移栽机底盘，采用大马力柴油发动机，四轮驱动，配置底盘自适应摆动支架，地面倾斜时亦可保证插秧作业质量平稳，如图 6-6 所示。

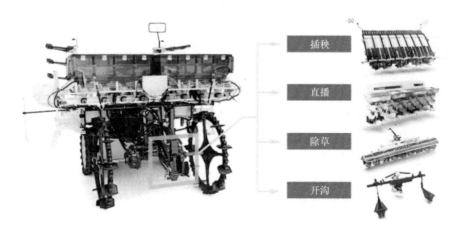

插秧

直播

除草

开沟

图 6-3　洋马 VR8D 型乘坐式水稻移栽机底盘

图 6-4　三菱 LR100DWPHB 型乘坐式高速移栽机底盘

图 6-5　大同 DUO60 型乘坐式移栽机底盘　　图 6-6　东洋 PD80Z 型乘坐式高速移栽机底盘

国外主要根据地形要求和种植模式设计开发配套机型，主要具有如下特点：机型系列化、专业化程度高，配套三轮或四轮形式以满足各工况作业条件，且作业效率高，作业质量好；普遍采用液压无级变速驱动技术，田间最高速度可达1.4m/s；皆配置液压装置、安全装置及自动控制装置等；多采用高强度轻金属或塑性材料等研制，在满足强度要求下减轻机器整体重量。

相对于水田多功能底盘技术，国外学者对水田植保机械的研究始于20世纪50年代，欧美等国将植保机械列入专业管理机构"特种农业机械"行列。目前，国外植保机械主要向自动化、精准化和智能化方向发展，提倡科学精准施药，广泛配套喷雾量自动控制和随动控制系统、药液回收装置及间断喷雾装置。随着电子技术、计算机技术、自动化技术及信息技术的发展，国外植保机械及喷雾技术得到了快速发展，并已广泛应用于农业生产。

美国约翰迪尔公司（JOHN DEERE）研制的JD4630型自走式喷药机，如图6-7所示，配备120kW迪尔Power Tech发动机和大排量行走马达，高强度钢结构车架及液力减振式悬挂系统，保证喷药机具有良好的可靠性和稳定性；配备悬挂装置油缸及液压储能器，可有效防止喷杆振动，保证喷杆与作物间距离恒定；采用迪尔绿色之星农业生产管理系统（AMS），具备自动驾驶、自主导航及可变量喷雾等性能，保证喷药机高精度喷雾能力。美国凯斯公司（CASE）研制的爱国者3230型自走式喷药机，如图6-8所示，其水罐和药液箱可实时在线混合配药；衡量精准等离子喷雾不受行驶速度影响，具有良好的雾化效果，药效吸收好；配备卫星自动导航系统可实现自动转弯，降低驾驶人员劳动强度，避免漏喷或重复喷洒；其药罐容量达到3028L，喷杆长度可达27.4m，日均作业面积达200hm^{2}以上。

图6-7　约翰迪尔JD4630型自走式喷药机　　图6-8　凯斯爱国者3230型自走式喷药机

丹麦哈滴公司（HARDI）研制的ALPHA EVO 4100型自走式喷药机，如图6-9所示，配备130kW的Deutz 6缸柴油发动机，采用"双风"空气助力形式可使雾滴均匀附着于植株表面，有效减少漂移；新型控制器HC 9600触摸屏集电控功能于一体，可完成自动高度控制、自动喷段控制、自动冲洗及自动搅拌等功能；喷雾控制系统采用 Low Volume 喷雾技术和 Air Assisted 喷雾技术，保证单位面积喷雾量恒定，合理地控制农药喷施。

图 6-9　哈滴 ALPHA EVO 4100 型自走式喷药机

德国豪狮公司（HORSCH）研制的 LEEB-PT 270 型自走式喷药机，如图 6-10 所示，专为大型农田设计配套，具备较高离地间隙，使用大尺寸轮胎减少土壤压实损害及打滑，采用无级可变液压换挡变速器，最高时速可达 50km/h；全视野开放与温度自动调节驾驶室使驾驶员舒适度大大提升；运用整体框架设计，具有高负载能力，幅宽可达 36m，药罐容量达 8000L；配备精准距离调节，实现精准喷药。

图 6-10　豪狮 LEEB-PT 270 型自走式喷药机

意大利马斯奇奥公司（MASCHIO）研制的 URAGANO 4000 型自走式喷药机，如图 6-11 所示，主要用于玉米等高秆作物喷雾作业，同时满足常规植保作业需求，具有重心低、稳定性好、可靠性高等优点；其各行走轮均配备独立液压马达，转向时可实现小半径转弯或平行侧移功能；风幕系统可有效减少药液漂移，使药液均匀附着于植株叶面，提高药液利用率和附着效果，在风速低于 7.7m/s 情况下可完成田间喷雾作业。

图 6-11　马斯奇奥 URAGANO 4000 型自走式喷药机

日本洋马株式会社（YANMAR）研制的 3WP-600 型自走式喷杆喷药机，如图 6-12 所示，采用四轮驱动方式，挡位变速传动模式可有效减小转弯半径，转向灵活，保证后轮和前轮同辙，可降低田间转弯过程中对作物造成的机械损坏；喷药泵选用三缸柱塞式药液泵，泵芯与喷头采用陶瓷材料，具有较好的抗腐蚀性与耐久性，可根据作物喷药量及附着性选择适配喷头规格。

图 6-12　洋马 3WP-600 型自走式喷杆喷药机

综上所述，国外对喷杆喷药机研究较早且深入细致，研制开发了多种喷雾性能优越的机具，欧美等国家水稻种植模式多以规模化生产发展为主，并配套大功率、高地隙、宽喷幅喷杆喷药机，正朝着高效、经济、安全方向发展。但我国水稻种植模式较为多样，且生产规模与欧美等国相比也有较大差异，因此应结合国内水稻产业生产发展水平及实际应用状况对喷杆喷药机及其喷雾技术进行合理研究。

6.1.2　国内研究现状

我国对水田动力底盘研究起步较早，自 1956 年农业部南京农业机械化研究所最先研制了世界第一台水稻插秧机底盘，先后经历过几次技术革新，其行走性能和工作效率不断发展，并得到推广应用。但其总体发展缓慢，究其原因主要为单块水田作业面积小，作业环境恶劣，产品利用率低，且产品研发投入不足，与国外先进机具相比仍具有较大差距。

近些年，国内部分高校及科研院所重点对底盘驱动技术及机具开展相关研究。现代农装科技股份有限公司研制的碧浪 2ZG-630 型高速乘坐式四轮驱动移栽机底盘，采用 9.3kW 两缸汽油发动机可满足水田作业要求，配套液压仿形及无级变速技术，其性能指标已达国际先进水平，如图 6-13 所示。富来威公司研制的 2GZ-6DMF 型测深施肥移栽机底盘，采用整体框架式底盘实现深泥脚田作业，液压助力转向灵活，操作方便，可实现插秧与施肥同步作业，如图 6-14 所示。

图 6-13　碧浪 2ZG-630 型高速乘坐式　　　　图 6-14　富来威 2GZ-6DMF 型
　　　四轮驱动移栽机底盘　　　　　　　　　　　测深施肥移栽机底盘

根据各区域水田作业状态，国内农机科研人员设计了多种小型水田动力底盘。南京农业大学邢全道等研制了一种高地隙水旱兼用行走底盘，田间应用表明其工作性能稳定，离地间隙可达 1000mm，并未造成秧苗机械损伤。临沂三禾永佳动力有限公司研制的 3WSH-500 型喷药机，如图 6-15 所示，依据国内水稻种植农艺要求定位设计，采用 22hp 多缸水冷柴油发动机，通过加长车体，拓宽轮距，降低重心高度，保证田间作业稳定性和爬坡性能。山东华盛中天机械集团股份有限公司研制的 3WP-500G 型喷药机，如图 6-16 所示，采用高地隙设计，离地间隙可达 1200mm，结合前置驾驶、中置药箱和喷杆后置结构方式，具备两轮转向和四轮转向转换功能，转换方便并具有自动居中系统。

图 6-15　三禾永佳 3WSH-500 型喷药机　　　图 6-16　华盛中天 3WP-500G 型喷药机

目前，液压控制技术已广泛应用于水田动力底盘，通过调节液压缸升降机构控制执行部件离地间隙，确保合适作业间距。其中应用较广的水田底盘基本皆为整体式底盘，在满足高地隙前提下提高底盘重心高度，但不利于底盘行驶稳定性，在转向灵活性、转弯半径等方面次于折腰转向铰接式底盘。

雷沃重工股份有限公司研制的阿波斯 ZP9500H 型水旱两用自走式喷杆喷药机，如图 6-17 所示，采用独特导风技术可有效避免驾驶员吸入药液，降低对人体的伤害，驾驶室采用轻简化骨架设计，采用四轮驱动与四轮转向方式，其轮距与轴距皆为 1500mm，可轻松通过沟渠与田垄，行驶效率高，且能有效解决田间打滑问题。

图 6-17　阿波斯 ZP9500H 型水旱两用自走式喷杆喷药机

综上所述，国内水田动力底盘研究正朝着专业化、系列化、多样化方向发展，所研发机型多通过对插秧机底盘或四轮拖拉机进行改制，采用前轮转向形式，转弯半径大，倒退转弯过程中易造成作物碾压损伤，且离地间隙低，重心位置高，田间行驶及爬坡越埂稳定性较差，无法完全适用于各种田间管理作业。为解决目前水田施肥喷药作业存在的问题，迫切需要可完成田间运秧、施肥和喷药等作业的多功能动力底盘，确保过埂平稳，动力强劲，转向操作方便灵活，转弯半径小等，且具有比较广阔的应用前景。

相对而言，我国对喷杆喷药机研究起步较晚，20 世纪 40 年代主要以背负式手动喷雾器、电动喷雾器和背负式机动弥雾机等小型机具为主，对大中型喷杆喷药机自主研发较少。至 20 世纪 90 年代，国内科研院所及企业以经济实用为主，研制了多种结构形式及作业特点的喷杆喷药机，在实际生产中亦得到一定推广应用，但多存在安全性低，稳定性差，植保技术落后，且跑冒漏滴现象严重等问题。近些年，随着国外喷杆喷药机具的推广应用及相关技术发展，通过引进消化吸收再创新模式，结合水田植保农艺要求，使得国内喷杆喷药机研究工作取得较大进展，部分性能优越的喷杆喷药机在国内部分地区得到了应用。

中国农业机械化科学研究院陈达等设计了幅宽 24m 的柔性桁架式喷杆系统，并将其搭载于高地隙底盘上完成植保作业，所建立的 3WZC-2000 型高地隙自走式喷杆喷药机模型结构如图 6-18 所示。为真实模拟喷药机作业状态，基于 ADAMS 软件建立轮胎和田间路面谱，得到在运动过程中喷杆动态特性参数变化曲线，完成对喷杆动态特性检测。

图 6-18　3WZC-2000 型高地隙自走式喷杆喷药机模型

中国农业大学薛涛等设计了一种具备地面仿形功能的双连杆梯形喷杆悬架系统，并基于达朗贝尔原理建立了喷杆悬架的动力学模型，结合计算机虚拟仿真技术分析了悬架结构参数对喷杆悬架性能的影响规律，提出了喷杆被动悬架优化方案。在此基础上，基于场地试验对喷杆悬架系统进行试验验证，设计了一套可实现被动减振、主动平衡和地面仿形的双连杆梯形喷杆悬架系统，所搭建的喷药机整车如图 6-19 所示。

综上所述，国内对喷杆喷药机研究起步较晚，通过引进消化吸收再创新的模式，结合我国多地区植保农艺要求，所设计开发的喷杆喷药机多以其结构形状改进优化为主，并未从装置或机具设计本身有效改善水田植保作业质量与喷雾技术。另外，由于国内农机企业制造工艺水平有限，所设计的喷杆喷药机存在安全性低、稳定性差、喷雾技术落后、自动化程度低等问题，在一定程度上限制了喷杆喷药机喷雾技术及相关部件的发展。

图 6-19 喷药机整车效果

本研究重点将结合水田种植模式、植保农艺要求、高地隙底盘技术及静电喷雾技术，以所开发的高地隙折腰式水田多功能动力底盘和液压折叠式喷杆喷雾装置为研究载体，开展完整系统的优化设计与试验研究，该系统研究与中国绿色农业发展的国家战略相匹配，对提升化学农药利用率、提高农作物产量和品质、减轻农业污染具有重要意义。

6.2 高地隙运秧植保机总体设计

6.2.1 水田多功能动力底盘设计目标

水田作业环境复杂多样，田间管理作业亟须高通过性、高机动性通用动力机械，满足病虫害防治喷药及施肥等作业配套需求，同时满足高地隙、轮陷浅、顺利越埂、减小伤苗和转弯半径小等要求，实现田间管理一机多用。针对国内水稻种植模式和农艺要求，综合考虑机器田间作业效率、田间行走及对地表压实等因素，首先重点分析水田动力底盘设计原则及方案。

为保证所设计的高地隙折腰式水田多功能动力底盘符合实际应用，分别对水稻植株高度、种植行距和株距等进行测量。在黑龙江省庆安县水稻种植示范区进行水稻植株参数测定，随机选取 10 组测试区域。因东北各地区不同品种水稻种植行距和株距具有一定差异，通常采用固定行距、改变株距的方式处理密度变化问题，行距为 200mm 或 300mm，株距稳定于 130~230mm。由东北地区水稻种植典型区域调研可知，普通水稻行距为 300mm，宽窄行种植模式行距为 200mm+400mm，不同种植模式水稻行距平均值与所要求种植行距相接近。因此，所设计水田动力底盘轮距应满足水稻种植行距要求，避免作业过程中机械伤苗及压苗问题。相对而言，水稻种植株距实测值总体稳定于 120~200mm。其中水稻种植株距越大，其种植密度越小，无法达到田地利用率最大化，影响作物产量；水稻种植株距越小，其种植密度越大，导致水稻植保作业过程中雾滴飘散空间过小，影响田间管理作业质量。水稻植株高度是指从植株顶端至基部距离，所测定植株高度应为水稻生长中后期，水稻高度稳定于 400～500mm，直接决定了水田动力底盘车架离地间隙。

综合考虑水田作业环境恶劣，土壤松软，黏着性较大，水田转向具有较大转向阻力，且机具易发生严重下陷等问题，为满足水田作业一机多用技术需求，保证动力底盘可配置其他工作装置完成田间运秧、施肥和植保喷药等作业，要求所设计动力底盘具有良好的田间通过性和行驶稳定性。为满足水稻中后期田间作业农艺要求，需要底盘具有较高的离地间隙和动力性能，同时需满足田间转弯半径小、转向操纵灵活轻便等要求，因此设计高地隙折腰式水田多功能动力底盘。

综上所述，本研究设计目标是为水田田间实施各种作业提供综合应用平台，底盘可挂接不同农业机具完成运秧、施肥、除草及植保等多种作业。即：①可顺利通过高为 500mm 的田埂或坡地，实现机具在路面至水田或水田间的无阻碍行驶作业；②作业行驶速度范围广（1～14km/h），能满足各工况下平稳变速作业，实现机具田间作业与道路运输的快速转换；③四轮驱动，稳定性好，爬坡越埂角度≥30°，抗翻倾性能强；④水田转向灵活，转弯半径小，结合东北地区水田中小地块实际需求及实地调研考察，机具转弯半径≤3500mm；⑤可配置运秧货箱、施肥喷药等作业部件，完成各类田间管理作业。

6.2.2　水田多功能动力底盘设计

（1）理论质量

动力底盘质量主要分为结构质量 m_j 和使用质量 m_s，其中结构质量 m_j 为底盘装载质量，不包括底盘内润滑油、燃料、冷却水和随车工具等。使用质量 m_s 取决于在允许打滑率 δ 和高牵引效率条件下，根据式（6-1）可得底盘牵引力与土壤附着关系，即

$$m_s = \frac{P_N}{g(\lambda\varphi_c - \zeta\mu)} \tag{6-1}$$

式中，λ—驱动轮的驱动载荷系数，四轮驱动底盘 λ 取 0.9；

φ_c—土壤附着系数，具体参数如表 6-1 所示；

P_N—动力底盘所需牵引力，N；

μ—动力底盘轮胎摩擦系数；

g—重力加速度，m/s²，常规取 9.8；

ζ—行走系统内部损失系数，取 ζ=1。

表6-1　行走部件土壤滚动阻力系数 μ 和附着系数 φ_c

道路类型		轮式动力底盘	
		μ	φ_c
土路	黏土	0.06～0.07	0.9～1.0
	沙壤土	0.08～0.09	1.0～1.1
	碾压的雪路	0.06	0.2～0.25
草地	经割剪	0.075	1.1～1.2
	未经割剪	—	0.9～1.0
田地	新耕翻	0.10～0.12	0.7
	中耕	0.10～0.12	0.6
砂土	湿	0.10～0.12	0.5
	干	0.15	0.4

采用轻简化思想设计底盘车架，减少其对水田土壤压实及破坏程度，同时需满足可靠性及稳定性要求，设计动力底盘结构质量 m_j=1200kg。相对而言，动力底盘使用质量 m_s 是保证自身在田间以基本工作挡作业时能够发挥额定牵引力的质量，可根据不同田间作业工况及功能添加配重实现。

（2）几何尺寸

水田动力底盘几何尺寸为其整体长度 L_a、宽度 B_a 和高度 H_a，通常由所选底盘结构和工作装置决定，但其整体规格需满足国家标准《道路车辆外廓尺寸、轴荷及质量限值》（GB 1589—2004）要求。其中整体长度为轴距 L、前悬长 L_f 和后悬长 L_r 之和，即

$$L_a = L + L_f + L_r \tag{6-2}$$

轴距 L 是通过动力底盘同一侧相邻两轮中点，并垂直于纵向对称平面垂线间距离，即动力底盘前轴中心至后轴中心间距离。轴距决定了动力底盘重心位置，进而影响车辆的制动性、操纵性和平顺性等。

轮距 B 是前后车轮在动力底盘支撑平面（地面）上留下轨迹中心线间的距离。轮距影响动力底盘的整体宽度、横向通过半径、横向稳定性及安全性，因水田作业环境相对复杂，故应尽可能增大动力底盘轮距。

前悬长 L_f 是前轮中心与动力底盘前端水平距离。前悬长不宜过长，同时需满足底盘接近角和载荷分布要求，否则将影响其整体行驶稳定性。

后悬长 L_r 是通过动力底盘后车轮轴线垂面与动力底盘后端并垂直于动力底盘纵向对称平面的垂面间的距离，即动力底盘后轮中心到最后端的水平距离，其应满足动力底盘离去角和载荷分布要求。

水田多功能动力底盘几何尺寸需满足水稻种植农艺要求，其轮距应满足不同

水稻种植行距要求，以有效避免田间行驶作业所造成的机械损伤问题，根据国家标准《农用运输车 安全技术要求》（GB 18320—2001）规定，所设计的四轮农用动力底盘最高时速应小于 70km/h，长度小于 6m，宽度小于 2m，高度小于 2.5m。

（3）轻简化车架

轻简化车架作为多功能动力底盘的关键部件之一，占底盘整体质量的较大比例，其质量分布及动静态载荷特性直接影响整体转向、越埂和田间通过性。结合铰接式和边梁式车架特点，设计车架整体为折腰铰接式，前后车架由 4 根纵梁、10 根横梁和 10 根竖梁以焊接方式刚性连接，并通过铰接装置将两部分组合，车架总长为 3200mm，宽为 800mm，其中前车架长为 820mm，后车架长为 2000mm，如图 6-20 所示。纵梁分别贯穿于前后车架，对其强度要求较高，选用 80mm×40mm×4mm（高×宽×厚）的 45 号矩形截面钢。其中车架平衡装置配置安装在前车架下方，主要通过摇摆轴以铰接形式与前车架横梁挂接，调节越埂作业时车架总体平衡，选用 40mm×40mm×4mm（高×宽×厚）的 45 号矩形截面钢。摇摆轴将前车架所承受载荷传递至前车桥，所需较大抗弯强度，选用直径为 30mm 的 Q235 低碳钢实心轴。

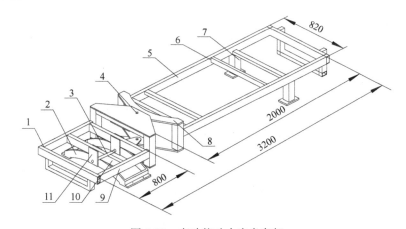

图 6-20　多功能动力底盘车架
1. 前车架；2. 车架平衡装置；3. 摇摆轴；4. 转向铰接点；5. 后车架纵梁；6. 后车架横梁；
7. 后车架竖梁；8. 后车架；9. 前车架纵梁；10. 前车架横梁；11. 车架平衡装置支撑板

（4）车架平衡装置

为保证田间越埂行驶及中耕植保喷药过程中水田动力底盘可平稳行驶作业，特别针对运秧过程中于凹凸不平路面行驶，防止其发生侧翻，设计配置了车架平衡装置。如图 6-21 所示，车架平衡装置主要由摇摆轴、摇摆轴支撑架、防转臂和车桥连接架等部件组成。摇摆轴支撑架焊接于前车架横梁，车桥连接架与前车桥螺栓连接，摇摆轴配置在摇摆轴支撑架和车桥连接架中部，防转臂焊接于摇摆轴，摇摆轴通过防转臂进行固定。

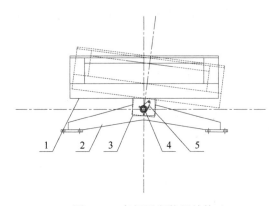

图 6-21 车架平衡装置结构
1. 车架；2. 车桥连接架；3. 摇摆轴支撑架；4. 摇摆轴；5. 防转臂

当单个车轮通过凹坑或凸包时，假定前车桥固定不动，前车架将连同摇摆轴支撑架绕摇摆轴转动，综合考虑整个底盘稳定性，车桥和车架间相对摆动角度不应过大，参考相关农业机械车桥摇摆轴机构，设计车桥摇摆角度不大于 15°。摇摆轴支撑架主要通过前后双支撑片完成支撑功用，在田间行驶作业时承受前进方向的惯性力和冲击力。

（5）转向机构

在实际水田作业过程中，需保证机具具有较好的机动性能，且转弯半径足够小，其直接影响整体转向性能及操作性能。本研究结合液压转向技术设计了折腰转向机构，如图 6-22 所示。转向油缸的两端分别与前后车架铰接，通过油缸伸缩运动推动前后车架绕转向销轴转过一定的角度完成折腰功能。设计转向油缸行程为 320mm，行程中点位置为转向起始点，最大转向角可达 50°。

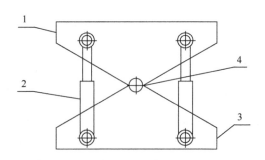

图 6-22 转向机构结构
1. 前车架；2. 转向油缸；3. 后车架；4. 转向销轴

转向系统原理如图 6-23 所示，其中 A 点和 B 点分别为转向油缸与后车架的铰接点，O 点为转向销轴，转向油缸 AD 和 BC 是使前后车架保持直线行驶的状态。当前车架逆时针旋转 θ 时，左右转向油缸分别处于 AD_1、BC_1 状态。

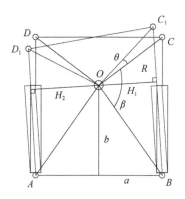

图 6-23　转向系统原理

转向油缸行程可表示为

$$AD = BC = \sqrt{R^2 + a^2 + b^2 - 2R \cdot \sqrt{a^2 + b^2} \cdot \cos\beta} \tag{6-3}$$

$$BC_1 = \sqrt{R^2 + a^2 + b^2 - 2R \cdot \sqrt{a^2 + b^2} \cdot \cos(\beta + \theta)} \tag{6-4}$$

$$AD_1 = \sqrt{R^2 + a^2 + b^2 - 2R \cdot \sqrt{a^2 + b^2} \cdot \cos(\beta - \theta)} \tag{6-5}$$

左侧油缸活塞伸缩量 ΔL_1 与折腰角 θ 的对应关系为

$$\Delta L_1 = AD - AD_1 = \sqrt{R^2 + a^2 + b^2 - 2R \cdot \sqrt{a^2 + b^2} \cdot \cos\beta}$$
$$- \sqrt{R^2 + a^2 + b^2 - 2R \cdot \sqrt{a^2 + b^2} \cdot \cos(\beta - \theta)} \tag{6-6}$$

右侧油缸活塞伸缩量 ΔL_2 与折腰角 θ 的对应关系为

$$\Delta L_2 = BC_1 - BC = \sqrt{R^2 + a^2 + b^2 - 2R \cdot \sqrt{a^2 + b^2} \cdot \cos(\beta + \theta)}$$
$$- \sqrt{R^2 + a^2 + b^2 - 2R \cdot \sqrt{a^2 + b^2} \cdot \cos\beta} \tag{6-7}$$

油缸 BC_1 对 O 点的力臂 H_1 为

$$H_1 = OG_1 = \frac{R \cdot \sqrt{a^2 + b^2} \cdot \sin(\beta + \theta)}{\sqrt{R^2 + a^2 + b^2 - 2R \cdot \cos(\beta + \theta) \cdot \sqrt{a^2 + b^2}}} \tag{6-8}$$

油缸 AD_1 对 O 点的力臂 H_2 为

$$H_2 = OG_2 = \frac{R \cdot \sqrt{a^2 + b^2} \cdot \sin(\beta - \theta)}{\sqrt{R^2 + a^2 + b^2 - 2R \cdot \cos(\beta - \theta) \cdot \sqrt{a^2 + b^2}}} \tag{6-9}$$

（6）传动系统

传动系统采用传统常规原则设计，发动机分三路动力输出，分别驱动液压输出系统、动力输出系统和前后行走轮，总体传动系统动力输出路线如图6-24所示。发动机动力通过带传动和离合器传至液压输出系统和组合式变速箱，由液压输出系统驱动底盘折腰转向、悬挂农具升降及桁架展开等；由组合式变速箱输出动力分两路，即一路通过动力输出轴连接外置农业机具实施水田作业，另一路经变速箱及中央传动的变速变扭后传递至前后差速器和减速器，将动力等量分配给左右半轴驱动行走轮运动，实现四轮行走驱动。

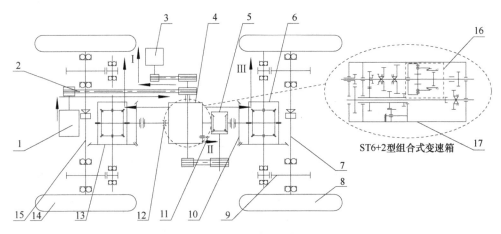

图 6-24 总体传动系统动力输出路线

1. 发动机；2. 带传动和离合器；3. 液压输出系统；4. 组合式变速箱；5. 分动箱；6. 后差速器；7. 后半轴；8. 后行走轮；9. 最终传动；10. 中央传动；11. 动力输出轴；12. 联轴器；13. 前差速器；14. 前行走轮；15. 前半轴；16. 副变速箱；17. 变速箱；Ⅰ. 液压输出路线；Ⅱ. 动力输出路线；Ⅲ. 驱动行走轮路线

传动系统总传动比等于各部分传动比的乘积，主要由发动机转速、行驶速度及驱动行走轮直径决定。为充分利用发动机功率，对各挡位传动比进行合理分配，即

$$i_{\Sigma i} = \frac{0.377 n_e \cdot D}{2 v_i} \tag{6-10}$$

式中，$i_{\Sigma i}$——某挡位传动系统传动比；

n_e——发动机额定转速，r/min；

D——行走轮直径，m；

v_i——某挡位理论行驶速度，km/h，其中 i=1，2，…，8，分别表示不同挡位。

为合理配置挡位数目及传动比，同时满足变速箱结构简单紧凑、工作性能稳定等要求，选取 ST6+2 型组合式变速箱为动力底盘传动核心，通过挡位较多的主变速箱和仅分高低挡的副变速箱串联实现挡位变化，其主变速箱配有 3 个前进挡和 1 个倒挡，副变速箱配有高、低挡 2 个挡位，组合后总计 2×（3+1）=8 个挡位。根据各级传动装置作业要求，对各组传动比进行合理分配，其各级传动比为

$$i_{\Sigma i} = i_d \cdot i_b \cdot i_c \cdot i_h \cdot i_z \qquad (6\text{-}11)$$

式中，i_d——发动机与离合器带传动比；

i_b——主变速箱传动比；

i_c——副变速箱传动比；

i_h——中央传动比；

i_z——行走轮最终传动比。

通过各级传动比关系，分别确定中央传动比、行走轮最终传动比和主、副变速箱传动比，在满足各类工作要求时适当加大行走轮最终传动比，减小主、副变速箱传动比，缩小其结构尺寸，实现变速箱轻量化设计，具体传动比分配如表 6-2 所示。

表 6-2　各级传动比分配方案

带传动	主变速箱				副变速箱		中央传动	最终传动
	I	II	III	R	低	高		
2.00	5.14	2.56	1.20	5.14	3.15	1.12	4.36	2.80

（7）底盘整体配置和工作原理

高地隙折腰式水田多功能动力底盘主要由发动机、前后车架、车架平衡装置、车桥、组合式变速箱、折腰转向系统（液压油箱、转向油缸、液压油泵、摇摆轴、全液压转向机构）、前后行走轮及相关配件等组成，如图 6-25 所示。底盘采用液压与机械结合的传动方式，结合东北地区多种水田种植模式与农艺要求，即常规水稻种植行距为 300mm，宽窄行种植行距为 200mm+400mm，植保时期水稻植株高度为 400～500mm，设计配置底盘离地间隙、轮距及轴距等相关结构参数，提高机具利用率同时减少对植株机械损伤。为适应田间运秧、施肥和植保等频繁越埂作业，应具有良好行驶稳定性和抗翻倾性，底盘机架采用铰接方式将前后两段车架连接，并配置车架平衡装置，实现折腰转向功用，其转弯半径小，转向灵活。行走系统为四轮驱动，综合考虑底盘刮擦、碾压稻苗，具有足够行走附着性能，下陷深度不宜超过犁底层，选取橡胶凸齿窄胎体轮胎，其直径为 1200mm，胎体宽为 70mm，以提高整机的越壕沟能力和越垂直障碍能力。

多功能动力底盘配有液压输出系统及动力输出系统，以实现病虫害防治喷药、施肥等各类田间管理作业。安装运秧货架可完成水稻秧苗田间运输；安装单圆盘撒肥装置可完成水田施肥作业，动力由配套液压系统提供，通过液压马达驱动圆

盘撒肥装置将颗粒肥料离心抛洒；安装喷药装置可完成水田植保作业，由动力输出轴和液压系统提供动力，药液流经分配阀，一部分回流到药箱进行调压和搅拌，另一部分由喷头喷出，液压系统控制喷雾桁架升降展开。

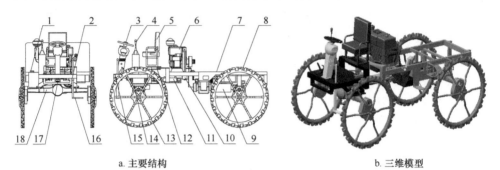

a. 主要结构　　　　　　　　　　　　　　　　　b. 三维模型

图 6-25　高地隙折腰式水田多功能动力底盘

1. 液压油箱；2. 转向油缸；3. 方向盘；4. 挡拉；5. 座椅；6. 发动机；7. 后车架；8. 后行走轮；9. 组合式变速箱；10. 液压油泵；11. 摇摆轴；12. 转向铰接点；13. 前行走轮；14. 车架平衡装置；15. 前车架；16. 登车安全架；17. 全液压转向机构；18. 车桥

6.2.3　水田多功能动力底盘性能分析

（1）转向性能分析

图 6-26 为多功能动力底盘在水平地面上稳定转向示意图，转向时通过转向油缸的伸缩运动使前后车架发生偏转，前车架绕转向铰接点转过一定角度，而前后行走轮相对于车架未发生偏转，前后车架的轴线交汇于一点，两侧车轮各轴上转动平面始终保持平行。

由几何分析可知，前行走轮外侧车轮最小转弯半径为

$$R_1 = \frac{Q}{2} + \frac{L}{\sin\theta_{\max}}(1 - k + k\cos\theta_{\max}) \tag{6-12}$$

后行走轮外侧车轮最小转弯半径为

$$R_2 = \frac{Q}{2} + \frac{L}{\sin\theta_{\max}}(k - \cos\theta_{\max} - k\cos\theta_{\max}) \tag{6-13}$$

其中，

$$k = \frac{L_1}{L}$$

式中，R_1—前行走轮外侧车轮最小转弯半径，mm；

R_2—后行走轮外侧车轮最小转弯半径，mm；

L—动力底盘轴距，mm；

Q—动力底盘轮距，mm；
L_1—转向铰接点至前轴中心距离，mm；
θ_{max}—车架最大偏转角，(°)。

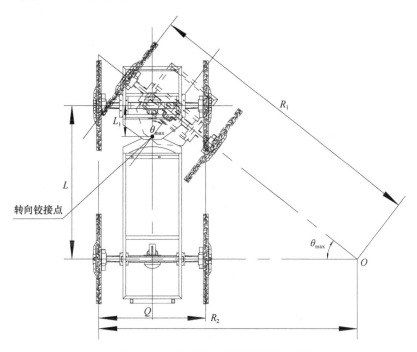

图 6-26　多功能动力底盘折腰转向原理

动力底盘整体转弯半径与转向铰接点配置比例方位有关，即 $k<0.5$ 时，$R_1>R_2$，动力底盘整体最小转弯半径为前行走轮外侧车轮最小转弯半径 R_1；$k=0.5$ 时，$R_1=R_2$，动力底盘整体最小转弯半径为前行走轮外侧车轮最小转弯半径 R_1 或后行走轮外侧车轮最小转弯半径 R_2；$k>0.5$ 时，$R_1<R_2$，动力底盘整体最小转弯半径为后行走轮外侧车轮最小转弯半径 R_2。本研究所设计的动力底盘轴距 L 为 2100mm、轮距 Q 为 1600mm，转向铰接点至前轴中心距离 L_1 为 425mm（$k<0.5$）、车架最大偏转角 θ_{max} 为 58°，将上述参数代入式（6-13）中，即可得到动力底盘整体最小转弯半径等于前行走轮外侧车轮最小转弯半径 R_1 为 3043mm。根据东北地区水田实际需求及生产考察调研，中小地块一般要求机具转弯半径小于 3500mm，因此所设计的动力底盘可满足作业需求。以目前市场常用前轮转向底盘为例进行对比分析，在相同轴距及车架偏转角等结构参数情况下，通过理论计算分析所设计的折腰转向最小转弯半径仅为前轮转向的 70%，转向性能优于前轮转向底盘，且适合于我国中小地块田间管理作业。

（2）稳定性能分析

本研究重点对动力底盘纵向极限翻倾状态进行分析，当动力底盘行驶或停止在纵向坡地时，其抵抗沿纵向前后翻倾或滑移的能力为多功能动力底盘的稳定性，选取极限翻倾角进行评价。当动力底盘匀速在上坡行驶时，由于上坡速度较小，可忽略空气阻力，其行驶受力近似于静止停放在坡道上，如图 6-27 所示，忽略轮胎弹性变形，建立其力学平衡方程为

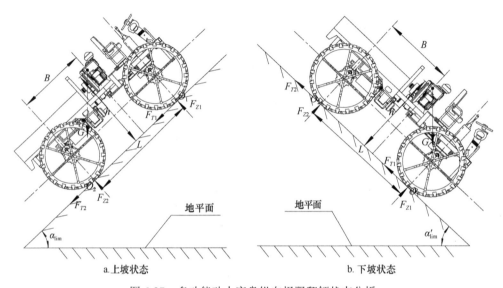

图 6-27　多功能动力底盘纵向极限翻倾状态分析

$$
\begin{cases}
F_{N1} + F_{N2} = G\sin\alpha_{\lim} \\
F_{T1} + F_{T2} = G\cos\alpha_{\lim} \\
Gh\sin\alpha_{\lim} + Z_1 L = GB\cos\alpha_{\lim}
\end{cases}
\tag{6-14}
$$

式中，F_{N1}—土壤对前行走轮法向作用力，N；

　　　F_{N2}—土壤对后行走轮法向作用力，N；

　　　F_{T1}—土壤对前行走轮切向作用力，N；

　　　F_{T2}—土壤对后行走轮切向作用力，N；

　　　G—动力底盘自身重力，N；

　　　B—动力底盘后轴至重心距离，mm；

　　　h—动力底盘重心至地面垂直高度，mm；

　　　$\alpha_{\lim}$—动力底盘上坡极限翻倾角，（°）。

当动力底盘处于上坡极限翻倾临界状态时，土壤对前行走轮切向反作用力 $F_{T1}=0$，此时

$$Gh\sin\alpha_{\text{lim}} = GB\cos\alpha_{\text{lim}} \tag{6-15}$$

$$\alpha_{\text{lim}} = \arctan\left(\frac{B}{h}\right) \tag{6-16}$$

由式（6-16）可知，动力底盘纵向极限翻倾角与重心位置有关，上坡过程中当重力线位于后轮着地点前时，多功能底盘即可避免向后翻倾。同理下坡极限翻倾临界状态分析，如图 6-27b 所示，此时动力底盘极限翻倾角为

$$\alpha'_{\text{lim}} = \arctan\left(\frac{L-B}{h}\right) \tag{6-17}$$

式中，α'_{lim}——动力底盘下坡极限翻倾角，（°）。

通过上述分析可知，动力底盘重心越低，稳定性越好，抗翻倾能力越强，在保证高地隙的前提下尽量降低底盘重心，同时合理配置底盘重心位置，运用有限元分析软件 ANSYS Workbench 14.0 对动力底盘重心位置进行测定，得到动力底盘后轴至重心距离 B 为 1150mm，动力底盘重心至地面垂直高度 h 为 848mm，将上述参数代入式（6-16）和式（6-17）中，可得其上下坡极限翻倾角 α_{lim} 和 α'_{lim} 分别为 53.6° 和 49.8°。

（3）越埂性能分析

田间作业时动力底盘需翻越田埂，开展各项水田管理作业。越埂性能是评价底盘通过性的重要指标，当底盘越埂时其作业速度较低，可简化为静力学问题进行研究，重点对前后行走轮越埂状态分析，以推导出动力底盘结构参数与越埂性能关系。对前行走轮越埂状态进行力学分析，如图 6-28a 所示，忽略轮胎弹性变形，建立其力学平衡方程，即

$$\begin{cases} F_{P1}\cos\varphi = \psi F_{P1}\sin\varphi + \psi F_{P2} \\ F_{P1}\sin\varphi = G - \psi F_{P1}\cos\alpha + F_{P2} \\ \dfrac{D\psi F_{P1}}{2} + GA + \dfrac{D\psi F_{P2}}{2} = F_{P2}L \end{cases} \tag{6-18}$$

式中，F_{P1}——田埂对前行走轮法向作用力，N；

　　　F_{P2}——田埂对后行走轮法向作用力，N；

　　　φ——前行走轮法向作用力与水平面夹角，（°）；

　　　ψ——水田土壤附着系数；

　　　D——前后行走轮直径，mm；

　　　A——动力底盘前轴至重心距离，mm。

对式（6-18）进行化简处理可得

$$\left(\frac{1}{\psi}-\frac{1+\psi^2}{\psi}\cdot\frac{A}{L}-\frac{D}{2L}\right)\cos\alpha-\left(1-\frac{\psi D}{2L}\right)\sin\alpha-\frac{\psi D}{2L}=0 \qquad (6\text{-}19)$$

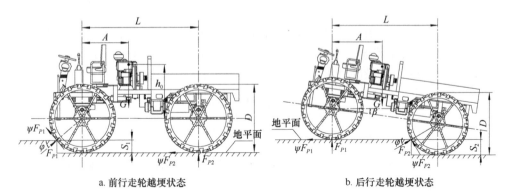

a. 前行走轮越埂状态　　　　　　b. 后行走轮越埂状态

图 6-28　多功能动力底盘前后行走轮越埂状态分析

由几何关系可知

$$\sin\varphi=1-\frac{2S_1}{D} \qquad (6\text{-}20)$$

式中，S_1—前行走轮越埂高度，mm。

将式（6-19）和式（6-20）合并，可得

$$S_1=\frac{D}{2}\left[1-\sqrt{\left(\frac{\xi\tau}{\delta^2+\xi^2}\right)^2+\frac{\xi^2-\tau^2}{\delta^2+\xi^2}}+\frac{\xi\tau}{\delta^2+\xi^2}\right] \qquad (6\text{-}21)$$

式中，$\delta=\dfrac{1}{\psi}-\dfrac{1+\psi^2}{\psi}\cdot\dfrac{A}{L}-\dfrac{D}{2L}$；　$\xi=1-\dfrac{\psi D}{2L}$；　$\tau=\dfrac{\psi D}{2L}$。

根据水田土壤实际作业状态，选取土壤附着系数 ψ 为 0.5，将动力底盘相关结构参数代入式（6-21）中，可得前行走轮越埂高度 S_1 为 543mm。

在此基础上，对后行走轮越埂状态进行分析，如图 6-28b 所示，建立其力学平衡方程，即

$$\begin{cases} F_{P2}\cos\varphi'=\psi F_{P2}\sin\varphi'+\psi F_{P1}+G\cos\beta \\ F_{P1}\sin\varphi'+\psi F_{P2}\cos\varphi'+F_{P1}=G\cos\beta \\ G(L-A)\cos\beta+\dfrac{D\psi F_{P2}}{2}=F_{P1}L\cos\beta+\psi F_{P1}\left(\dfrac{D}{2}-h_0\right) \end{cases} \qquad (6\text{-}22)$$

对式（6-22）进行化简处理，可得

$$\left(\cos\beta - \psi\sin\beta + \frac{\psi D}{2L}\right)\sin\alpha - \frac{\psi D}{2L} - \tag{6-23}$$
$$\left[\left(\frac{1+\psi^2}{\psi}\cdot\frac{A}{L} - \psi\right)\cdot\cos\beta + \left(\frac{1+\psi^2}{\psi}\cdot\frac{h_0}{L} - 1\right)\sin\beta + \frac{D}{2L}\right]\cos\alpha = 0$$

其中,

$$\sin\beta = \frac{S_2}{L}$$

式中,φ'——后行走轮法向作用力与水平面夹角,(°);

β——前后行走轮轴线偏转角度,(°);

h_0——动力底盘重心至前后行走轮轴线距离,mm;

S_2——后行走轮越埂高度,mm。

将动力底盘相关结构参数代入式(6-23)中,可得后行走轮越埂高度 S_2 为 596mm。分析可知,动力底盘前轴至重心距离 A 与动力底盘轴距 L 比值较小时,后行走轮越埂能力优于前行走轮。在实际作业过程中综合前后行走轮越埂能力,以前行走轮越埂高度作为整机越埂能力指标,在实际生产过程中水田田埂高度一般为 250～300mm,水田与田地坡高为 400～500mm,因此所设计的动力底盘可满足水田越埂要求。

6.2.4 植保喷药系统设计

（1）喷药系统整体结构及工作原理

植保喷药系统主要由轻简化悬挂式折叠喷杆总成与喷药系统总成组成,其中轻简化悬挂式折叠喷杆总成通过搭载在高地隙折腰式水田多功能动力底盘上来完成植保作业,总体长度为 8.4m。鉴于国家标准中仅规定喷杆宽幅 12m 以上喷杆喷药机应设有悬架系统,故所设计的轻简化悬挂式折叠喷杆总成通过平行四杆升降机构与底盘直接连接,如图 6-29 所示。工作时,通过升降液压油缸调节平行四杆升降机构控制轻简化悬挂式折叠喷杆总成的离地高度;两侧一级喷杆架两端分别与中间杆架和二级喷杆架连接,单侧多折叠机构伸展由一个液压油缸完成,通过调节折叠展开油缸在完成一级喷杆架折叠或展开的同时,中间连接支架带动二级喷杆架折叠或展开。与传统多油缸机械式喷杆相比,其具有同步协调操作性好、可靠性高、折叠展开用时短且制造成本低等优点。

喷雾系统总成主要由药液箱、喷药泵、喷药软管、过滤器、液压阀和感应式静电喷头等部件组成。工作时,发动机通过带传动驱动喷药泵,使药液流经分配阀,一部分回流到药液箱进行调压和搅拌,另一部分经过喷药软管、过滤器,由感应式静电喷头喷出,完成植保作业。

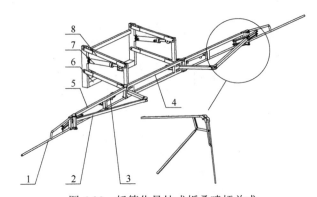

图 6-29 轻简化悬挂式折叠喷杆总成

1. 二级喷杆架；2. 中间连接支架；3. 折叠展开油缸；4. 中间杆架；5. 一级喷杆架；
6. 连接架；7. 升降油缸；8. 平行四杆升降机构

（2）喷杆多折叠机构设计

1）喷杆多折叠机构杆长

喷杆多折叠机构是轻简化悬挂式折叠喷杆总成的关键核心部件，直接影响喷药系统总体喷雾性能。构建单侧多折叠机构（包括一级喷杆架、二级喷杆架和中间连接支架）简化模型，如图 6-30 所示，将多杆机构分成 AB_iE_iF 和 AC_iD_iF 两个四杆机构，根据解析法确定多折叠机构结构参数。建立坐标系 Oxy，分别再将两个四杆机构分为左右两双杆组加以讨论。所建立左侧双杆组的矢量封闭关系如图 6-31 所示，可得

$$l_{OA} + l_{AB_i} + l_{B_iM_i} - l_{OM_i} = 0 \tag{6-24}$$

其在 x 轴和 y 轴上的投影分别为

$$\begin{cases} x_A + a\cos\theta_{1i} + k\cos(\theta_{2i} - \gamma_2) - x_{Mi} = 0 \\ y_A + a\sin\theta_{1i} + k\sin(\theta_{2i} - \gamma_2) - y_{Mi} = 0 \end{cases} \tag{6-25}$$

式中，$(x_A,\ y_A)$ ——A 点位移，mm；

a——一级喷杆架杆长，mm；

θ_{1i}——一级喷杆架转动角，(°)；

θ_{2i}——连接支架摆动角，(°)；

k——基点 M_i 与铰接点 B_i 的距离，mm；

γ_2——连接支架短杆与水平方向夹角，(°)；

$(x_{Mi},\ y_{Mi})$——连接支架短杆上基点 M 点位移，mm。

整理式（6-25），可得

$$(x_{Mi} - x_A)^2 + (y_{Mi} - y_A)^2 + k^2 - a^2 - 2[(x_{Mi} - x_A)k\cos\gamma_2 - (y_{Mi} - y_A)k\sin\gamma_2]\cos\theta_{2i} - 2[(x_{Mi} - x_A)k\sin\gamma_2 + (y_{Mi} - y_A)k\cos\gamma_2]\sin\theta_{2i} = 0$$

$$\tag{6-26}$$

由于式（6-26）为非线性方程，故选取连杆的 3 个预定位置，并预选 A 点坐标（x_A，y_A）后，可将式（6-26）整理为线性方程，即

$$X_0 + A_{1i}X_1 + A_{2i}X_2 + A_{3i} = 0 \qquad (6\text{-}27)$$

式中，$X_0 = \sqrt{k^2 - a^2}$；

$X_1 = k\cos\gamma_2$；

$X_2 = k\sin\gamma_2$；

$A_{1i} = 2\left[(x_A - x_{Mi})\cos\theta_{2i} - (y_{Mi} - y_A)\sin\theta_{2i}\right]$；

$A_{2i} = 2\left[(y_{Mi} - y_A)\cos\theta_{2i} + (x_A - x_{Mi})\sin\theta_{2i}\right]$；

$A_{3i} = (x_{Mi} - x_A)^2 + (y_{Mi} - y_A)^2$。

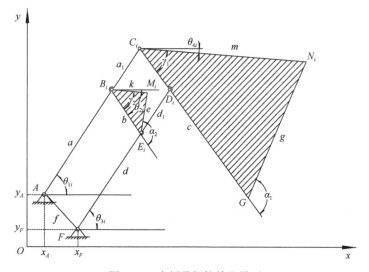

图 6-30　多折叠机构简化模型

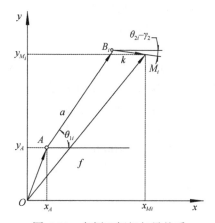

图 6-31　左侧双杆组矢量关系

根据式（6-27）可求解 X_1、X_2、X_3 后，得到待定参数为

$$\begin{cases} k = \sqrt{X_1^2 + X_2^2} \\ a = \sqrt{k^2 - X_0^2} \\ \tan\gamma_2 = \dfrac{X_2}{X_1} \end{cases} \tag{6-28}$$

其中 B 点坐标可表示为

$$\begin{cases} x_{Bi} = x_{Mi} - k\cos(\gamma_2 + \theta_{2i}) \\ y_{Bi} = y_{Mi} - k\sin(\gamma_2 + \theta_{2i}) \end{cases} \tag{6-29}$$

同理，当预选 F 点坐标（x_F，y_F）后，建立右侧双杆组线性方程，对基点 M_i 与铰接点 E_i 距离 e、连接支架长杆长 d、连接支架短杆摆动角 α_2 进行求解，进而求得连接支架短杆长 b 和连接架长 f 为

$$b = \sqrt{(x_{Bi} - x_{Ei})^2 + (y_{Bi} - y_{Ei})^2} \tag{6-30}$$

$$f = \sqrt{(x_A - x_F)^2 + (y_A - y_F)^2} \tag{6-31}$$

因预选连杆位置不同，所得杆长亦不同，应用 MATLAB 软件计算不同连杆位置的多组杆长，考虑到实际工作要求，对所得数据进行圆整，得到多折叠机构结构参数一级喷杆架杆长 a 为 1500mm，二级喷杆架杆长 c 为 1705mm，连接支架长杆长 d 为 1620mm，连接支架短杆长 a_1、b、d_1 均为 330mm，连接架长 f 为 498mm。

2）喷杆多折叠机构截面尺寸

在高地隙水田运秧植保喷药机道路运输、田间转移和喷药作业时，因不同路况将对动力底盘产生不同性质的激励，同时机具配备发动机及喷药泵也易引发喷杆共振。喷杆是弱阻尼弹性体，当喷杆与动力底盘间无悬挂装置时，底盘所受外部激励会直接传递给喷杆，当喷杆某一阶固有频率与外部激励频率相等时，将使喷杆发生振动而影响喷药质量，缩短喷杆使用寿命。模态分析目的主要为找到隐藏共振点，为后期结构改进与优化设计提供参考，避免所设计实体在实际工作中因共振影响田间作业效果。

实测田间作业时动力底盘发动机额定转速为 1500r/min，其激励频率为 12.5Hz；喷药泵激励频率主要由柱塞在缸体中的往复振动引起，喷药泵额定工作转速 720r/min，激励频率最大值为 12Hz；路面产生的振动激励主要与路面不平度和动力底盘的工作速度密切相关，其值可由式（6-32）求解。

$$f_0 = \frac{1000v}{\lambda} \tag{6-32}$$

式中，f_0——路面激励频率，Hz；

v——车速，m/s；

λ——路面不平度波长，mm。

取动力底盘田间最高车速为 4.17m/s，通过查阅相关文献可得路面不平度波长为 320mm，进而计算路面最高激励频率为 13.03Hz。为避免共振产生，所设计喷杆多折叠机构 1 阶固有频率至少为 14Hz 以避开外部激励频率，并保证其在具备一定强度和刚度的基础上质量最小，以达到轻简化设计的目的。

针对以上外部激励计算分析，为进一步设计合理可靠的喷杆多折叠机构，保证其具有较优的动力学特性，在设计时应在外形结构不发生重大改变并满足一定强度和刚度的基础上，使其 1 阶固有频率避开外部最高激励频率且质量达到最小。利用三维建模软件 Creo Parametric 2.0 建立喷杆几何模型，将圆钢管、矩形钢管及方钢管厚度设为模型变量，实现参数化几何建模的建立。同时与有限元分析软件 ANSYS Workbench 14.0 连接，将模型导入并进行有限元模态分析。喷杆多折叠机构三维模型如图 6-32 所示，各部件截面形状及尺寸如表 6-3 所示。

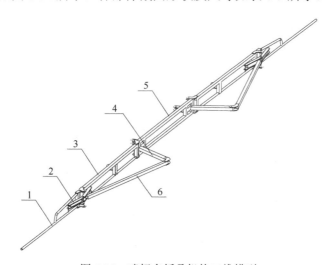

图 6-32　喷杆多折叠机构三维模型
1. 圆钢管；2. 折叠拉杆；3. 方钢管 1；4. 矩形钢管；5. 方钢管 2；6. 方钢管 3

表 6-3　喷杆各部件截面形状及尺寸

部件	截面形状	截面尺寸
圆钢管	○	$\phi22mm$
折叠拉杆	▬	40mm×6mm
方钢管 1	□	40mm×40mm
矩形钢管	▭	60mm×40mm
方钢管 2	□	40mm×40mm
方钢管 3	□	40mm×40mm

仿真设定值与试验设计值无差异，可根据所得结果对影响试验指标的主要因素进行显著性分析，得到喷杆多折叠机构理想结构参数组合，在 ANSYS Workbench 14.0 软件中建立 9 组不同壁厚下钢管所组成喷杆多折叠机构的有限元模型，得到模型质量 m 并进行自由状态下模态分析，提取出非 0 的第 1 阶固有频率 f_1。

由于质量及 1 阶固有频率单独分析可得优化结果不一致，为进一步得到不同壁厚下的圆钢管、矩形钢管和方钢管所组成喷杆多折叠机构的较理想结构参数组合，对不同钢管的壁厚进行优化设计。根据虚拟试验结果，综合考虑对质量及 1 阶固有频率影响的主次因素及较优水平组合，确定影响指标的 3 个因素较优参数水平组合，即圆钢管壁厚、矩形钢管壁厚和方钢管壁厚分别为 2mm、2mm 和 2mm 时，其 1 阶固有频率为 14.84Hz，避开了外部最高激励频率 13.03Hz，此时质量较小，为 62.85kg。

（3）平行四杆升降机构设计

平行四杆升降机构可控制喷杆多折叠机构作业高度，满足对各时期水稻植保喷药作业，为保证喷药装置达到较优的喷雾效果，需对平行四杆升降机构合理设计，如图 6-33 所示。

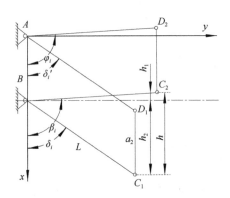

图 6-33　平行四杆升降机构结构

根据转换机构法，建立 AD_1 刚体位移矩阵方程，即

$$\begin{bmatrix} x_{D_{ir}} \\ y_{D_{ir}} \\ 1 \end{bmatrix} = \begin{bmatrix} \cos(\beta_{1i}-\varphi_{1i}) & -\sin(\beta_{1i}-\varphi_{1i}) & a_2(1-\cos\theta_{1i}) \\ \sin(\beta_{1i}-\varphi_{1i}) & \cos(\beta_{1i}-\varphi_{1i}) & a\sin\theta_{1i} \\ 0 & 0 & 1 \end{bmatrix} \begin{bmatrix} x_{D_1} \\ y_{D_1} \\ 1 \end{bmatrix} \quad (6\text{-}33)$$

式中，（$x_{D_{ir}}$，$y_{D_{ir}}$）—D 点反转后位移，mm；

（x_{D_1}，y_{D_1}）—D_1 点位移，mm；

θ_{1i}——AD_1 第 i 个位置的转角，（°）；

φ_{1i}——C_1B 第 i 个位置的转角，（°）；

a_2——连杆 CD 长度，mm。

对平行四杆升降机构 $ABCD$，其上拉杆 AD 和下拉杆 BC 转角相同，故可得 $\beta_{1i}=\varphi_{1i}$，进一步计算得到相对位移矩阵，所建立竖直杆 DC 的定杆长约束方程为

$$\begin{cases} (x_{D_{ir}} - x_{C_1})^2 + (y_{D_{ir}} - y_{C_1})^2 = (x_{D_1} - x_{C_1})^2 + (y_{D_1} - y_{C_1})^2 \\ y_{D_1} = y_{C_1} \\ \|x_{C_1}\| - \|x_{D_1}\| = a_2 \end{cases} \tag{6-34}$$

式中，（x_{C_1}，y_{C_1}）——C_1 点位移，mm。

对式（6-33）和式（6-34）整理，可得

$$AD = L = \sqrt{(x_{D_1} - x_A)^2 + (y_{D_1} - y_A)^2} = 2.11a_2 \tag{6-35}$$

平行四杆升降机构结构参数主要根据总体配置需要而定，根据与喷雾装置所配套的底盘后车架离地高度为 1030mm，考虑其稳定性，设计上下拉杆的安装距离为 $a_2=390$mm，由式（6-35）求得连架杆长度 L 为 822.99mm，取 L 为 825mm。为满足对水稻各时期植保作业并取得较优的喷雾效果，喷雾装置设计时应满足喷杆离地高度在 450～1100mm 可调，即下拉杆最大上升位移 h_1 为 70mm，下拉杆最大下降位移 h_2 为 580mm，下拉杆总位移 h 为 650mm。

根据图 6-33 几何关系，可得

$$\begin{cases} h_1 = L\sin(\beta_i - 90°) \\ h_2 = L\sin(90° - \delta_i) \end{cases} \tag{6-36}$$

由式（6-36）计算可得上拉杆 AD 和下拉杆 BC 的极限摆动角 β_i 和 δ_i 分别为 95° 和 45°。

（4）静电喷头配置

1）感应式静电喷头结构及工作原理

在作业过程中，传统喷杆喷药机喷雾质量易受外界因素的影响，当喷雾量超过一定范围时，药液雾滴将在植株叶面凝聚进而滚落、流失，使附着于植株叶面上的药液量急剧下降，农药利用率低，环境污染严重。

本研究选用一种感应式静电喷头作为喷雾系统执行部件，其结构如图 6-34 所示，主要由喷嘴、静电圈、绝缘保护圈、导流体、橡胶垫圈和快拆接头等部件组成。其中快拆接头一端与导流体采用旋转式连接，另一端与三通接头连接，可完成喷头快速拆卸与更换；静电圈镶嵌于绝缘保护圈内部，并配备电源接头；导流

体穿过绝缘保护圈轴心,喷嘴与导流体旋转式连接,便于喷头发生堵塞时进行快速清理。

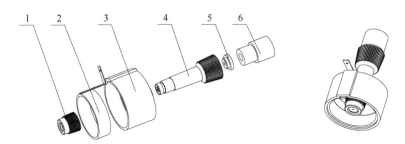

图 6-34　感应式静电喷头
1. 喷嘴;2. 静电圈;3. 绝缘保护圈;4. 导流体;5. 橡胶垫圈;6. 快拆接头

感应式静电喷头原理如图 6-35 所示,喷头配备 12V 小型静电发生器,与 12V 外置电源通过导线连接。工作时,12V 外置电源为小型静电发生器提供能量,使感应式静电圈内部形成持续不断的静电场,由喷嘴喷出实心锥状雾滴,经通电静电圈使药液雾滴带上极性电荷,同时与喷雾目标间产生静电场,然后在静电场力和其他外力联合作用下做定向运动而吸附在目标各个部位,具有沉积效率高、雾滴漂移散失少、改善生态环境等优点。

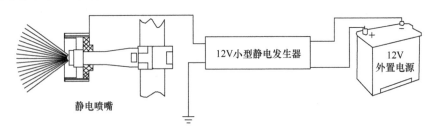

静电喷嘴　　　　12V小型静电发生器　　　　12V 外置电源

图 6-35　感应式静电喷头原理

2)感应式静电喷头配置

在作业过程中,喷雾系统总成将药液均匀喷洒于稻苗或杂草表面,如图 6-39 所示。其中静电喷头作为喷雾系统主要工作部件,其布置方式与数量对喷雾作业质量具有直接影响。结合实际选型试验及应用效果,选取感应式静电喷头为执行部件,该喷头工作时由喷嘴喷出群体电荷雾滴,对稻苗或杂草不同部位均有良好的附着效果,可高效均匀地完成水田植保作业,有效减少药液浪费,其作业幅宽 L_0 为 8400mm。综合考虑单个喷头喷施流量要求及相邻喷施范围间重复率,本研究选取相邻喷头间喷施重复率为 $b_0=37\%$,单个喷头喷施直径 D_l 为 500mm,喷头喷施角度 θ 为 80°,得到工况下均匀配置喷头个数 n 为 26 个,喷头间距 c_0 为 320mm。

（5）喷药泵选型

喷药泵作为喷雾系统动力源，将药液以一定压力输出，选取喷药泵时应考虑机具前进速度、喷雾工作幅宽、喷雾流量及作业面积等因素，结合上述因素选型配套以满足不同工况下喷施要求。参考东北地区水田植保农艺要求，设定水田运秧植保喷药机在田间作业时行驶速度 v 为 $0.83\sim1.67$m/s，取作业总面积 W_z 为 1000m^2 时，药液总需求量 M 为 180L，得到单位时间药液总喷施量 Q 应至少为 4518L/h。故选用 DA-80B 型压力可调式柱塞泵，可通过调节喷药泵压力阀，控制单位时间内药液流量，以满足不同要求下的田间植保作业。

（6）喷杆液压控制系统设计

液压控制系统通过控制平行四杆机构以调节喷杆多折叠机构作业高度，并控制喷杆多折叠机构折叠或展开，主要由齿轮泵、溢流阀、手动液压阀、转向油缸、折叠展开油缸、升降油缸、过滤器及油箱等部件组成，如图 6-36 所示。在作业过程中，通过调节手动液压阀阀芯位置改变升降液压油缸伸缩进而调整喷杆离地高度，通过调节折叠展开油缸完成喷杆折叠或展开。

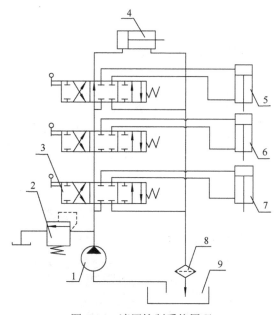

图 6-36　液压控制系统原理

1. 齿轮泵；2. 溢流阀；3. 手动液压阀；4. 转向油缸；5. 左侧折叠展开油缸；
6. 右侧折叠展开油缸；7. 升降油缸；8. 过滤器；9. 油箱

喷药系统主要由药液箱、喷药泵、喷药软管、过滤器、液压阀和感应式静电喷头等部件组成。为使喷药装置配置完整，本研究对喷药装置选配中未说明部件型号进行选型，并阐述其主要功能，如表 6-4 所示。

表 6-4　喷雾系统其他工作部件

名称	规格	功能
药液箱	250L	药液的储存容器，由聚乙烯材料制成，耐腐蚀，达到防止生锈的目的
过滤器	—	完成对药液的过滤，防止杂质进入喷药系统中影响喷雾质量
液压阀	—	控制液压油缸伸缩进而使轻简化悬挂式喷杆总成完成动作

6.2.5　高地隙水田运秧植保喷药机配置

通过平行四杆升降机构将喷药装置与多功能动力底盘配置为高地隙水田运秧植保喷药机，主要由发动机、车架、车架平衡装置、组合式变速箱、车桥、折腰转向系统（液压油箱、转向油缸、液压油泵、全液压转向助力器）、前后行走轮、喷雾装置（轻简化悬挂式折叠喷杆总成、升降油缸、药液箱、折叠展开油缸、组合式静电喷头、喷药泵）等部件组成，如图 6-37 所示。

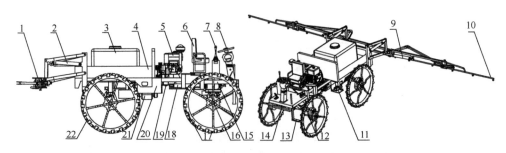

图 6-37　高地隙水田运秧植保喷药机

1. 喷杆；2. 升降油缸；3. 药液箱；4. 车斗；5. 发动机；6. 座椅；7. 换挡杆；8. 方向盘；9. 折叠展开油缸；10. 组合式静电喷头；11. 喷药泵；12. 车桥；13. 登车安全架；14. 全液压转向助力器；15. 车架；16. 车架平衡装置；17. 前行走轮；18. 转向油缸；19. 液压油泵；20. 液压油箱；21. 组合式变速箱；22. 后行走轮

在作业过程中，平行四杆升降机构控制轻简化悬挂式折叠喷杆总成的离地高度，以满足对不同时期的水稻植保作业；其折叠喷杆总成采用轻量化组合设计，具有结构紧凑简单、同步协调操作性好、可靠性高等优点；感应式静电喷头作为喷雾系统的执行部件，利用高压静电通过静电圈建立一个高压静电场，雾滴经静电场形成群体荷电雾滴，在静电场力和其他外力的联合作用下进行定向运动，吸附于稻苗各个部位，对稻苗不同部位均具有良好的附着效果，可高效均匀完成水田植保作业，具有沉积效率高、雾滴漂移散失少、改善生态环境等优点。高地隙水田运秧植保喷药机主要技术参数如表 6-5 所示。

表 6-5　高地隙水田运秧植保喷药机主要技术参数

参数	数值
外形尺寸（长×宽×高）/（mm×mm×mm）	4600×8400×1800
输出功率/kW	16.8
结构质量/kg	1450
轮距/mm	1600
轴距/mm	2100
底盘最小离地间隙/mm	560
行驶速度/（km/h）	1～15
药液箱容量/L	250
作业幅宽/mm	8400
喷杆离地高度/mm	400～1000
喷头间距/mm	320
喷头数/个	26

6.3　高地隙水田运秧植保喷药机关键部件有限元分析

6.3.1　车架有限元分析

为检验所设计的水田运秧植保喷药机整体刚度及强度，在车架各结构完成必要功能前提下，利用有限元软件对其进行模拟分析，以保证其具有承受多种工况下冲击载荷的能力。利用三维建模软件 Creo Parametric 2.0 建立车架参数化几何模型，并导入有限元分析软件 ANSYS Workbench 14.0。为提高仿真运行速度及精度，对车架几何模型进行简化处理，忽略部分安装孔及凸台，将倒角、圆角简化为直角，并不考虑焊接工艺对车架材料组织特性的影响。设定车架材料为 45 号钢，弹性模量为 210GPa，屈服强度为 355MPa，泊松比为 0.3，密度为 7850kg/m^3。采用 ANSYS MESH 模块进行网格划分，在结构较简单实体区域，网格划分较稀疏（网格平均尺寸为 0.743mm）；在装配结合区域，划分网格密度较大（网格平均尺寸为 0.266mm），进行网格无关性验证，整个模型共划分 22879 个实体单元，节点数为 45507 个。

由于水田作业环境的多样性与复杂性，对车架整体刚度及强度要求较高，为检验其在满载静态状态下的实用性能（即匀速时车架弯曲和悬空时车架扭转两种工况），添加动力底盘配置部件及载重等全部载荷，车架自重通过定义重力加速度施加，发动机、变速箱、液压油箱等部件根据其在底盘实际位置以集中载荷形式施加相应节点，货箱载重以均布载荷形式施加于左右纵梁，模拟所需载荷类型与加载形式如表 6-6 所示。

表 6-6   有限元分析中载荷类型与加载形式

载荷	数值/N	形式
发动机	2 100	集中载荷
变速箱	1 600	集中载荷
蓄电池	400	集中载荷
液压油箱	700	集中载荷
驾驶员	800	集中载荷
液压油泵	100	集中载荷
车架质量	3 600	惯性载荷
承载质量	8 000	均布载荷
合计	17 300	—

对匀速行驶过程中车架满载状态下的结构强度及刚度进行校核，模拟其应力分布和变形情况，选取满载弯曲载荷系数为 2.5。在满载弯曲工况下，应力分布如图 6-38a 所示，其整体所受应力较小且多在 35MPa 以内，在施加载荷的位置应力稍大，但远小于材料的屈服极限强度 355MPa。车架所受最大应力发生在平衡装置摇摆轴处，为 130.70MPa。在满载情况下车架各处的应力皆小于许用应力 142MPa（355/2.5），因而车架设计满足力学性能要求。位移分布如图 6-38b 所示，后车架前端区域与铰接装置发生位移较大，最大位移发生在后车架发动机安装梁处，为 1.56mm，主要由于后车架前端承受货箱载荷的同时仍需支撑发动机等部件质量，此区域承受质量大于车架其他区域。由于左右纵梁相同区域变形量相等，说明车架具有较好的载荷配比。

在田间作业或行走时，路面凹凸不平常导致动力底盘轮胎无法同时着地致使车架受力不对称，形成对车架扭矩作用，选取满载扭转载荷系数为 1.3。在满载扭转工况下，应力分布如图 6-38c 所示，车架所受最大应力发生在右后悬架与纵梁连接处，为 255.44MPa，主要由于右后悬架自由度被完全约束且与纵梁刚性焊接连接，车架发生扭转时该区域抗扭刚度阻碍抗扭变形而导致应力集中。车架整体所受应力基本稳定于 40MPa 以下，远小于许用应力 273MPa（355/1.3），设计符合强度要求。位移分布如图 6-38d 所示，最大位移发生在车架左纵梁与后横梁连接处，为 1.62mm。

a. 满载弯曲下等效应力分布

b. 满载弯曲下轴向位移分布

c. 满载扭转下等效应力分布

d. 满载扭转下轴向位移分布

图 6-38　满载工况下车架等效应力与轴向位移分布

基于有限元分析模拟结果，得到了在满载状态下车架载荷分布和薄弱部位，在后续研究中以优化设计理论为主要方法，以质量最轻为目标，以车架结构中各梁截面尺寸为设计变量，以车架固有频率、材料属性、结构位移量及应变值为状态变量，重点开展车架薄弱区域的改进与轻量化设计研究工作。

6.3.2 喷杆多折叠机构有限元分析

（1）喷杆几何模型有限元分析

喷杆多折叠机构由不同截面尺寸钢管制造而成，总体长度为 8.4m。在进行喷杆数值模态分析时，需对喷杆几何模型进行必要简化，去除部分不影响模态分析结果的微小特征，以减少建模时间、降低网格划分难度、加快模态分析运算速度、提高计算效率和准确性。几何模型的简化要求在保证不影响喷杆多折叠机构整体结构强度和刚度的前提下能够真实反映喷杆整体结构和主要特征。在建模过程中忽略喷杆各组成部件上的较小螺纹孔、工艺孔、工艺凸台等对整体力学性能影响较小的几何特征；将喷杆各部件中包含螺栓、螺母等连接件去除；不考虑焊接对模型振动特征的影响。

设定喷杆材料为 45 号钢，定义模型参数为密度 $\rho=7.85\times10^3kg/m^3$，弹性模量 $E=2.10\times10^5MPa$，泊松比 $\mu=0.30$。将所建立喷杆几何模型简化并导入有限元仿真软件 ANSYS Workbench 14.0，最终得到有限元模型如图 6-39 所示。在此基础上，对喷杆模型进行自由网格划分，网格划分质量对喷杆模态分析的收敛速度和计算结果准确性有一定影响，网格划分过密不利于提高计算速度，网格划分过疏则将对计算精度产生影响。

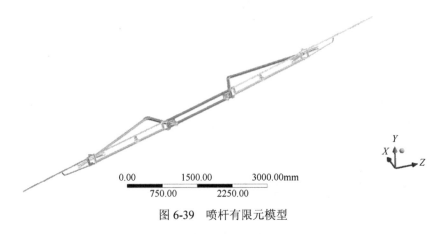

0.00   1500.00   3000.00mm
     750.00   2250.00

图 6-39　喷杆有限元模型

本研究采用四面体主导对喷杆进行网格划分，对喷杆结构中较简单实体，网格划分相对稀疏，在喷杆装配结合区域，网格划分相对密集，网格划分结构如

图 6-40 所示，最终将模型划分为 51532 个实体单元，节点数为 21682 个。

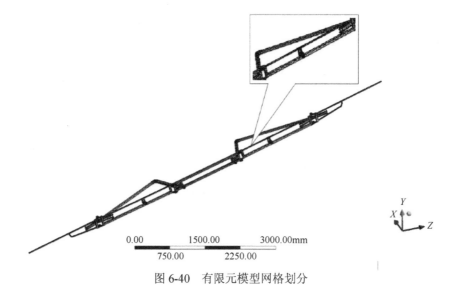

图 6-40　有限元模型网格划分

在自由状态下对喷杆多折叠机构进行数值模态分析，求解喷杆多折叠机构的固有频率和振型，由于自由状态下动态特性主要取决于喷杆多折叠机构的结构和材料属性，与喷杆多折叠机构所受的外部约束无关，故添加边界条件时无需考虑施加外部约束。对自由状态下的喷杆多折叠机构进行数值模态分析直接采用静态有限元模型，去除所有作用在喷杆多折叠机构上的外部约束，保留喷杆多折叠机构本身的质量，即可得到模态计算模型。

这里运用 ANSYS Workbench 14.0 软件建立了喷杆多折叠机构有限元模型，并对其进行自由状态下（即释放所有自由度）的模态分析。由于低阶振型决定结构动态特性，故提取其非 0 的前 4 阶模态结果及振型云图进行分析，模态结果见表 6-7，振型云图如图 6-41 所示。

表 6-7　喷杆模态分析前 4 阶固有频率和振型

阶数	频率/Hz	振型
1	14.84	局部弯曲
2	18.73	弯曲+扭转
3	22.99	整体扭转
4	29.21	整体弯曲

（2）喷杆多折叠机构模态试验

为验证有限元模态仿真分析合理性，对喷杆进行模态试验。模态试验是通过

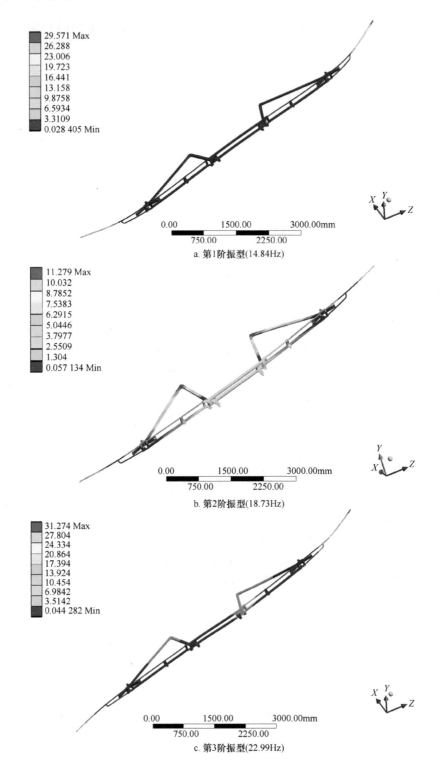

a. 第1阶振型(14.84Hz)

b. 第2阶振型(18.73Hz)

c. 第3阶振型(22.99Hz)

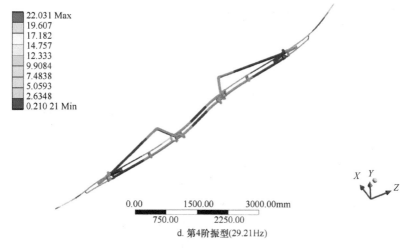

d. 第4阶振型(29.21Hz)

图 6-41　喷杆模态分析前4阶模态振型云图

输入装置对结构进行激励，在激励同时测量结构响应的一种试验方法。由于该方法可获得结构固有振动特性，故可成为判断有限元模型仿真是否合理的重要指标。最佳试验边界条件应是与有限元模型一样的自由边界状态，但在实际的试验中难以实现结构与环境不存在连接的自由状态，故试验时利用弹性橡胶支撑的方式使喷杆近似为自由状态。

根据测试时激励方式的差异，模态试验方法可分为力锤激励法和激振器激励法。由于喷杆多折叠机构呈对称结构且质量较轻、结构相对简单，故采用效率较高且计算结果相对准确的力锤激励法进行模态试验。试验仪器主要包括智能信号采集处理分析仪、动态信号分析系统、加速度传感器及激振力锤。由仿真及预试验结果可知，喷杆多折叠机构前几阶非 0 固有频率相对较低，需要对其进行低频模态的激出，故选取激励时间长、覆盖频宽小、可激励出低频信号的橡胶质锤头。

试验处理分析系统主要由激励系统（力锤和橡胶锤头）、数据采集系统（加速度传感器、INV3018C 型 24 位智能信号采集处理分析仪和上位机）和模态分析系统（DASP-10 模态分析软件）等组成。具体试验过程为：激励信号由 LC-2D 型力锤敲击自由状态下的喷杆产生，并由 AY-YD350 型力传感器采集；响应信号由 AY100I 型加速度传感器采集，采集的激励及响应信号保存在 INV3018C 型 24 位智能信号采集处理分析仪中，便于后期对所测信号的处理与分析；最终用 DASP-10 模态分析软件对所有测点的响应信号频响函数进行处理分析，即可完成对喷杆模态参数的识别。模态测试原理如图 6-42 所示，采样过程中对每个频响函数进行 3 次平均处理，以消除信号中的随机噪声。

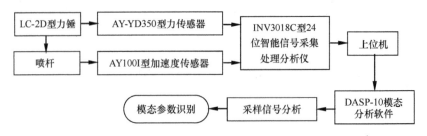

图 6-42　模态测试系统原理

（3）激振点选择及测点分布

在模态试验过程中，选取多输入多输出的试验方法对喷杆多折叠机构进行模态测试，测点布置原则为外力作用点、重要响应点、部件或结构的交联点等位置，且必须保证所布测点连线应能反映出喷杆的整体形状，所建立模型结构如图6-43所示，共 46 个待测点，可较好地反映出喷杆的轮廓形状。试验现场情况如图6-44所示。

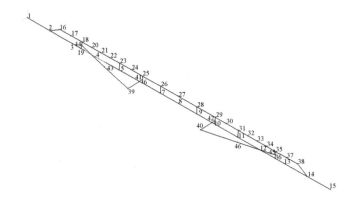

图 6-43　模态试验模型结构

图 6-44　模态试验现场

1. AY100I 型加速度传感器；2. LC-2D 型力锤；3. INV3018C 型 24 位智能信号采集处理分析仪；
4. 计算机；5. 喷杆多折叠机构

（4）喷杆模态测试曲线分析

对测试得到的力信号和加速度信号进行自谱分析。图 6-45 为对 7 点进行激励得到的力谱及在 1、15、18 和 35 处 4 个参考点的加速度单峰值谱，力锤对 0～500Hz内信号进行有效激励，加速度频域谱峰集中于 0～300Hz。图 6-46 为响应信号和激励信号的频响函数图，喷杆模态频率分布在低频区间内，在模态频率的峰值点处，相位的变化符合共振时振动相位变化的特点，相干系数在模态频率峰值点处的值亦接近于 1。试验采集数据可真实反映喷杆振动特性，但峰值显著性不强，分析其原因主要为各级喷杆架间安装条件改变而使成分复杂。因此，在模态拟合时采用特征系统实现算法（ERA）进行数据拟合。

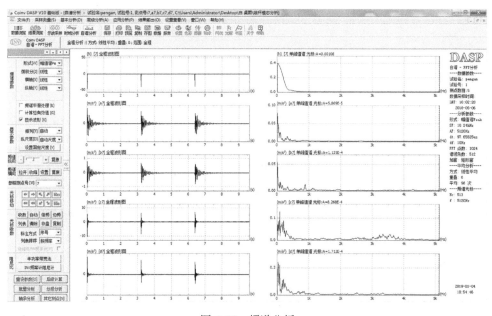

图 6-45　频谱分析

（5）喷杆模态试验结果分析

将 DASP-MAS 动态信号分析系统采集的频响信号导入 DASP-10 模态分析软件中进行模态参数识别，分析喷杆前 4 阶试验模态频率和振型，如图 6-47 所示。最终采用模态置信准则（MAC）对所分析的模态频率进行检验，如图 6-48 所示，主对角线 MAC 均为 1，非对角线上各阶 MAC 均相对较小，证明试验与分析的振型向量具有一定的相关性，所得的模态参数比较可靠。

通过 ANSYS Workbench 14.0 软件计算喷杆多折叠机构的前 4 阶固有频率和模态试验，得到的前 4 阶模态的固有频率，如表 6-8 所示。对比表明，二者较为接近，最大误差为 7.14%，各阶振型也基本一致，表明所建立数值模型较为准确。通过前期研究得到配套使用的动力底盘所受到的最高外部激励频率为 13.03Hz，验证了所设计的高地隙水田运秧植保喷药机具有较优的动态特性。

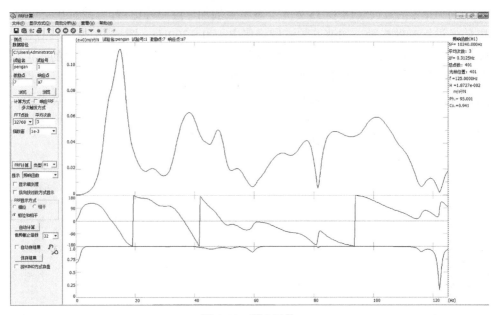

图 6-46　频响函数

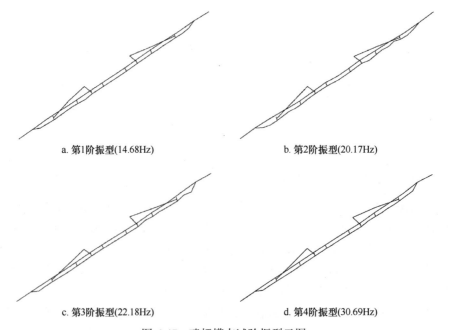

a. 第1阶振型(14.68Hz)　　　　　　　　b. 第2阶振型(20.17Hz)

c. 第3阶振型(22.18Hz)　　　　　　　　d. 第4阶振型(30.69Hz)

图 6-47　喷杆模态试验振型云图

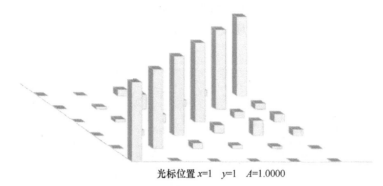

光标位置 *x*=1　*y*=1　*A*=1.0000

图 6-48　模态置信准则

表 6-8　模态计算与模态试验结果对比

阶次	模态计算		模态试验		误差/%
	计算频率/Hz	振型	试验频率/Hz	振型	
1	14.84	局部弯曲	14.68	局部弯曲	−1.09
2	18.73	弯曲+扭转	20.17	弯曲+扭转	7.14
3	22.99	整体扭转	22.18	整体扭转	−3.65
4	29.21	整体弯曲	30.69	整体弯曲	4.82

6.4　高地隙运秧植保机田间性能试验

6.4.1　水田多功能动力底盘田间试验

（1）试验条件

为检验所设计的水田多功能动力底盘的动力性能、越障性能、转向性能和行走稳定性，研究机具各项技术参数可靠性，结合理论分析与仿真模拟进行样机底盘的试制，并配置货箱及 800kg 均匀载重。于 2016 年 5～6 月插秧时期在黑龙江省绥化市庆安县稻田试验基地进行田间性能试验，如图 6-49 所示。水田环境为黑壤土，泥脚深度为 150mm，水层深度为 40mm，环境温度为 19～22℃。测试工具为机械秒表、钢卷尺、钢板尺、角度仪、SL-TYA 型土壤坚实度测试仪、TZS-5X型土壤水分测试仪和铁锹等。

（2）试验方法

根据《农业机械　生产试验方法》（GB/T 5667—2008）、《农林拖拉机和机械　安全技术要求　第 6 部分：植物保护机械》（GB 10395.6—2006）和《农业机械试验

条件 测定方法的一般规定》（GB/T 5262—2008）等相关试验方法对多功能动力底盘样机行驶速度、转弯半径及越埂坡度三项指标进行检测，其具体测试方法如下。

a. 试验样机　　　　　　　　　　　　　　　　b. 试验现场

图 6-49　水田多功能动力底盘田间试验

1）行驶速度

为满足底盘样机完成田间作业与道路运输不同要求，分别选取长度大于 100 m 水田和平坦路面，将作业区域划分为启动调整区、有效试验区及停止缓冲区，前后启动区和停止区分别为 5m，在油门全开工况下测量各个挡位通过测试区所需时间，检验样机行驶速度范围。

2）转弯半径

在水田环境内底盘样机以最低前进挡平稳行驶，转向盘处于左转或右转的极限位置时保持不变，待平稳行驶 360° 后驶出测试区，在垂直方向利用钢卷尺测量地面所留车辙轨迹圆半径，当左右转向误差小于 100mm 即认定其平均值为有效数据。

3）越埂坡度

结合实际环境对水田与田间道路、各田埂间埂坡角度、高度及坚实度进行测量（埂坡角度为 20°～60°），使底盘样机以最低前进挡行驶平稳翻越田埂，同时观察底盘滑移及翻倾现象，保证安全作业。

（3）试验结果与分析

在各工况下对每项指标进行重复三次检测，人工处理取平均值，以评价机具作业性能，相关数据结果如表 6-9 所示。

田间试验结果表明，所设计的多功能动力底盘在田间道路行驶速度范围为 1～14km/h，水田行驶速度范围为 1～6km/h，可满足田间道路行驶及水田田间的各类作业要求。测定其水田行驶最小转弯半径为 3200mm，适于中小地块水田作业要求（小于要求半径 3500mm），验证了折腰转向应用于动力底盘的可能性和优越性，且与理论分析的转弯半径 3043mm 近似，产生误差的原因主要是理论分析忽略

表 6-9　行驶速度、转弯半径及越埂坡度

参数	技术要求	检测结果
行驶速度/（km/h）	1~14	1~14
转弯半径/mm	≤3500	3200
最大越坡角/（°）	≥30	56
最大越埂高度/mm	≥500	533

水田土壤下陷及滑移问题，造成实际测定大于理论最小转弯半径。在此试验区域内样机作业最大越坡角为 56°，最大越埂高度为 533mm，且随越埂坡度及高度增加，样机滑移现象逐渐明显，行驶效率较低，无法保证安全有效的行驶作业。由于水田作业环境复杂多样，地表高低起伏，土壤物理及力学性能不同，在实际过程中田埂及坡地高度动态变化，所测试性能指标而非定值，根据不同作业条件将产生一定变化，但皆满足水田田间管理技术要求。

6.4.2　高地隙水田运秧植保喷药机田间试验

（1）试验条件

为检验所设计的高地隙水田运秧植保喷药机田间工作性能，于 2018 年 7 月 10 日在黑龙江省哈尔滨市新乡试验基地进行田间性能试验，栽种水稻品种为龙阳 16，水稻秧苗高度为 450~500mm，行距为 300mm，株距为 120mm，水田环境为黑壤土，泥脚深度为 120~150mm，水层深度为 30mm，环境温度为 20~29℃，风速为 1.6~3.3m/s，药液为碧护溶解液，试验现场如图 6-50 所示。

a. 试验现场　　　　　　　　　　　　　　b. 作业效果

图 6-50　高地隙水田运秧植保喷药机田间性能试验

（2）试验方法

根据《在用喷杆喷雾机质量评价技术规范》（NY/T 1925—2010）、《喷杆式喷雾机 技术条件》（JB/T 9805.1—1999）、《喷杆喷雾机 试验方法》（GB/T 24677.2—

2009）和《喷雾机（器）作业质量》（NY/T 650—2002）等试验方法对水田喷药机喷雾性能进行测试。试验时，为降低叶面积指数对雾滴覆盖率的影响，选取株高和长势相对均匀的稻苗进行测试。将水敏纸分别布置在距稻苗植株根部 150mm、300mm 和 450mm 处的下、中、上层的叶子正、反面上，以系统喷雾压力、机具前进速度及喷杆离地高度为试验因素，覆盖率变异系数为试验指标，通过单因素试验探究各因素对指标的影响规律。

（3）试验结果与分析

系统喷雾压力、机具前进速度及喷杆离地高度是影响雾滴沉积均匀性的重要指标。试验时，以覆盖率变异系数作为衡量雾滴沉积均匀性的指标，选取系统喷雾压力、机具前进速度和喷杆离地高度为试验影响因素，进行单因素试验。结合预试验结果及植保作业要求，结合各因素有效可控范围，选取喷雾压力为 0.3～0.7MPa、前进速度为 3～7km/h 和离地高度为 500～900mm，具体试验因素水平如表 6-10 所示。

表 6-10   试验因素水平

喷雾压力 x_1/MPa	前进速度 x_2/（km/h）	离地高度 x_3/mm
0.3	3	500
0.4	4	600
0.5	5	700
0.6	6	800
0.7	7	900

1）喷雾压力对覆盖率变异系数的影响

在机具前进速度为 5km/h 和喷杆离地高度为 700mm 工况下，进行单因素试验分析系统喷雾压力对覆盖率变异系数的影响规律。试验时，选定系统喷雾压力分别为 0.3MPa、0.4MPa、0.5MPa、0.6MPa 和 0.7MPa 五个水平，各水平下进行 5次重复试验，对所得结果进行统计分析，所得试验结果如表 6-11 所示。

表 6-11   喷雾压力单因素试验方案与结果

喷雾压力 x_1/MPa	覆盖率变异系数/%				
	1	2	3	4	5
0.3	50.23	47.18	53.43	43.34	49.76
0.4	40.71	42.61	32.10	38.52	37.86
0.5	35.16	24.79	29.46	31.23	30.02
0.6	26.55	30.95	26.20	24.11	23.31
0.7	23.81	26.16	18.72	19.63	22.96

由表 6-11 可知，当系统喷雾压力为 0.3～0.7MPa 时，覆盖率变异系数随系统喷雾压力的增加而减小，且变化趋势明显，当喷雾压力为 0.7MPa 时覆盖率变异系数达到最小。由试验结果分析可知，当机具前进速度和喷杆离地高度不变时，随着系统喷雾压力的提高，单位时间内喷雾量增加，且雾滴初速度加快，此时雾滴总量及穿透力均得到提升，使得位于稻苗植株中、下层的叶子正、反面雾滴增多，从而减小雾滴覆盖率变异系数。

2）前进速度对覆盖率变异系数的影响

在系统喷雾压力为 0.5MPa 和喷杆离地高度为 700mm 工况下，进行单因素试验分析机具前进速度对覆盖率变异系数的影响规律。试验时，机具前进速度分别为 3km/h、4km/h、5km/h、6km/h 和 7km/h 五个水平，各水平下重复 5 次试验，对所得结果进行统计分析，所得试验结果如表 6-12 所示。

表 6-12　前进速度单因素试验方案与结果

前进速度 x_2/（km/h）	覆盖率变异系数/%				
	1	2	3	4	5
3	42.88	45.08	40.33	41.63	43.67
4	33.58	31.72	34.34	35.01	32.14
5	28.90	29.65	33.98	30.85	32.42
6	29.87	30.10	32.83	34.77	30.93
7	34.82	38.27	35.64	39.04	36.53

由表 6-12 可知，当机具前进速度为 3～7km/h 时，覆盖率变异系数随机具前进速度的增加而先减小后增大，且趋势明显，当机具前进速度为 5km/h 时覆盖率变异系数达到最小。由试验结果分析可知，系统喷雾压力和喷杆离地高度不变时，喷雾系统单位时间内喷雾量保持恒定，此时，若机具前进速度较低，则将出现大量的药液雾滴沉积于稻苗植株上部聚集为珠状滚落，从而引起雾滴覆盖率变异系数较大；随着机具前进速度的提高该现象得到缓解，沉积于稻苗植株上部的雾滴逐渐降低，雾滴覆盖率变异系数逐渐减小；当机具前进速度较高时，喷雾系统单位时间内作用在单位面积上的喷雾量减小，降低药液雾滴穿透到稻苗植株中、下部药液量，使得雾滴覆盖率变异系数逐渐增加，且随着机具前进速度的提高，该种现象愈发明显。

3）离地高度对覆盖率变异系数的影响

在系统喷雾压力为 0.5MPa 和机具前进速度为 5km/h 工况下，进行单因素试验分析喷杆离地高度对覆盖率变异系数的影响规律。试验时，选定喷杆离地高度分别为 500mm、600mm、700mm、800mm 和 900mm 五个水平，各水平下重复 5 次试验，对所得结果进行统计分析，所得试验结果如表 6-13 所示。

表 6-13　离地高度单因素试验方案与结果

离地高度 x_3/mm	覆盖率变异系数/%				
	1	2	3	4	5
500	39.59	38.50	37.24	36.18	41.46
600	34.12	36.98	35.51	37.55	33.20
700	29.56	30.54	27.80	32.58	34.26
800	40.91	35.43	37.72	38.21	36.98
900	40.49	38.86	42.24	43.84	44.12

由表 6-13 可知，当喷杆离地高度为 500～900mm 时，覆盖率变异系数随喷杆离地高度的增加而整体减小，且变化趋势明显；当喷杆离地高度为 700mm 时，覆盖率变异系数达到最小。由试验结果分析可知，当系统喷雾压力和机具前进速度不变，喷杆离地高度较低时，喷杆与稻苗植株上部直接接触，将造成机械伤苗现象，同时影响药液雾滴于植株上部沉积效果；随着喷杆离地高度的提高，此现象将得到缓解，沉积于稻苗植株上部的雾滴逐渐增多，致使雾滴覆盖率变异系数逐渐减小；当喷杆离地高度较高时，由静电喷头喷出的荷电雾滴易受外界风力的影响而发生漂移，降低药液雾滴穿透力进而减少药液雾滴穿透到稻苗植株中、下部药液量，使得雾滴覆盖率变异系数逐渐增加，且随着喷杆离地高度的提高，该种现象愈发明显。

本研究所创制的高地隙运秧植保机具可有效完成机械化田间运秧及植保作业，实现一机多用，有效提高作业质量与效率，对解决水稻生产及田间管理存在的实际问题、提高水稻全程机械化生产发展水平具有重要意义。

参 考 文 献

陈晨, 薛新宇, 顾伟, 等. 2015. 喷雾机喷杆结构形状及截面尺寸优化与试验[J]. 农业工程学报, 31(9): 50-56.

陈达. 2011. 柔性桁架式喷杆系统设计及动态仿真研究[D]. 北京: 中国农业机械化科学研究院博士学位论文.

陈黎卿, 许泽镇, 解彬彬, 等. 2019. 无人驾驶喷雾机电控系统设计与试验[J]. 农业机械学报, 50(1): 1-9.

陈树人, 韩红阳, 陈刚, 等. 2013. 喷杆喷雾机机架动态特性分析与减振设计[J]. 农业机械学报, 44(4): 50-53.

韩红阳, 陈树人, 邵景世, 等. 2013. 机动式喷杆喷雾机机架的轻量化设计[J]. 农业工程学报, 29(3): 47-53.

何雄奎. 2017. 植保精准施药技术装备[J]. 农业工程技术, 37(30): 22-26.

贾卫东, 陈志刚, 赵鑫, 等. 2013. 基于农药光透性的混药比反馈在线混药装置[J]. 农业机械学报, 44(8): 90-93.

李泽华, 马旭, 李秀昊, 等. 2018. 水稻栽植机械化技术研究进展[J]. 农业机械学报, 49(5): 1-20.

罗锡文, 廖娟, 胡炼, 等. 2016. 提高农业机械化水平促进农业可持续发展[J]. 农业工程学报, 32(1): 1-11.

彭才望, 孙松林, 蒋蘋, 等. 2018. 自走式水田高地隙喷杆喷雾机喷雾试验研究[J]. 安徽农业科学, 46(24): 167-169.

沈从举, 贾首星, 汤智辉, 等. 2010. 农药静电喷雾研究现状与应用前景[J]. 农机化研究, 32(4): 10-13.

王锦江, 聂志光, 杨学军, 等. 2018. 高地隙喷雾机在玉米生产中的应用[J]. 农业工程, 8(4): 13-17.

王松林, 赵春江, 王秀. 2014. 喷杆高度调节系统设计与试验[J]. 农机化研究, 36(8): 161-164.

吴吉麟, 苗玉斌. 2012. 不同激励源下宽幅喷雾机喷杆的动态特性分析[J]. 农业工程学报, 28(4): 39-44.

周志艳, 臧英, 罗锡文, 等. 2013. 中国农业航空植保产业技术创新发展战略[J]. 农业工程学报, 29(24): 19-25.

Lardoux Y, Sinfort C, Enfalt P, et al. 2007. Test method for boom suspension influence on spray distribution, Part I: Experimental study of pesticide application under a moving boom original research article[J]. Biosystems Engineering, 96(1): 29-39.

Sinha R, Khot L R, Hoheisel G A, et al. 2019. Feasibility of a solid set canopy delivery system for efficient agrochemical delivery in vertical shoot position trained vineyards[J]. Biosystems Engineering, 179(3): 59-70.

附图 1 系列水稻田间耕管机具

图 1 整株秸秆还田覆埋机

图 2 秸秆深埋还田联合整地机

图 3 秸秆深埋还田旋耕机

图 4 高留茬秸秆反旋压埋机

图 5 土壤旋作消毒一体机

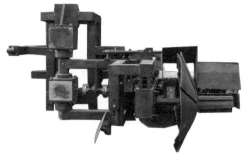

图 6 1SZ-800 型悬挂式水田田埂修筑机

图 7 1DSZ-350 型悬挂式水田
单侧田埂修筑机

图 8 水田双向田埂修筑机

图 9　弹齿式水田中耕除草机

图 10　轻简型水田中耕除草机

图 11　用于铺膜插秧的水田单行除草机

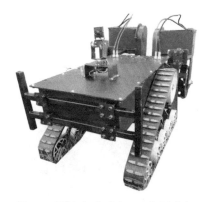

图 12　遥控电动式水田双行除草机

图 13　水田多功能动力底盘

图 14　高地隙水田运秧植保喷药机

附图2 田间试验示范

图1 整株秸秆还田覆埋机田间示范

图2 秸秆深埋还田联合整地机田间示范

图3 秸秆深埋还田联合整地机作业效果

图4 秸秆深埋还田旋耕机田间示范

图5 秸秆深埋还田旋耕机作业效果

图6 高留茬秸秆反旋压埋机田间示范

图 7　高留茬秸秆反旋压埋机与常规犁翻
及旋耕田间对比

图 8　1SZ-800 型悬挂式水田田埂
修筑机田间示范

图 9　1DSZ-350 型悬挂式水田单侧田埂
修筑机田间示范

图 10　1DSZ-350 型悬挂式水田单侧田埂
修筑机作业效果

图 11　水田双向田埂修筑机转向过程

图 12　水田双向田埂修筑机倒行筑埂

图 13　水田双向田埂修筑机倒行作业效果

图 14　土壤旋作消毒一体机田间试验

图 15　土壤旋作消毒一体机作业效果

图 16　弹齿式水田中耕除草机田间示范

图 17　轻简型水田中耕除草机田间示范

图 18　用于铺膜插秧的水田单行除草机
田间示范

图 19　遥控电动式水田双行除草机田间示范

图 20　系列水田中耕除草机田间对比

图 21　水田多功能动力底盘田间越埂

图 22　水田多功能动力底盘田间爬坡

图 23　高地隙水田运秧植保喷药机田间示范

图 24　高地隙水田运秧植保喷药机作业效果